U0321801

法国ARTE-夏邦杰建筑设计事务所在中国

Arte Charpentier en Chine

2002-2012

从建筑到城市

DE L'ARCHITECTURE À LA VILLE

From Architecture to the City

山西大剧院 Grand Théâtre de Shanxi Shanxi Grand Theater

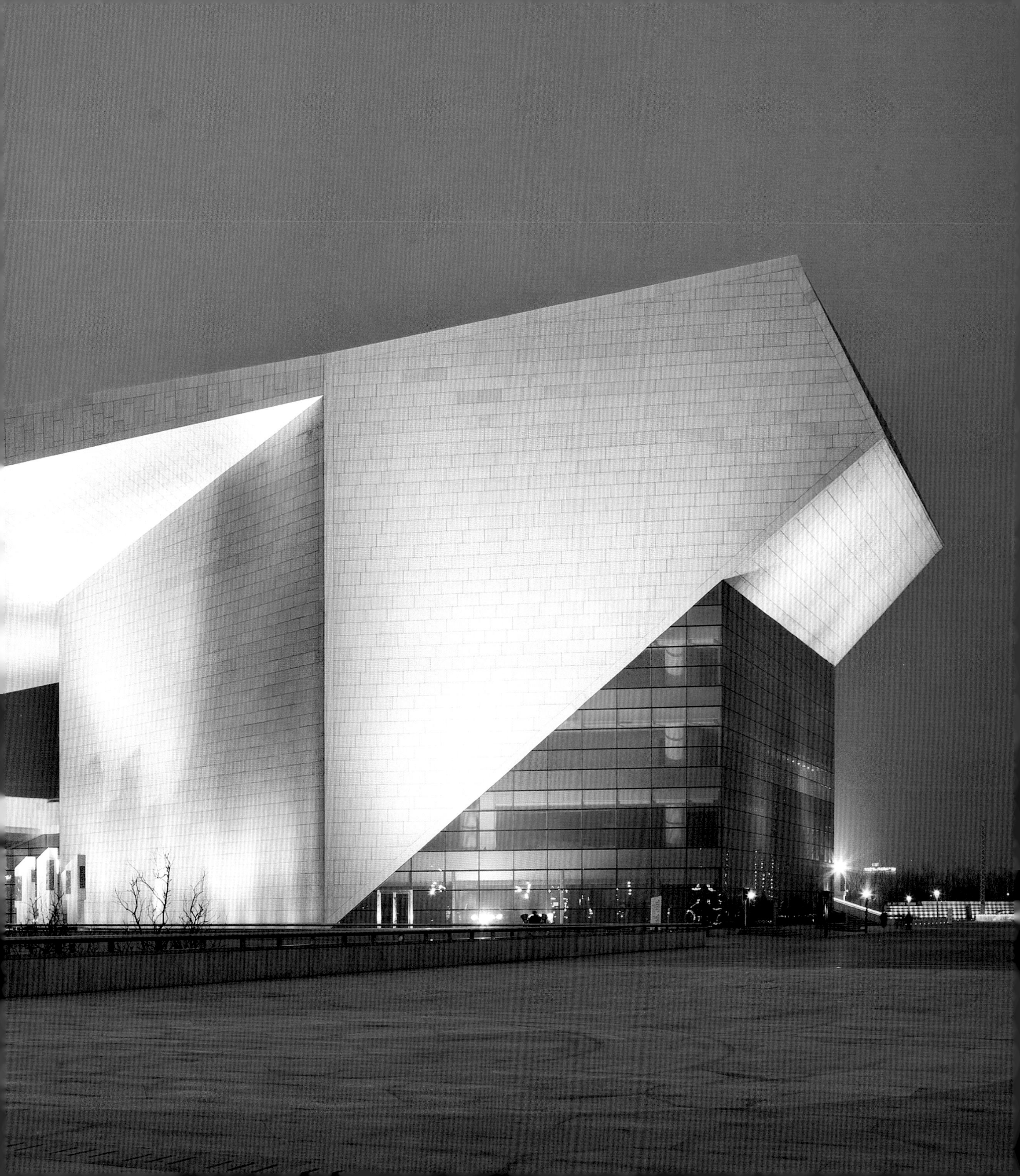

山西大剧院 Grand Théâtre de Shanxi Shanxi Grand Theater

法国ARTE-夏邦杰建筑设计事务所在中国
Arte Charpentier en Chine
2002-2012

周雯怡 & 皮埃尔·向博荣 著
Wenyi Zhou & Pierre Chambron

从建筑到城市
DE L'ARCHITECTURE À LA VILLE
From Architecture to the City

辽宁科学技术出版社

无锡锡东新城中央公园
Quartier du Parc Central de la ville nouvelle de Xidong, Wuxi
Central Park Quarter of Xidong New Town, Wuxi

目录

Sommaire
Contents

法国ARTE-夏邦杰建筑设计事务所项目在中国的分布

Projets d'Arte Charpentier en Chine

Arte Charpentier's Projects in China

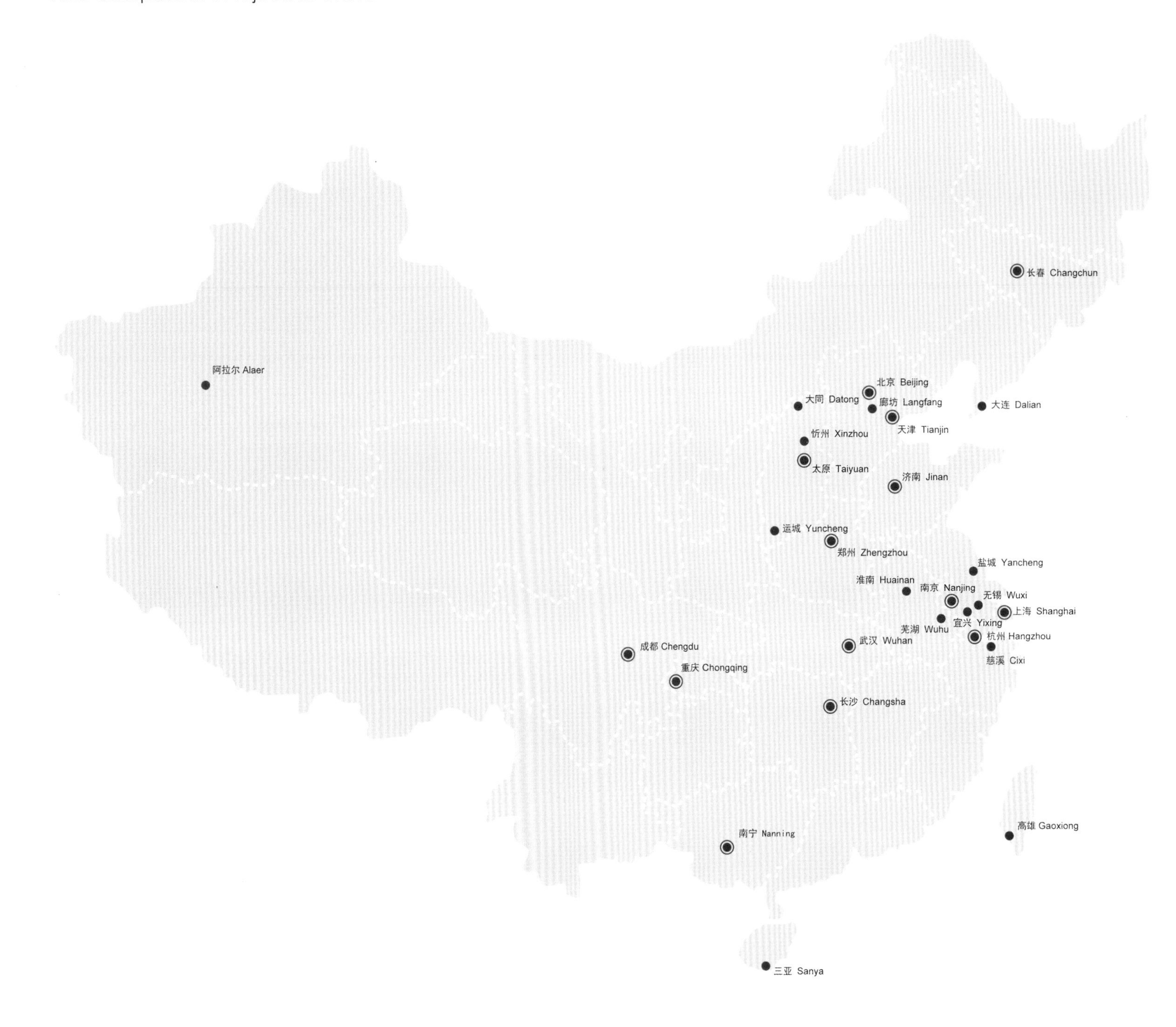

北京 / 上海 / 天津 / 重庆 / 太原 / 济南 / 郑州 / 南京 / 武汉 / 长沙 / 成都 / 南宁 / 长春 / 杭州 / 大连 / 廊坊 / 忻州 / 运城 / 淮南 / 盐城 / 无锡 / 宜兴 / 芜湖 / 慈溪 / 高雄 / 三亚 / 阿拉尔

Beijing / Shanghai / Tianjin / Chongqing / Taiyuan / Jinan / Zhengzhou / Nanjing / Wuhan / Changsha / Chengdu / Nanning / Changchun / Hangzhou / Dalian / Langfang / Xinzhou / Yuncheng / Huainan / Yancheng / Wuxi / Yixing / Wuhu / Cixi / Gaoxiong / Sanya / Ala'er

法国ARTE–夏邦杰建筑设计事务所项目在上海的分布

Projets d'Arte Charpentier à Shanghai

Arte Charpentier's Projects in Shanghai

1. 创智天地 / 2. 长风生态商务区 / 3. 上海大剧院 / 4. 南京路步行街 / 5. 思南公馆 / 6. 国际时尚中心 / 7. 世纪大道 / 8. 通用汽车公司总部 / 9. 瑞证广场 / 10. 日晷广场 / 11. 上海出入境管理局签证中心 / 12. 世纪广场 / 13. 欧莱雅研发和创新中心 / 14. 世博庆典广场 / 15. 圣戈班研发中心 / 16. 临港办公综合大楼 / 17. 芦潮港分城区核心区 / 18. 南汇惠南新城 / 19. 南汇文化中心 / 20. 万里城

1. Shui On KIC Complexe à Yangpu / 2. Quartier Écologiique de Changfeng / 3. Grand Théâtre de Shanghai / 4. Rue de Nankin (Nanjing Lu) / 5. Sinan Mansions / 6. Centre de la Mode de Shanghai / 7. Avenue du Siècle / 8. Siège Social de Général Motors / 9. Ruizhen plaza / 10. Place du Cadran Solaire / 11. Centre de Visa / 12. Place du Siècle / 13. Centre de Recherche et d'Innovation de l'Oréal / 14. Place de la Célébration de l'Expo 2010 / 15. Centre de Recherche et de Développement de Saint-Gobain / 16. Complexe de Bureaux et de Commerces de Linggang / 17. Centre Urbain de Luchaogang / 18. Ville Nouvelle de Huinan / 19. Centre Culturel de Nanhui / 20. Quartier de Wanli

1. Shui On KIC Complex in Yuangpu / 2. Changfeng Ecological Quarter / 3. Shanghai Grand Theatre / 4. Nanjing Road Pedestrian Street / 5. Sinan Mansions / 6. Shanghai Fashion Center / 7. Century Avenue / 8. General Motors Headquarter / 9. Ruizheng Plaza / 10. Solar Clock Square / 11. Visas Center / 12. Century Plaza / 13. L'Oréal Research and Innovation Center / 14. 2010 Expo Celebration Plaza / 15. Saint-Gobain Research and Development Center / 16. Linggang Business and Commercial Complex / 17. Luchaogangn District Center / 18. Huinan New City / 19. Nanhui Cultural Center / 20. Wanli District

上海大剧院 **Grand Théâtre de Shanghai** Shanghai Grand Theater

开篇寄语

Avant-Propos
Foreword

安德鲁·何伯笙 Andrew Hobson

ARTE-夏邦杰建筑设计事务所始终本着合作的精神来接触和理解不同的文化，期望一起为城市打造美好的明天，创造一个创新的、可持续性发展的人性化和生态化城市。

我们带来的法国文化和生活风格体现在我们团队每日的工作中：交流思想、研讨课题和探索美的真谛。对我们而言，一个设计方案不仅必须具有美感，同时也背负着赋予场所永久性的责任。

近三十年来，事务所伴随着中国的发展，参与其城市和建筑的研究和创作。作为一家在中国深深扎根的法国设计事务所，我们对未来充满信心，坚信两国文化的交流与切磋将使我们双方都得到非凡的受益。

Toujours dans un esprit de partenariat, Arte Charpentier cherche à comprendre la culture de l'autre pour bâtir ensemble des solutions encore plus innovantes pour les villes de demain, durables, sensibles à l'homme et à son environnement.

Notre culture et notre savoir-vivre « à la française » animent le quotidien de l'agence et nos équipes, le débat et les échanges des idées, la recherche de l'élégance et de l'esthétique. Le projet doit non seulement être beau, il se doit aussi d'être responsable, dans un souci de pérennité.

Depuis bientôt trente ans, Arte Charpentier accompagne le développement de la Chine, participant au débat et à la réflexion urbaine et architecturale. Nous sommes une agence française en Chine, tournée vers un avenir où nos deux cultures peuvent s'enrichir l'une de l'autre.

Arte Charpentier tries to understand the culture of another in the spirit of partnership and to build solutions together that are innovative for tomorrow's cities, sustainable, and sensitive to the needs of man and his environment.

Our own culture and our French knowhow drive the daily life of our firm and teams, our discussions and exchanges of ideas, and our search for what is elegant and aesthetic. A project should not only be beautiful, it should be responsible with its longevity in mind.

For almost 30 years, Arte Charpentier has accompanied the development of China, participating in the dialog and thought process on urbanity and architecture. We are a French firm in China, oriented towards a future where our two cultures can enrichen each other.

安德鲁·何伯笙
法国ARTE-夏邦杰建筑设计事务所
合伙人与总经理

Andrew Hobson
Architecte associé, Directeur général
d'Arte Charpentier

Andrew Hobson
Architect Partner, General Director
of Arte Charpentier

一段漫长的故事 — ARTE-夏邦杰建筑设计事务所与中国之缘

Une longue histoire – Arte Charpentier et la Chine

A Long History – Arte Charpentier and China

皮埃尔·克雷蒙 Pierre Clément

ARTE-夏邦杰建筑设计事务所如今在中国已经积累了一个漫长的建设经验。三十年来，我们对中国的知识、建筑发展和城市变化有了丰富的了解。中国正在成为世界经济、文化、建筑和城市方面的强国，基于我们多年的经验，使我们如今大胆而稳步地在中国进行设计和建设。

我们和中国的初次接触可追溯到20世纪80年代，那时中国开始关注居住问题，希望改善居住条件并使之多样化。就是那时ARTE-夏邦杰建筑设计事务所开始参与中法两国关于建筑和城市以及居住方面的文化合作和交流，该活动由法国建筑学院和中国建筑师学会主办，并有中国住建部北京建筑研究中心参与。

我们在中国第一个项目是上海建委主办的一个中法合作项目，研究的课题是淮海路上的钱家塘地块改造。该地块如今荡然无存，取而代之的是簇新的高层大楼。但是这个拒绝大拆大建而尝试改造既有街坊的做法，在20年后我们参与的思南公馆项目中得到真正的运用。

这个在中国的第一次设计经历使我们更加渴望分析中国建筑和城市的形态、研究类型学、了解生活模式和习俗。同时，也让我们敲开了中国大学和设计院的大门。这次合作的机会也是我们进入上海建设市场的第一步，到了90年代初，我们荣幸地成为第一批被邀请参加国际设计竞赛的境外设计事务所之一。

这时，中国项目的种类也开始多样化，出现了公共建筑类项目，同时也开始计划发展新的土地、创立新区和新城，为此急需开放和征询境外专家的建议。1993年，我们受邀请参加上海浦东国际展览中心的设计征集，项目基地位于新区的中心地区。我们的方案获得了第一名，但项目却未能建成。我们在中国的第一个标志性建成的项目是1994年我们参加国际设计竞赛并获得一等奖的上海大剧院。工地于1994年10月1日象征性地开动，1998年8月28日正式投入使用。上海的建设过程中我们和华东设计研究院一道克服种种技术难题，从中学习到许多宝贵的经验，也看到中国设计和施工单位无限的创新精神和能力。

1. 上海世纪大道 / 2. 上海南京路步行街 / 3. 上海浦东世纪广场

1. Avenue du Siècle, Shanghai / 2. Rue de Nankin, Shanghai / 3. Place du Siècle à Pudong, Shanghai

1. Century Avenue, Shanghai / 2. Nanjing Road pedestrian street, Shanghai / 3. Century Plaza in Pudong, Shanghai

Arte Charpentier est riche aujourd'hui d'une longue expérience chinoise. Sur trois décennies nous avons beaucoup appris sur les savoirs, les savoir-faire, les évolutions et les transformations architecturales et urbaines de la Chine. Conscients de cette déjà longue aventure, nous nous projetons aujourd'hui délibérément vers l'avenir pour aborder les grands défis que la Chine a décidé de relever pour retrouver sa place dans le monde comme puissance économique, culturelle, architecturale et urbanistique.

À nos premiers contacts, la Chine des années 1980 commençait à s'interroger sur sa production de logements, répétitive et standardisée. Elle voulait améliorer la qualité de ses constructions et diversifier son architecture. C'est alors qu'Arte Charpentier a commencé à participer aux échanges de coopération culturels et techniques entre la France et la Chine concernant l'architecture, la ville et l'habitat, initiés par l'Institut Français d'Architecture, et l'Association Construire en Chine, avec le Centre chinois du Développement Technique du Bâtiment de Beijing auprès du Ministère chinois de la Construction et la Société d'Architecture de Chine.

Une première expérimentation de la coopération franco-chinoise fut engagée avec la Commission de la Construction de la municipalité de Shanghai, elle a porté sur le projet de réhabilitation du quartier Qianjiatang, sur la rue Huaihai Lu, consultation à laquelle Arte Charpentier a participé. Il ne reste aujourd'hui plus aucune trace du quartier et le terrain a été récemment intégralement reconstruit pour recevoir de nouvelles tours. Cette démarche de réhabilitation d'un quartier constitué, en refusant la politique de destruction complète, la *tabula rasa*, mais en intégrant au tissu historique des constructions nouvelles, sera reprise vingt ans plus tard sur le quartier de Luwan que nous présentons plus loin dans l'ouvrage.

Cette première aventure a contribué à notre investissement sur le terrain et a développé notre appétit à analyser les formes architecturales et urbaines, déceler les typologies, comprendre les modes de vie et les modes de faire. Elle nous a aussi ouvert les portes des grands instituts chinois et des universités. Cette coopération a aussi initié notre ancrage shanghaien et renforcé nos relations avec ses institutions. Et quand la métropole, au début des années 1990, a commencé à lancer des concours internationaux, nous avons été parmi les premières équipes étrangères à être invitées.

Dans les années 1990 les projets se diversifient et apparaissent les premiers programmes d'équipement et de bâtiments publics. C'est aussi le moment où s'esquissaient les rêves de développement de nouveaux territoires d'urbanisation et de grands projets de quartiers nouveaux. Nous avons participé aux premières réflexions et esquisses sur Pudong. C'est aussi le moment où s'exprime une volonté d'ouverture à la demande d'une expertise étrangère. Nous sommes ainsi, en 1993, invités à participer à la consultation pour la réalisation d'un Centre d'Exposition International à Pudong, dans un nouveau quartier qui doit s'organiser autour du centre. Nous avons remporté le concours mais le projet ne se réalisera pas. C'est le Grand Théâtre de Shanghai, dont nous fûmes lauréats du concours international en mai 1994, qui sera notre première réalisation emblématique. Le chantier commencera symboliquement le 1er octobre 1994 et le bâtiment sera inauguré le 28 août 1998. Le chantier de l'opéra aura été un grand défi que nous avons relevé avec ECADI, institut shanghaien. Il nous aura beaucoup appris sur les pratiques de la maîtrise d'ouvrage, les capacités et l'inventivité sans limites des instituts et des entreprises chinois.

Arte Charpentier is rich today with a long history of experience in China. Over three decades, we have learned much about the knowledge, the expertise, and the architectural and urban evolutions and transformations in China. Aware of our already long adventure, today we deliberately project ourselves forward towards the future to face the great challenges that China has decided to take on in finding its place in the world as an economic, cultural, architectural and urban design force.

Our first contacts were in 1980's when China began to question its regimented and standardized production of housing. China wanted to improve the quality of its construction and diversify its architecture. This is when Arte Charpentier began to participate in the cooperative cultural and technical exchanges between France and China on architecture, cities and housing. These were initiated by the French Institute of Architecture and the building association in China, with the Chinese Center of Building Technology in Beijing under the Chinese Ministry of Construction and the Architecture Society of China.

The first French-Chinese cooperation was undertaken with the Construction Commission of the Shanghai municipal government on the rehabilitation project for the Qianjiatang quarter on Huaihai Road. Arte Charpentier participated in this project. Today, nothing remains of the neighborhood, and the terrain has recently been totally rebuilt to accommodate new high rises. However, this method of rehabilitation of a whole quarter, avoiding complete destruction – *tabula rasa* – and incorporating the new construction into the historic fabric, would be used again twenty years later in the Luwan quarter that we will present further along in this book.

This first adventure contributed to our investment on the ground and developed our appetite for analyzing architectural and urban form, distinguishing the different typologies, and understanding the life styles and the ways in which things worked. Our experience also opened the doors for us to the large Chinese institutes and universities. This cooperative effort also began our foothold in Shanghai. And when the metropolis, at the beginning of the 1990's, began to launch international competitions, we were among the first foreign teams to be invited.

In the 1990's, projects became more diverse and the first programs for public infrastructure and buildings appeared. This is also the moment when the dream of developing new urban areas and large new neighborhoods were sketched out. We participated in the first discussions and drafts of Pudong. And, this was also the time when a real will to open up to foreign expertise was expressed. We were then, in 1993, invited to participate in the consultations to create an international exhibit center in Pudong in a new quarter that would organize itself around the center. The Shanghai Opera, for which we were the international competition winners in May 1994, would be our first signature built project. Construction began symbolically on October 1, 1994, and the building was inaugurated on August 28, 1998. Building the Shanghai Opera was a great challenge that we faced together with the Shanghai Institute ECADI. This experience taught us much about project management practices, and the unlimited abilities and inventiveness of the Chinese institutes and firms.

在这期间，从1995到1997年，我们完成并建成了上海房地产教育学校，该建筑成为我们在上海的第一个建成项目，由此拉开了我们在这个城市一系列建设的序幕。很快地，上海成为中国其他城市效仿的榜样，1996年我们受邀请参加南京大剧院的设计竞赛。

上海在老城区建设新项目的同时，也感到需要开发新城和实验性的新区，为迎接新的世纪做准备。1997年-1998年，上海市为万里城的设计组织国际设计竞赛，项目基地在当时处于老城区的西北边缘。新城计划容纳20万人口，同时也是一个生态示范项目。我们在设计中运用鲜明的绿色公园网格来组织整个街区，并且围绕着街坊内绿色庭院组织居住建筑，使院落式建筑在城市街坊中得到体现，这些手法使我们在竞赛中胜出，并以该项目获得了城市规划大奖。

1999年-2000年，在南汇惠南新城的设计中，我们以同样的逻辑，以“绿色”植物和“蓝色”水系的网络交织的方式来组织城市结构。之后，在高桥新城的设计中再次加强这种手法。

90年代末，上海开始意识到需要拥有与大都市尺度相呼应的城市公共空间。由于在中国传统城市中开放公共空间相对较少，于是此类建设成为一个新的城市课题。在浦东，我们有幸参与了一系列的大型城市公共空间的思考和设计合作。首先是世纪广场，它将结合地铁站点和地下商业广场来设置。它的周边有正在建设的浦东新区政府和正在设计中的科技馆，它的一侧将通往世纪公园，另一侧将衔接未来的世纪大道。广场200米见方，周边设置平台和坡道，使空间得以界定。

在建设该广场的同时，人们开始思考如何联系黄浦江边的陆家嘴金融区和距其5公里的花木行政文化区。这时我们赢得了浦东世纪大道的设计竞赛(1998-2001)，它将以100米宽、5公里长、具有统一性的设计来完成衔接的使命。它是一条城市景观大道，以平交而非立交的方式组织交通。设计中充分考虑其城市性和步行的舒适，整线点缀着一系列或开放、或较封闭的花园。

1999年，我们应邀参加南京中路改造为步行街的设计，这个成功的经验将成为中国其他城市参考和效仿的榜样。整个90年代，我们的设计主要集中在上海。但是在其他中国城市也参与了许多重要的项目，并且发展得越来越远。其中包括南京太平南路的改造、杭州国际会议中心、天津明日之城以及稍后的南宁邕江两岸设计。

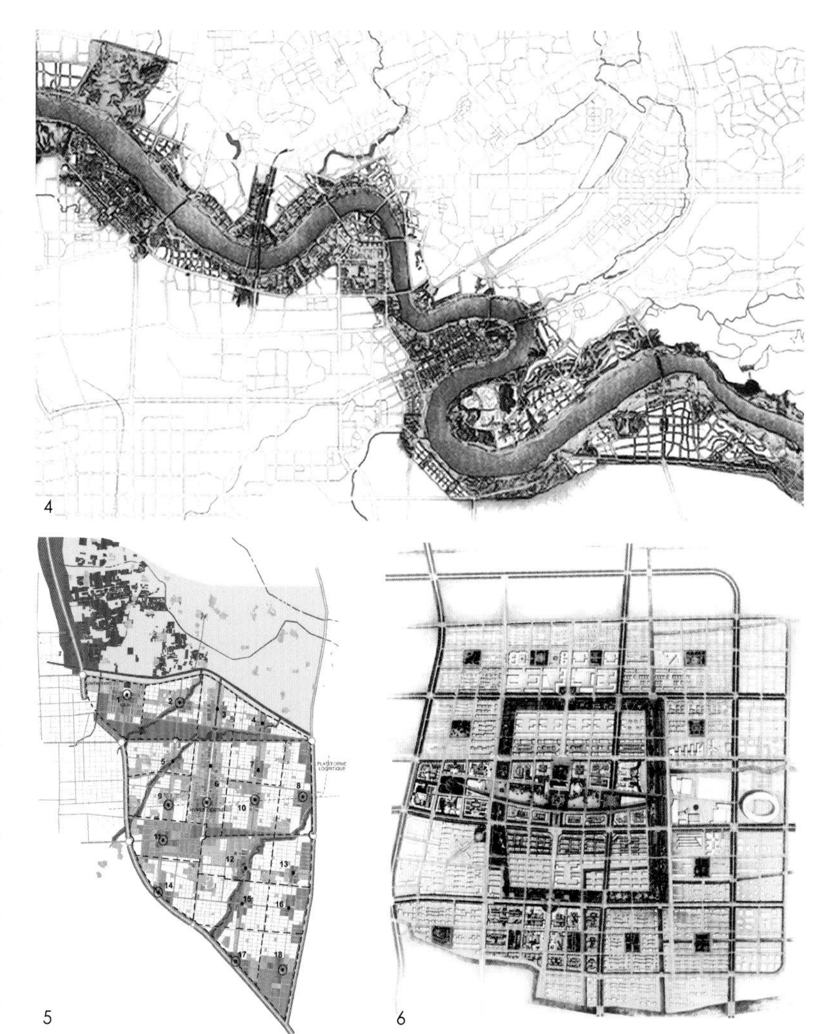

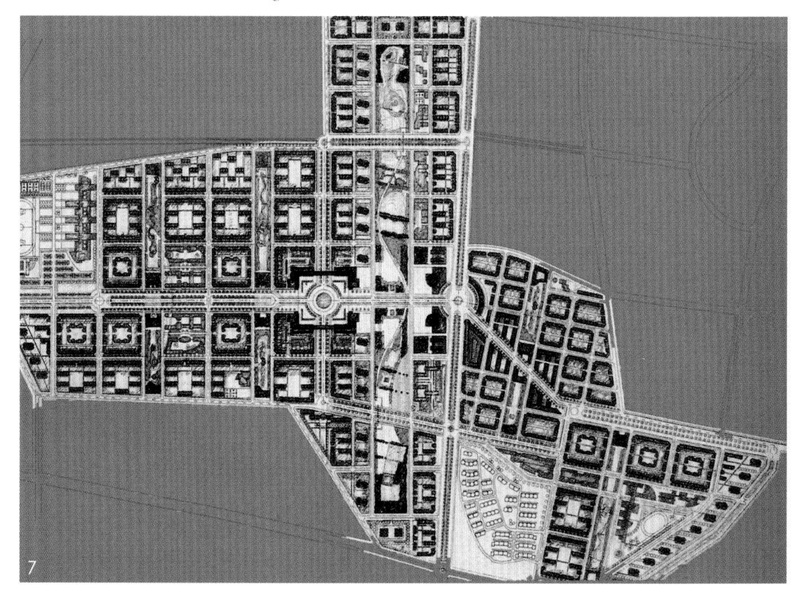

4. 南宁邕江两岸 / 5. 郑州郑东新区 / 6. 上海南汇惠南新城 / 7. 上海万里城

4. Berges du fleuve Yong, Nanning / 5. Ville nouvelle de Zhengdong, Zhengzhou / 6. Ville nouvelle de Huinan à Nanhui, Shanghai / 7. Quartier de Wanli, Shanghai

4. Yong Riverbanks, Nanning / 5. Zhengdong New City, Zhengzhou / 6. Huinan New City in Nanhui, Shanghai / 7. Wanli District, Shanghai

Pendant la durée du chantier nous réalisons aussi à Shanghai, en 1995-1997, l'Université des Métiers de l'Immobilier, notre premier bâtiment achevé, inaugurant une longue série de réalisations dans cette ville. Très vite, Shanghai devient le modèle de référence que les autres métropoles veulent imiter, en 1996 nous participons à la consultation pour la réalisation d'un autre opéra à Nanjing.

Parallèlement aux projets menés dans la ville ancienne de Shanghai sur son tissu constitué, apparaît la nécessité de développer de nouvelles villes et de nouveaux quartiers expérimentaux annonçant le troisième millénaire. C'est ainsi que la Municipalité de Shanghai lance une consultation internationale pour la réalisation du quartier de Wanli, en 1997-1998, à l'époque au nord-ouest à l'extérieur de la ville. Il devait abriter quelque 200 000 habitants, et devait aussi être un quartier expérimental sur le plan environnemental. Nous remportons ce concours en structurant les secteurs autour d'une puissante trame verte de parcs, et en organisant les îlots d'habitation autour de cours-jardins centrales, réinterprétant l'espace de la maison à cour à l'échelle urbaine de l'îlot. Le projet a été honoré de la médaille d'or de l'urbanisme.

Dans cette même logique de villes structurées autour des problématiques environnementales qu'incarnent les trames « verte » végétale et « bleue » hydraulique, nous développerons le projet de ville nouvelle de Nanhui, 1999-2000, toujours à Pudong, puis un autre à Gaoqiao, au débouché de la rivière de Huangpu et du fleuve de Yangtsé.

C'est dans cette fin des années 1990 qu'apparaît à Shanghai la nécessité de repenser les espaces publics à l'échelle métropolitaine. C'est aussi une démarche nouvelle pour l'urbanisme chinois où la place, comme espace publique accessible à tous, était rare dans les villes anciennes. À Pudong nous avons eu la chance de participer très en amont à la réflexion pour l'élaboration d'une série de grands espaces publics majeurs. C'est d'abord la réalisation de la Place du Siècle, qui devait accueillir l'arrivée du métro souterrain et des commerces. Elle était entourée du siège de l'administration territoriale déjà en construction et du Musée des Sciences en projet, et elle donnait accès d'une part au grand parc et d'autre part à ce qui devait être l'amorce de l'Avenue du Siècle. Vaste carré de 200 mètres par 200, elle est bordée par des terrasses qui en définissent les contours.

Au moment où se construit cette place, se pose la question de la jonction entre ce quartier politique et culturel et celui de Lujiazui, centre d'affaires, 5 km plus loin près du Huangpu. C'est alors que nous remportons la consultation en proposant l'Avenue du Siècle (1998-2001) d'un seul tenant, identique d'un bout à l'autre sur les 5 km et de 100 mètres de large. Elle est organisée en boulevard urbain, conçu au niveau du sol, avec des croisements de voies définissant des places, plutôt que comme une voie rapide sur plusieurs niveaux. L'avenue a été conçue en tenant compte de son urbanité et du plaisir des piétons, elle est agrémentée de vastes jardins, ouverts ou clos, sur toute sa longueur. Dans le même temps en 1999, la municipalité nous confie la transformation de la partie centrale de la rue de Nankin (Nanjing Lu), celle des grands magasins, en rue piétonne. Ce sera le premier exemple qui servira largement de modèle ailleurs dans les autres villes chinoises.

Cette décennie 1990 nous verra nous investir essentiellement à Shanghai. Mais depuis toutes les villes chinoises ont aussi connu des développements considérables, et de proche en proche nous allons intervenir de plus en plus loin : à Nanjing, pour l'étude de la rue de Confucius, à Hangzhou pour un Centre de conférences, à Tianjin pour une Cité des images (1999) et plus tard sur le quartier de Jingzhonghe, à Nanning sur les berges du fleuve Yong.

During the construction phase in 1995-97, we also built the University of Real Estate Training in Shanghai, our first completed building, thus inaugurating a long series of projects in the city. Shanghai quickly became the reference model that other metropolitan areas wanted to imitate, and in 1996, we participated in the consultation for another opera in Nanjing.

Concurrently with projects in the existing urban fabric of old Shanghai's, appeared the need to develop new experimental towns and quarters in anticipation of the approaching third millennium. In 1997-1998, the Shanghai municipal government launched an international competition to design the Wanli quarter, which was located just outside the city to the north-west at that time. It was to house some 200,000 residents and was also to be an experimental neighborhood from an environmental point of view. We won this competition by structuring the parts around a strong green spine of parks, and by organizing the housing blocks around central courtyard gardens, reinterpreting the space between the houses and the courtyards on the scale of the urban block. This project was honored with the gold medal for urbanism.

Using the same logic of structuring cities around environmental goals which incorporate greenways and "blue" or waterways, we developed the new town project for Nanhui in 1999-2000 in Pudong, and then another in Gaoqiao at the mouth of the Huangpu and Yangtze Rivers.

It was in these years, at the end of the 1990's, that the need arose to rethink the whole metropolitan system of open spaces. This was also a new step for Chinese urbanism, because a public square open to all was rare in the old cities. In Pudong, we had the opportunity to participate in the beginning of the process of elaborating a series of major, large public spaces. First the construction of Century Plaza which was to accommodate the entrance to the underground metro and retail. The square was surrounded by the seat of the regional administration, already under construction, and the proposed Science Museum site, and provided access to both a large park and to what was to become Century Avenue. An immense 200 meter square space, it is edged with terraces that define its boundaries.

While this square was being built, the question came up of the connection between this governmental and cultural quarter and Lujiazui, the business quarter 5 kilometers away along the Huangpu River. It was at this point that we won the commission by proposing Century Avenue (1998-2001) all of one piece, identical from one end to the other for its five kilometers and 100 meters wide. This avenue is designed like an urban boulevard from the ground level, with the intersecting streets defining plazas, rather than like a highway on several levels. The avenue was conceived with its urbanity and the comfort and pleasure of pedestrians in mind and is enhanced with large gardens, open or closed, along its length. At the same time, in 1999, the municipal government asked us to transform the central part of Nanjing Road, where the big department stores are located, into a pedestrian street. This was to be the first example which served as a model elsewhere in large Chinese cities.

The decade of the 1990's saw us mainly invested in Shanghai. But since then, all the Chinese cities have seen considerable development and gradually we became involved further away: In Nanjing for a study on Confucius Road, in Hanzhou for a conference center, in Tianjing for a Picture City (Photo Museum) and later for the Jingzhonghe quarter in Nanning on the banks of the Yong River.

这个时期的城市规划项目和人口发展与国家总产值期望相关联，因此规模和尺度相当可观，正如我们参与的预计接纳250万人口的郑州郑东新区规划的设计征集。

我们非常幸运在过去的30年里见证了中国开放后最初的发展历程，在2003年和2005年，我们分别出版了两本设计专辑，其中展示了这批在中国建设的项目。在2005年，基于对建筑环保的重视，我们参与出版了 « 可持续发展设计指南 » [1]。

如今我们的项目遍布中国众多的城市，本书将展示我们最近10年的设计，其中包括已经建成或正在建设中的项目，上海、无锡、苏州、武汉、北京、重庆、大连、太原，还有新疆的阿拉尔等。这些项目展现了我们在法国和中国就今日的城市和建筑所开展的两个方向的研究和思考课题。

首先是城市课题，创造一个宜居的、功能混合和社会平衡的城市环境，提供居民一个舒适、共享的生活空间。这些原则也体现在其他国家城市的规划中，如阿尔及尔海湾改造项目。

其次是环境课题，在土地、能源、材料、水资源等方面进行节约，注重生态多样性、绿化与植被。我们将这些关注推广在各种空间尺度上，比如应用在法国第戎市的阿利提斯大厦和中国武汉市民之家的建筑尺度，以及各种街区和城市的尺度，甚至是更大区域的尺度，例如我们正在参与进行中的大巴黎计划[2]。

今天，我们深信中国是建筑和城市实践的热土，中国拥有天时、地利、人合去创造一个人类和社会和谐共生的城市生活环境。

皮埃尔·克雷蒙
法国ARTE-夏邦杰建筑设计事务所 合伙人与董事长

1. 巴黎建筑科技中心，赛尔基·萨拉著，北京建筑工业出版社，2006年同时出版英语和法语版，中文版由清华大学出版社出版。

2. 与安东尼·冈巴克合作大巴黎计划：巴黎-卢旺-勒阿浮。

8

9

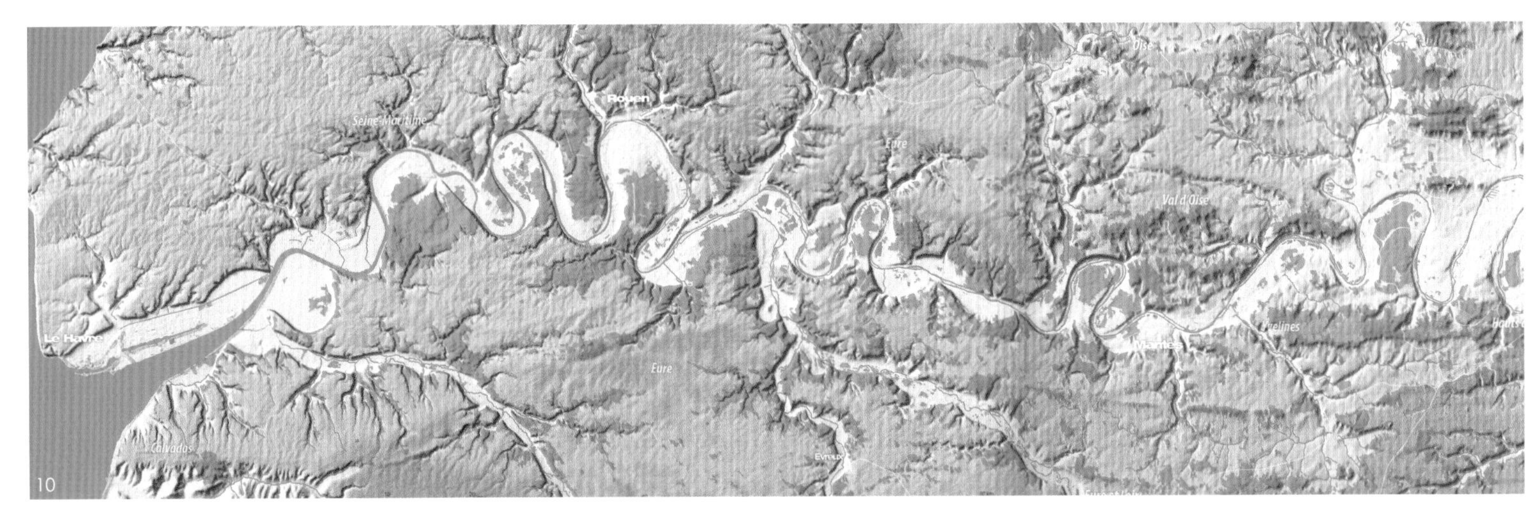

10

Les projets urbains au cours de cette période ont suivi la courbe de développement de la population urbaine, comme celle du développement du PIB, et les dimensions des projets ont été considérablement amplifiées. C'est ainsi que nous avons participé à la consultation pour l'extension de la ville de Zhengzhou qui devait accueillir quelque 2,5 millions d'habitants supplémentaires.

Nous avons eu la chance d'être durant trente ans les témoins de ces premières transformations, en 2003 et 2005 nous publions nos premières réalisations en Chine. Et en 2005, conscients de l'importance des enjeux environnementaux dans le bâtiment et la ville en Chine, nous participions à l'élaboration de l'ouvrage *The Sustainable Design Handbook China, High Environmental Quality Cities and Buildings*[1].

Nous travaillons aujourd'hui sur un grand nombre de villes chinoises. C'est l'un des objectifs de ce nouveau livre que de montrer les réalisations de ces dix dernières années, achevées ou en cours, sur les différentes parties du territoire chinois : à Shanghai toujours mais aussi à Wuxi, Suzhou, Wuhan, Beijing, Chongqing, Dalian, Taiyuan ou encore Ala'er au Xinjiang... Ces projets relèvent de nos recherches menées en France ou en Chine pour affronter deux défis posés à l'architecture et à l'architecte aujourd'hui.

Le premier est urbain, c'est celui de créer une ville agréable à vivre pour ses habitants, de développer l'urbanité et la convivialité par la capacité à vivre ensemble, en organisant la mixité sociale et fonctionnelle et l'harmonie dans des espaces partagés, c'est aussi l'expérience que nous menons dans l'étude du Plan d'aménagement de la Baie d'Alger pour en faire une éco-métropole exemplaire.

Le second défi est environnemental, c'est celui de l'économie des ressources : l'espace, l'énergie, les matériaux, les ressources naturelles comme l'eau, la biodiversité, le végétal et le paysage aux différentes échelles, celle du bâtiment, comme nous l'avons fait à Dijon ou Wuhan, du quartier, de la ville, ou encore du grand territoire comme nous le faisons pour le Grand Paris[2].

Nous avons l'intime conviction que la Chine est aujourd'hui le terrain privilégié des expérimentations les plus innovantes et qu'elle a tous les atouts pour mettre en place les conditions d'épanouissement de l'homme et de la société dans l'espace de la cité.

Pierre Clément
Architecte associé, Président d'Arte Charpentier

1. Centre Scientifique et Technique du Bâtiment CSTB à Paris, Serge Salat, éditeur, et le Science and Technology Documentation and Promotion Centre STDPC à Beijing, publiés simultanément, en 2006, en anglais en France CSTB, et en chinois par les Presses de l'Université Qinghua à Beijing.

2. Avec Antoine Grumbach dans l'équipe du Grand Paris : Paris-Rouen-Le Havre.

The urban projects during this period followed the wave of urban population development and the rise of the GDP, and the size of the projects was greatly increased. Consistent with this trend, we participated in the consultation for the expansion of the city of Zhengzhou which was to accommodate an additional 2.5 million inhabitants.

During these thirty years, we had the opportunity to witness these first transformations, and in 2003 and 2005, we published our first projects in China. In 2005, aware of the importance of the environmental considerations involved in buildings and cities in China, we participated in developing the work, "The sustainable Design handbook China, High Environmental Quality Cities and Buildings"[1].

After our first decade in Shanghai, we are now working on a great number of Chinese cities. One of the objectives of this new book is to show our projects over the last 10 years, built or underway, in different parts of the Chinese territory: We're still in Shanghai but also in Wuxi, Suzhou, Wuhan, Beijing, Chongqing, Dalian, Taiyuan and even in Ala'er in Xinjiang. These projects relate to our research carried out in France or China to confront two challenges facing architecture and the architect today.

The first is an urban question - how to create a liveable city for residents, how to develop urbanity and conviviality in living together, through organizing the social and functional mixes and a harmony in the shared spaces. This is the experience we've undertaking in the study for the development plan for the Bay of Alger, to make it an exemplary "eco-metropolis."

The second challenge is environmental, the economy of resources: Space, energy, materials, natural resources – water, biodiversity, plants, and the landscape on different levels. We must face the landscape on the scale of a single structure, like in Dijon or Wuhan, of a neighborhood, of the city, or further, of a large territory like we're doing for Greater Paris[2].

We have the closely held belief that China today is the privileged place for the most innovative experimentation and that she has all the assets to put into place the conditions for the fulfillment of man and society within the space of the city.

Pierre Clément
Architect Partner, President of Arte Charpentier

1. Scientific and Technical Center of the Building Industry (CSTB) in Paris, Serge Salat, editor, and the Science and Technology Documentation and Promotion Center (STDPC) in Beijing; published simultaneously in 2006, in English and French CSTB, and in Chinese by the Qinghua University Press in Beijing

2. With Antoine Grumbach in the team on the "Grand Paris": Paris-Rouen-Le Havre.

8. 法国第戎阿利提斯大厦 / 9. 阿尔及尔海湾改造 / 10. 大巴黎计划
8. Tour Elithis, Dijon / 9. Baie d'Alger / 10. Le Grand Paris
8. Elithis Tower, Dijon / 9. Bay of Alger / 10. The Great Paris

从建筑到城市——十年中国项目的体会

De l'Architecture à la Ville

From Architecture to the City

周雯怡 Wenyi Zhou & 皮埃尔·向博荣 Pierre Chambron

夏邦杰设计事务所和中国有着近30年的渊源，早在20世纪80年代，事务所创办人夏邦杰先生已经看到正在崛起的中国所酝酿的巨大市场，并率先加入到中国的建设中。在他和何伯笙、克雷蒙先生等事务所元老的带领下，留下了上海大剧院、上海世纪大道、上海万里城规划等经典作品，成为最早进入中国市场的境外事务所之一。

中国的飞速建设和开放的精神更加坚定了事务所在中国发展的信心，为了更好更及时地开展设计工作，事务所于2002年在上海开设分支机构，我们被首批派遣到沪主持工作。这时，上海已经是一个开放的城市，各国设计单位纷纷进入中国建设市场，竞争非常激烈。中国项目的特点是规模大、时间短、要求高，无论是规划、城市设计还是建筑设计都需要有综合的经验、丰富的创造力和巨大的工作热情。事务所云集了多元文化的设计师，将欧洲在城市规划和公建设计方面的经验与中国的文化底蕴和实际国情相结合，使在中国的每个作品都具有独一性、文化认同性，同时又具有国际水准。

这10年来我们夜以继日、全心全意地投入设计和工程中，创作了近百件作品，其中获得一等奖以及已经实施或正在实施的项目近30多个，如山西太原长风文化商务区、山西大剧院、新疆阿拉尔屯垦纪念馆、上海国际时尚中心、上海思南公馆、重庆钓鱼嘴片区规划、武汉市民之家、上海世博会庆典广场等等。这些不同类型和不同地点的项目使我们积累了丰富的经验，是理论、艺术创作、工程建设以及人文、经济等众多因素的整合，从而形成我们设计的风格和特色，在实践中得到公众的认可和好评。

中国正在经历着前所未有而快速的城市化转型，许多项目都既是城市尺度上的研究课题又是建筑单体上的创新，这两个尺度上的设计几乎贯穿在每个项目中。在建筑设计中，我们通常从其在城市空间中的位置入手，赋予其最合理的布局关系，同时也在文化领域中寻找其精神上的含义，给予它标志性的形象。在城市规划和城市设计中，我们以建筑群体的空间尺度入手，塑造既有秩序又富有变化的城市风景，以鲜明的公共空间体系来组织城市骨架，同时考虑标志性重要公建的形象，从而达到建筑与城市之间的互相渗透、相辅相成，成为不可分割的一个整体。这种关系在太原长风文化商务区和山西大剧院这两个项目中得到了完美的体现。2006年，我们在太原长风文化商务区规划和城市设计国际设计竞赛中胜出，设计大胆引汾河水入基地，形成文化绿岛，并由此发散出几大轴线来组织各大建筑群。在规划设计的同时我们就在绿岛中央、轴线交汇处构思了一个通透的、可穿越的建筑体，形成对汾河和其两侧的山脉的取景框，使建筑、规划和自然浑然成为一体。经过多年奋战这些设想都基本得以实现，数年后的今天站在大剧院宏伟的门廊下可以感到这种完整的一气呵成的效果。

无论在规划或建筑设计中，注重生态、节能和可持续性发展是我们设计的重心所在。在重庆钓鱼嘴片区规划中，我们因地制宜、注意自然山体的保护，两大山头被保护成公园，山谷中层层跌落的水塘被保留并利用为生态滤园，地面轨道交通成为片区的主要出行交通，形成真正的生态城市。建成并投入使用的浦东金桥欧莱雅研发中心获得美国环保认证金牌，正在建设中的武汉市民之家计划获得中国环保三星级认证。这些项目我们不仅从设计构思阶段就运用生态节能的理念，并贯穿整个深化和施工阶段，还在未来管理和运营上予以计划和引导。

11

12

13

Il y a de cela presque trente ans, Jean-Marie Charpentier, le fondateur de l'agence Arte Charpentier Architectes, évalue l'énorme potentiel de la Chine. Lui et ses collaborateurs, Andrew Hobson, Pierre Clément et toute l'équipe participent dans les années 1990 aux premières constructions d'un pays qui s'ouvre. Ils ont réalisé notamment durant ces années l'Opéra de Shanghai, l'Avenue du Siècle, la rue de Nankin (Nanjing Lu), le plan de Wanli, projets devenus emblématiques de la ville de Shanghai.

Pour répondre de la manière la plus efficace possible au développement à grande vitesse et à l'ouverture de la Chine, l'agence crée en 2002 une filiale implantée à Shanghai. Envoyés là-bas pour prendre en charge et développer cette nouvelle branche, nous découvrons une Shanghai désormais ville ouverte, ou de nombreuses agences d'architecture et d'urbanisme de statut international sont en concurrence. Les projets en Chine sont de grandes dimensions, répondent à des délais très courts malgré des exigences programmatiques et techniques de haut niveau. Que ce soit en urbanisme ou en architecture, le maître d'ouvrage s'attend à ce que nous montrions une expérience pluridisciplinaire, une réelle créativité, une réactivité et de l'enthousiasme. Notre agence réunit des projeteurs du monde entier. Nous concilions dans notre travail une expérience internationale dans la perspective du développement chinois pour que chaque projet soit unique et réponde aux exigences d'aujourd'hui en termes d'espaces, de confort et de durabilité.

Nous avons vécus ces dix dernières années au rythme effréné de la Chine, avec passion. Parmi la centaine de projets rendus, une trentaine ont été lauréats de concours, sont construits ou en chantier. Le quartier Changfeng à Taiyuan, le Grand Théâtre du Shanxi, le Musée d'Ala'er, le Centre de la Mode de Shanghai, Sinan Mansions, la Péninsule du Pêcheur de Chongqing, le Centre d'Administration de Wuhan, la Place de la Célébration pour l'Expo 2010 sont les plus prestigieux. Ces projets de différents types, dans différents lieux, nous ont permis d'acquérir une expérience riche basée sur une synthèse entre théorie, création artistique, suivi de chantier, économie, coutumes...

La Chine est en train de vivre une période d'urbanisation sans précédent. La plupart des projets répondent à la fois à l'échelle urbaine et architecturale. Pour les projets d'architecture, nous avons souvent abordé le sujet à partir de sa place dans la ville, trouvant une disposition et une organisation rationnelle et adaptée. En même temps c'est par la recherche du sens, de la cause et des effets, de la symbolique, qu'un projet acquiert sa place et une certaine pérennité. Dans les projets d'urbanisme, nous travaillons à partir de dimensions de groupements d'architectures, d'espaces entre le bâti pour former un paysage urbain à la fois ordonné et varié.

Les espaces publics sont associés à la création des équipements publics, signaux urbains, le tout structurant la ville. Architecture et ville s'interpénètrent, formées d'éléments complémentaires, pour devenir un ensemble indissociable. En 2006 nous avons remporté le concours pour le plan d'ensemble du quartier Changfeng à Taiyuan. Nous avons fait rentrer l'eau du fleuve sur le site pour former une île culturelle. À partir de cette île rayonnent plusieurs grands axes autour desquels des groupements architecturaux s'organisent. Les choses se dessinant quasiment en même temps, nous avons inséré au centre de l'île, où les axes convergent, un opéra, corps d'architecture traversable et ouvert qui deviendra un cadrage vers le fleuve et les montagnes qui le jalonnent. Après des années d'efforts et de travail approfondi, cette première intention, cette première image est devenue réalité. Lorsque l'on se tient aujourd'hui sous l'immense portique de cet opéra, on ressent parfaitement cette cohérence entre l'architecture et le paysage urbain.

Tant en urbanisme qu'en architecture, nous développons autant que possible les thèmes d'écologie et de développement durable. À Chongqing, le projet de la Péninsule du Pêcheur est conçu en harmonie avec un site complexe et vallonné. Les sommets verts des collines sont préservés, les bassins naturels en terrasses sont réutilisés en jardins filtrants. Un tramway traversera tout le quartier, offrant des vues sur le Yangtsé. Il s'agira d'un véritable éco-quartier. À Pudong, Jingqiao, le Centre de

It's been about 30 years since the founder of the firm Arte Charpentier Architects, Jean-Marie Charpentier, evaluated the enormous potential of China. In the 1990's, he, his partners Andrew Hobson and Pierre Clément, and the whole team took part in the first new constructions in a country that was opening up to the outside. During these years, they built the Shanghai Opera, Century Avenue, Nanjing Road, and did the plan for Wanli, projects that have become symbols of Shanghai.

In order to respond in the most efficient manner possible to the high speed development in China, the firm created a branch office in Shanghai in 2002. When we were sent there to take charge and develop this new branch, we discovered a Shanghai that was an open city, where many architecture and urban design firms of international stature were competing. The projects in China are of large proportions and response has to be quick despite very demanding program and technical requirements. Whether in urban design or in architecture, the contracting authorities expect multidisciplinary experience, real creativity, responsiveness and enthusiasm. Our firm includes designers from all over the world. We bring international experience to our work with the perspective of Chinese development, in order for each project to be unique and to respond to today's demands in terms of space, comfort and sustainability.

We have lived these last ten years at the rapid rhythm of China, with passion. Of the 100 finished projects, 30 won competitions, are built or under construction. The Changfeng quarter in Taiyuan, the Great Theater of Shanxi, the Ala'er Museum, the Shanghai Fashion Center, Sinan Mansions, the Fishermen's Peninsula in Chongqing, the Wuhan Administration Center, and Celebration Plaza for the 2010 Expo in Shanghai are the most prestigious. These projects, of different types and in different places, permitted us to acquire a rich experience based on a synthesis between theory, artistic creation, construction management, economy, and customs.

China is undergoing a period of urbanization without precedent. Most of the projects are responsive on both the urban as well as the architecture scale. For the architectural projects, we often approached the subject from its contextual location in the city, coming up with a rational and adaptive layout and organization. At the same time, it is through research into the meaning, the cause and the effects, and the symbolism, that a project acquires its place and its durability. For the urban design projects, we work off the dimensions of architectural groupings, of space between the built, to create an urban landscape that is orderly and varied.

The public spaces are associated with the creation of public infrastructure and urban signage, together giving form to the city. Architecture and the city are intertwined, formed by complementary elements, and become an inseparable ensemble. In 2006, we won the competition for the Changfeng quarter master plan in Taiyuan. The main concept was to divert the river's waters into the site to form a cultural island. Several large axes radiate out from this island, around which the architectural groupings were organized. We placed the visually and physically open opera building at the center of the island where the axes converged. It frames views to the river and the mountains to either side. After years of effort and intense work, our initial intention, the first image, became reality. When one stands under the immense portico of the opera today, the perfect coherence between the architecture and the urban landscape can be felt.

In urban design as well as in architecture, we developed themes of ecology and sustainability as much as possible. In Chongqing, the Fishermen's Peninsula project was conceived in harmony with an undulating and complex site. The green hilltops were saved, and the natural terraced basins were reused as water filtering gardens. A tramway will cross the whole quarter, offering views of the Yangtze River. This will be a true eco-quarter. In Pudong, Jingqiao, the Oreal Research and Innovation Center completed

在中国，历史街区和建筑文化遗产的保护越来越多地受到关注。我们也更多地参与到老街区改造中，设计中借鉴和引入法国的理论和经验，强调保护城市肌理，对历史街区的空间结构体系进行保护和梳理。我们在设计项目中既保护老建筑的原真性，同时也大胆注入新的元素，使新旧之间产生对比和共鸣，从而为“建筑遗产吹入生命的气息”。如上海思南公馆项目，我们以新旧对比的手法使整个街区充满海派多元文化魅力。另外一个非常有意义的项目是将原国棉纺织厂改造成上海国际时尚中心，以细腻而创新手法，既原汁原味地体现工业建筑的风味，又展示其转型后时尚活动的面貌。

近10年的作品见证了我们从建筑到城市的设计理念的运用，也展现我们务实、创新、尊重文化的工作方式的成熟。本书以21个项目为例，详细介绍了我们最近十年来设计的心得和体会，展示了每个设计构思的酝酿和发展，其中所遇到的约束和困难，以及解决的对策。项目以不同类型相对予以归类，分四个部分来阐述。第一部分为“城市设计——构图和形态”。该部分选取了有代表性的六个项目，它们有的是新区的规划，有的是旧城区的扩展和延伸，也有新城核心区的深化设计，以及以景观为主题的周边城市设计；它们有的地处城市高密集中心地带，有的位于风景优美的山水之地或者富有特色的海港工业基地。设计中一方面以强烈的轴线形成鲜明的城市构图，一方面以不同尺度的公共空间和细腻的体块控制来塑造丰富而人性化的城市形态。第二部分为“公共建筑和公共空间——象征和场所”，这里呈现了六个具有特点的项目，它们都是城市中重要的标志性元素，承载着居民众多的期望和情结。在设计中，我们不仅寻找建筑本身的寓意，还结合城市规划和公共空间以及景观设计，一起塑造出富有震撼力的纪念性场所。第三部分为“更新城——保护和改造”，通过思南公馆和上海国际时尚中心这两个项目，来阐述我们在改造项目中积累的经验和体会。第四部分为“办公及商业综合体——实用性和艺术性”，这里以七个项目为例，展示了在实用性为主的建筑设计中尽管有众多制约因素，仍然可以塑造出各自的艺术特色。

自古以来，建筑和城市的建设绝非一己之力，而是众多参与者共同奉献力量和智慧的集体作品。他们当中有设计院的工程师们、有施工队中经验丰富的工人、有睿智而果断的领导，还有和我们日夜奋战的效果制作团队。时光流逝，这些建筑和城市将见证我们共同付出的努力和永恒的友谊。

14

15

16

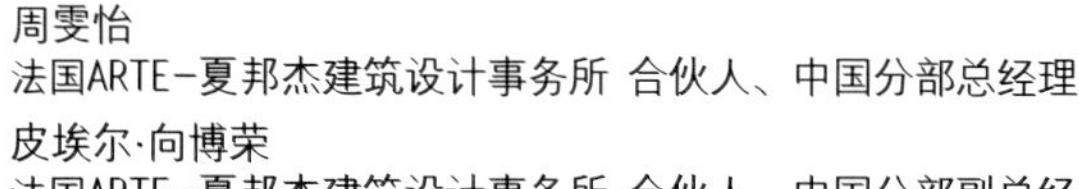
周雯怡
法国ARTE-夏邦杰建筑设计事务所 合伙人、中国分部总经理
皮埃尔·向博荣
法国ARTE-夏邦杰建筑设计事务所 合伙人、中国分部副总经理

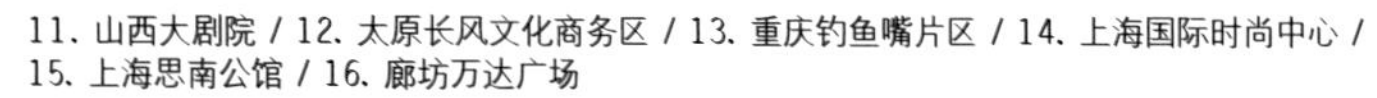
11. 山西大剧院 / 12. 太原长风文化商务区 / 13. 重庆钓鱼嘴片区 / 14. 上海国际时尚中心 / 15. 上海思南公馆 / 16. 廊坊万达广场

11. Grand Théâtre du Shanxi, Taiyuan / 12. Quartier de Changfeng, Taiyuan / 13. La Péninsule de Pêcheur, Chongqing / 14. Centre de la Mode de Shanghai / 15. Sinan Mansions, Shanghai / 16. Wanda Plaza, Langfang

11. Shanxi Great Theatre, Shanghai / 12. Changfeng Quarter, Taiyuan / 13. The Fisherman's Peninsula, Chongqing / 14. Shanghai Fashion Center / 15. Sinan Mansions, Shanghai / 16. Wanda Plaza, Langfang

Recherche et d'Innovation pour L'Oréal livré en 2011, a reçu la certification LEED GOLD. Le Centre d'Administration de Wuhan, qui sera terminé cette année, vise à obtenir la certification « verte » chinoise 3 étoiles. Pour chacun de ces projets, l'écologie et les économies d'énergies ont été des enjeux tout au long du processus de conception et de réalisation. Ils le resteront pour les utilisateurs et la future gestion de ces sites.

En Chine, les quartiers historiques et le patrimoine architectural ont été de plus en plus pris en compte ces dernières années. Nous avons pu contribuer à cette évolution en apportant, en les adaptant, des théories et des pratiques « à la française ». Protéger le tissu urbain original et préserver comme un ensemble la structure spatiale existante est souvent un point de départ. Concernant le bâti, il y a un désir de respecter et de révéler son authenticité tout en intégrant de nouveaux éléments pour créer un dialogue entre l'ancien et le contemporain, afin de distiller un nouveau souffle de vie au projet. Pour Sinan Mansions, l'intégration d'éléments nouveaux contrastant avec l'existant donne au site un charme cosmopolite très shanghaien. Avec le Centre de la Mode de Shanghai, ancienne usine de textile, nous avons voulu conserver et révéler le style industriel du début du 20ème siècle. Grâce à une ponctuation d'éléments nouveaux et audacieux le site a trouvé un nouveau rôle dans le domaine de la Mode.

À travers un choix de 21 projets, cet ouvrage résume ces dix dernières années de réflexions et d'expériences. Nous avons voulu expliquer la genèse de chaque projet, certaines contraintes ou difficultés et les solutions que nous avons apportées. Ces projets sont présentés en quatre parties.

La première : « Projets urbains – grandes compositions et morphologies urbaines » est composée de six exemples caractéristiques. Parmi eux nous trouvons un plan pour une ville nouvelle, une extension de ville existante, un centre de quartier ou un projet très paysagé. Alors que certains projets sont implantés dans un centre-ville très dense, d'autres sont placés dans des sites très typés (comme pour le port de Dalian) ou très naturels et préservés. Dans tous ces projets, nous travaillons à la fois sur une composition de la ville et sur des espaces publics à échelle humaine.

La deuxième partie s'intitule « Équipements publics – symboles urbains et espaces majeurs ». Les six projets composants cette partie sont tous des éléments symboliques de la ville, des réponses à une volonté publique de charger le bâti de sens et d'émotion. En même temps nous essayons toujours d'associer l'espace public et le paysage pour créer un ensemble cohérent qui peut éventuellement devenir monumental.

La troisième partie de ce livre est « Renouvellements urbains – protections et réhabilitations ». À travers deux projets, Sinan Mansions et le Centre de la Mode de Shanghai, nous montrons notre expérience dans ce type de projets.

La quatrième partie s'intitule « Complexe bureaux et commerces – entre forme et fonction ». Nous y présentons sept réalisations pour montrer comment créer une architecture caractérisée pour des projets très fonctionnels.

Depuis toujours l'acte de construire l'édifice et la ville ne s'est pas réduit à l'action d'un seul homme. Nombreux sont ceux qui contribuent à la tâche par leur force et leur savoir-faire. Il y a parmi eux des ingénieurs, des experts, des ouvriers chevronnés sur les chantiers ; il y a aussi des dirigeants qui savent décider avec sagesse ou audace, et il y a bien sûr nos partenaires au quotidien, maquettistes et perspectivistes qui font les charrettes avec nous. Alors que le temps passe, l'architecture et la ville restent, témoignant des efforts que nous avons fournis ensemble et des liens qui nous ont unis.

Wenyi Zhou, Architecte Associée d'Arte Charpentier, Directrice générale de l'agence en Chine

Pierre Chambron, Architecte Associé d'Arte Charpentier, Directeur général délégué de l'agence en Chine

in 2011 won the LEED Gold certificate. The Administrative Center in Wuhan, which will be finished this year, aims to get the Chinese three star "Green" certification. For each of these projects, ecology and energy efficiency were the main issues in the whole design and construction process. They will also be important for the users and the future management of the sites.

In China, historic neighborhoods and architectural heritage have been given increased consideration over the last few years. We contributed to this evolution by bringing and adapting French theory and practices to this kind of projects. Protecting the original urban fabric and saving the existing spatial structure as a whole is often a point of departure. As for the existing built environment, we wanted to respect and reveal its authenticity while integrating new elements, to create a dialog between the old and the new in order to give a new breath of life to the project. For Sinan Mansions, the integration of new elements contrasting with the existing lends a very Shanghainese, cosmopolitan charm to the site. With the Shanghai Fashion Center, a former textile factory, we wanted to save and highlight its early 20th century industrial style. Thanks to the introduction of new and audacious elements, the site has taken on a new role in the domain of fashion.

Through a selection of 21 projects, this book contains part of the thoughts and experiences of our last 10 years' works in China. We wanted to explain the genesis of each project, the constraints and difficulties, and the solutions that we brought to each. These projects are presented in four parts.

The first, "Urban Designs – Large Scale Compositions and Urban Morphologies" is made up of six characteristic examples. Among them, we did a plan for a new town, an expansion of an existing city, a neighborhood center or a landscape project. While certain projects are located in a dense city center, others are in very specific sites (like the port of Dalian) or are very natural and preserved. In all these projects, we worked at the human scale for both town composition and the public spaces.

The second part is entitled "Public Facilities – Urban Symbols and Major Spaces". The six projects in this section are both symbolic elements for the city, and responses to the public will to imbue the built environment with meaning and emotion. At the same time we always seek to connect public space and the landscape to create a coherent whole which can eventually become monumental.

The third part of the book is "Urban Renovation – Protection and Rehabilitation." Through these two projects, Sinan Mansions and the Shanghai Fashion Center, we show our experience with this kind of work.

The fourth part is entitled "Office and Business Complexes – Between Form and Function". In this part we present seven buildings in order to show how we gave character to very functional projects.

The act of constructing a building and a city has never been the work of a single man. Numerous are those who contribute to the task through their strength and their knowledge. Among them are engineers, experts, experienced workers on the construction sites; there are also the authorities who know how to make decisions with wisdom or audacity, and there are, of course, our partners in daily life, the model makers and the perspective artists, who go through the charrettes with us. Time passes, but the architecture and the city remain, witnesses to the efforts we provided together and the ties that have bound us.

Wenyi Zhou, Architect Partner of Arte Charpentier, General Director of China Office

Pierre Chambron, Architect Partner of Arte Charpentier, Vice General Director of China Office

1

城市设计 —— 构图和形态

PROJETS URBAINS - GRANDES COMPOSITIONS ET MORPHOLOGIES URBAINES

Urban designs - Large Scale Compositions and urban Morphologies

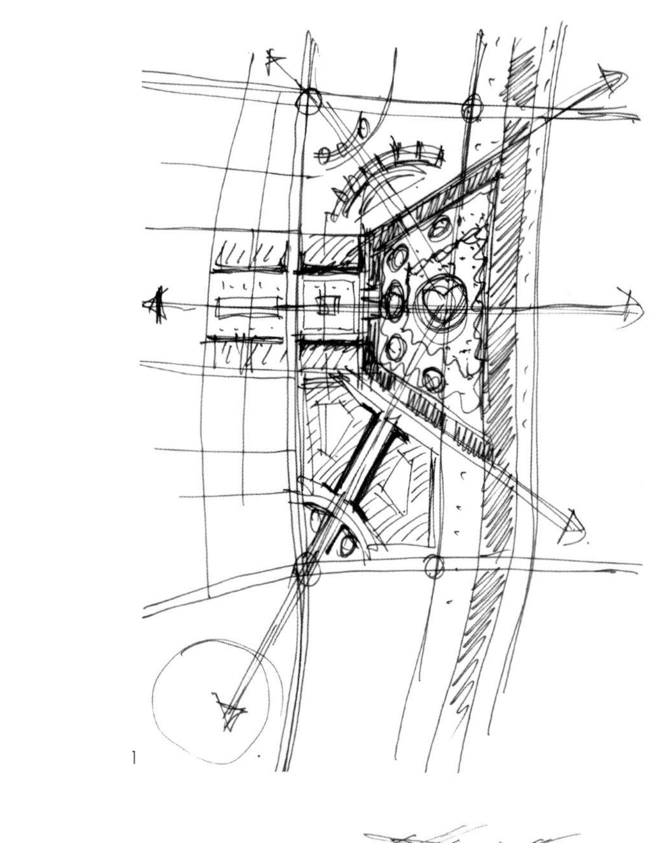

城市设计是一个介于城市规划和建筑设计之间的设计过程，它在总体规划的基础上，为下一步分片建筑设计进行控制和引导，从而使整个区域在空间上、形态上与风格上拥有一定的秩序，形成完整而丰富、统一而变化的整体城市与景观效果。

中国的城市有着悠久的历史。在当今飞速的发展过程中，却遇到如何让城市形象得到适当控制的难题。建筑布局凌乱、城市尺度缺乏人性化、交通超负荷、公共空间缺失、城市形象千篇一律等，都是令人反思的现象。为此，城市设计体现出越来越重要的作用。我们时常遇到不同尺度的城市设计课题，包括新城整体规划、旧城区扩展和延伸、城市核心区的深化设计，还有以景观为主题的周边城市设计。这里我们选取了有代表性的六个项目来阐述我们设计的理念和实践经验。

我们将法国的城市设计经验和中国的具体情况相结合，不仅从设计上也从规划管理和未来开发的角度，引导城市未来的发展。我们以城市形态学和建筑类型学为理论基础，塑造有特色的城市肌理，另一方面通过细腻的建筑体量设计和引导，对新建城市的形态进行严格的控制。

在空间上，我们讲究城市结构清晰、城市肌理疏密有致，并展现出清楚的天际轮廓线，因此既设计了标志性的大型公共空间，也规划了尺度宜人的街坊。同时，我们也组织不同尺度的开放空间，如大型市政广场、充满活力的商业轴、休闲散步的林荫道、宁静的公园，以及精致的步行街区等。

在太原长风文化商务区的规划设计中，我们通过垂直于河岸的轴线组织大型公共建筑和绿地广场，汾河成为了城市的中心，城市"跨河"生长，城市肌理在河岸两侧延伸，形成完整的城市骨架。并且引汾河之水入基地，形成文化绿岛这个有力的中心空间，由此发散出来的轴线将其他功能紧密地贯穿在一起。

在重庆钓鱼嘴片区设计中，我们因地制宜，选择适宜的地带建设，形成大疏大密的结构，保护两大山头成为公园，利用山谷层层水塘设置过滤花园，并建议通行地面轨道交通，形成真正的生态城市。

在大连港改造项目中，利用独特的突堤形成以国际邮轮中心为主体的海上旅游区，在进深方向形成逐渐升高的天际线，并设置一标志性超高层建筑成为海上地标。

而在北京CBD的城市设计中，将重点放在解决交通问题上，以多层次和立体交通的方式形成与地铁、公交、地下环路以及各高层建筑之间无缝的衔接。

上海长风生态商务区位于苏州河畔，沿河地带设计成半开放式街坊，组成空间丰富的步行街区，与沿后侧城市主干道建造的高层建筑形成互补。

在无锡锡东新区的中央公园周边，我们根据周边街区的特点将不同的沿岸空间处理成不同的风格和功能，有大型庆典广场、餐饮购物步行区、较几何的景观和较自然的景观等。

更加有意义的是，在某些项目中，我们获得城市规划部门的支持，引进法国城市控制图则的做法，与中国的城市规划图则画法相结合，形成一套城市设计导则。将城市设计落实到法规里，使未来城市风貌真正得以适当控制。

1

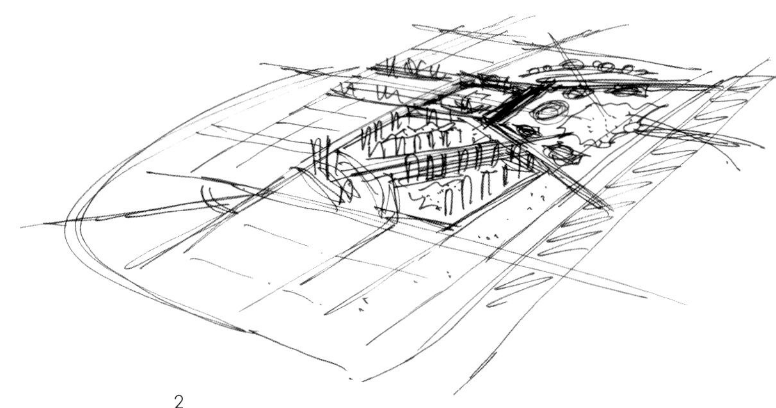

2

1.太原长风文化商务区总平面草图 / 2. 太原长风文化商务区透视草图 / 3-4. 重庆钓鱼嘴片区整体剖面草图和总平面草图

1. Esquisse du plan de masse pour le Quartier de Changfeng à Taiyuan / 2. Esquisse perspective pour le Quartier de Changfeng à Taiyuan / 3-4. Le quartier de la Péninsule de Pêcheur à Chongqing : esquisses de la coupe transversale et du plan de masse

1. Masterplan sketch for Changfeng Quarter in Taiyuan / 2. Perspective sketch for Changfeng Quarter in Taiyuan / 3-4. Fishermen's Peninsula in Chongqing: section sketch and masterplan sketch

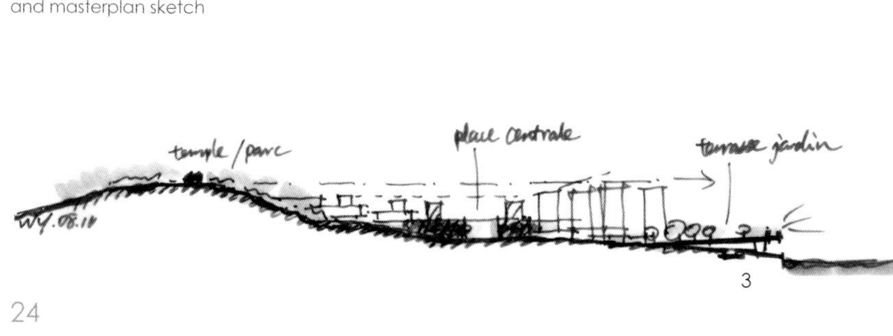

3

4

La conception du projet urbain se situe entre planification, urbanisme et architecture. Le projet est basé d'un côté sur un approfondissement de la planification. D'un autre côté il vise à créer un guide pour la construction des projets architecturaux à l'étape suivante. Le but est de trouver une cohérence à la fois dans l'espace, la forme et le style pour former un paysage urbain cohérent et varié.

La ville chinoise et sa longue histoire d'urbanisation doit aujourd'hui faire face à un développement si rapide qu'il devient difficile de contrôler le paysage qu'il engendre : disposition aléatoire du bâtit, manque d'échelle, circulations difficiles, manque d'espaces publics, manque d'identité. C'est dans ce contexte que le projet urbain, intermédiaire entre la planification et l'architecture, fournit un guide essentiel pour la cohérence du tout. Précédent l'étape de construction, il détermine le paysage urbain à venir.

Aujourd'hui en Europe et notamment en France, le développement, à vitesse réduite, est conditionné par le respect de théories sur la morphologie urbaine ou sur les typologies architecturales. Le tissu urbain est travaillé dans la continuité. On protège le tissu traditionnel et on contrôle les nouvelles constructions. En Chine nous associons nos expériences françaises aux cas concrets chinois. Le travail porte non seulement sur le projet mais aussi sur sa gestion et jusqu'à son futur développement.

En ce qui concerne la conception de l'espace urbain, nous nous efforçons de suivre les principes suivants : une composition claire, des densités maîtrisées, une mixité dans le programme, une silhouette contrôlée et caractéristique, une hiérarchisation de l'espace public pour que la ville ai en son sein à la fois des espaces d'ordre symboliques et variés tels que des places, des allées plantées, des allées piétonnes, etc.

À Taiyuan, nous avons tracé l'axe principal de la composition perpendiculairement au fleuve pour organiser les grands équipements publics et les espaces urbains. Nous avons fait entrer l'eau du fleuve dans le site pour former une île regroupant cinq équipements culturels et qui deviendra le centre identitaire fort du quartier. Depuis ce centre rayonnent les axes urbains qui structurent la ville du futur.

Pour le projet de la Péninsule du Pêcheur à Chongqing nous avons épousé la morphologie du site en en faisant ressortir le potentiel. Nous avons voulu obtenir un équilibre entre une forte densité et un respect de l'environnement naturel, conservant les sommets verts et transformant les lacs existants en jardins filtrants. Un tramway vient aussi desservir tout le quartier.

Pour le projet du port de Dalian, nous avons tiré le plus grand parti d'un site exceptionnel pour créer un nouveau terminal ferry et contrôler une silhouette qui monte par paliers depuis la mer. Seule une tour signal symbolise le développement de la ville.

Pour le projet de Changfeng à Shanghai, nous avons créé un quartier piéton semi-ouvert le long de la rivière Suzhou avec en arrière-plan une série de tours longeant le boulevard.

À Wuxi, dans le Parc Central, autour du lac, nous avons proposé de diversifier les ambiances. Nous trouvons, placés de façon stratégique, une place pour les célébrations, un quartier piéton avec commerces et restaurants, un paysage alternativement soit très naturel soit très minéral.

Pour le nouveau quartier d'affaires de Beijing nous avons mis l'accent sur la gestion des circulations. Nous avons étudié un système de superposition et de liaisons efficace entre les réseaux publics de métro, de bus, de véhicules et piétons, à l'échelle du quartier et pour chaque tour.

Le développement des projets de concours lauréats avec les départements d'urbanisme donne lieu à l'élaboration de chartes graphiques qui définissent en particulier le contrôle des volumes et des rues, les alignements comme les bâtiments signalétiques. Ces chartes sont ajoutées comme annexes aux règles urbaines locales.

The creation of an urban project takes place between planning, urban design and architecture. An urban project takes planning to a deeper level on the one hand, and on the other, creates a guide for the construction of built projects in the following stage. The goal is to achieve overall consistency between space, form and style to shape a coherent and varied urban landscape.

Today the Chinese city, with its long history of urbanization, has to face up to the fact of development so rapid that it is difficult to control the resultant landscape: random or haphazard placement of buildings, a lack of scale, poor circulation, little public open space and no distinct identity. In this context, an urban project, midway between planning and architecture, provides an essential guide for overall coherence. Preceding the construction stage, an urban project determines the future urban cityscape.

In Europe today and especially in France, development occurs at a less rapid rate and is conditioned by respect for theories on urban morphology or architectural typologies. Work on the urban fabric takes place in a continuum, the traditional fabric is protected, and new construction is controlled. In China, we associate our experiences in France with concrete Chinese examples. Our work has an impact not only on the project but also on its future management and development.

As concerns the design of open space, we try to abide by the following principles: a clear composition, well-thought out densities, a mixed-use program, a controlled and distinct silhouette, and a hierarchy of open spaces. In this way, the city has at its core symbolic places but also varied open spaces such as plazas, planted avenues and pedestrian allees.

In the city of Taiyuan, we placed the principle axis of the composition perpendicular to the river as an organizing element for the large public facilities and urban spaces. We brought the river's waters into the site to form an island where five cultural facilities are grouped together. This will become the identifying center of the quarter. From this center, urban axes radiate out to form the city of the future.

For the Fishermen's Peninsula project in Chongqing, we embraced the morphology of the site by making its potential stand out. We wanted to achieve a balance between high density and a respect for the natural environment, retaining the green hilltops and transforming the existing lakes into gardens that also filter runoff. A tramway will also provide service to the neighbourhood.

For Dalian's port, we took advantage of its exceptional site to create a new ferry terminal and maintain a skyline that climbs up by landings from the sea. Only one single signature tower symbolizes the new development of the city.

In Shanghai's Changfeng, we created a pedestrian quarter that is partially open along the Suzhou river with a series of towers at the boulevard forming a backdrop.

In Wuxi's Central Park, around the lake, we proposed varying the settings. We strategically located a plaza for celebrations, a pedestrian quarter with shops and restaurants and a landscape that is alternatively very natural or hard surface.

We focused on managing the circulation in Beijing's new CBD. We studied a superimposed system of efficient connections between public metro and bus networks, cars and pedestrians on the scale of the whole quarter and for each tower.

The development of winning competition projects with the local urbanism departments produced graphic charts that define building massing, street dimensions, alignments and signature building in particular. These charts are annexed to the local urban regulations.

长风文化商务区

Taiyuan 太原 – 2012

QUARTIER DE CHANGFENG

Changfeng Quarter

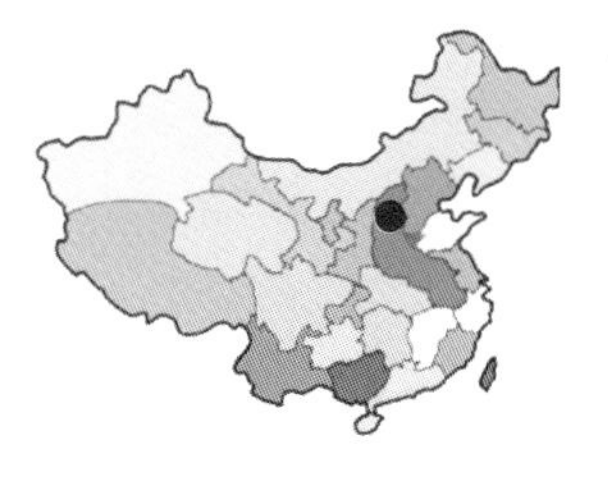

与河共舞

Inspired by the River

Composer avec le fleuve

山西省省会太原市是一座凝聚历史沉积的城市，其独特的地理位置使之成为中原和游牧文化的交流廊道，孕育了山西特有的既豪迈大气又儒雅深沉的文化特质。太原市位于汾河之畔，东西两侧分别是狭长的山脉，现有中心城区主要分布在汾河东侧。根据总体规划，城区将向西南方向扩展。市政府在2006年召开了一次重要的国际方案征集，其用地范围在汾河西侧，面积2.56平方公里，将建设其新的文化、商务和行政中心区。

我们在设计初期就在深思这个区域在未来城市中将起到的角色，它将既是一处连接现有城区和未来新区的过渡和延展区，又应该具有强烈的自身场所感，成为这座千年名城的新城市形象代表。我们参考了塞纳河与巴黎历代城市扩展的关系，通过垂直于河岸的轴线组织大型公共建筑和绿地广场，来使城市肌理在河岸两侧延伸，形成完整的城市骨架。

我们在垂直于汾河的方向设置了一条中轴线，在这条中轴线的端点上、轴线与水的交汇处，设置一个强有力的中心空间。这一中心的形成，一来为城市接下来进一步发展提供原动力，二来将与隔水相对的城市现有中心区形成强烈的作用力与反作用力，从而更加紧密地将河水两岸的城市联系成为一体。

在此基础上，我们整合了城市中各个重要空间节点，将一系列的重要公建、广场空间、开放绿地沿此轴线布置，以完成对跨水轴线的塑造。同时，该轴线空间通过与其他各条分轴线的连接，得到在城市空间上的更大程度的延伸。通过这种规划方法来引导城市建设方向，因而使城市建设区域体现出一定的连续性。于是我们大胆地设想了将汾河之水引入基地、形成文化绿岛，并用放射的轴线将位于基地东北方向的现有城区和位于基地西南方向的未来晋阳湖新区贯穿起来。使城市“跨河”生长，延伸东部城市现中心空间，汾河成为了城市的中心，通过轴线将两岸的城市结构衔接在一起。

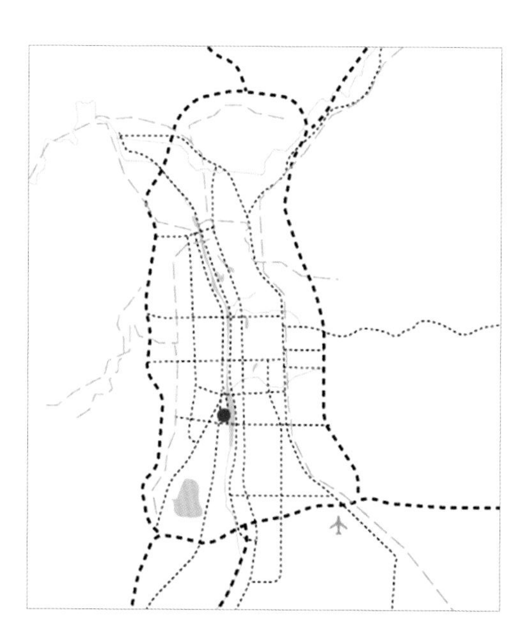

1

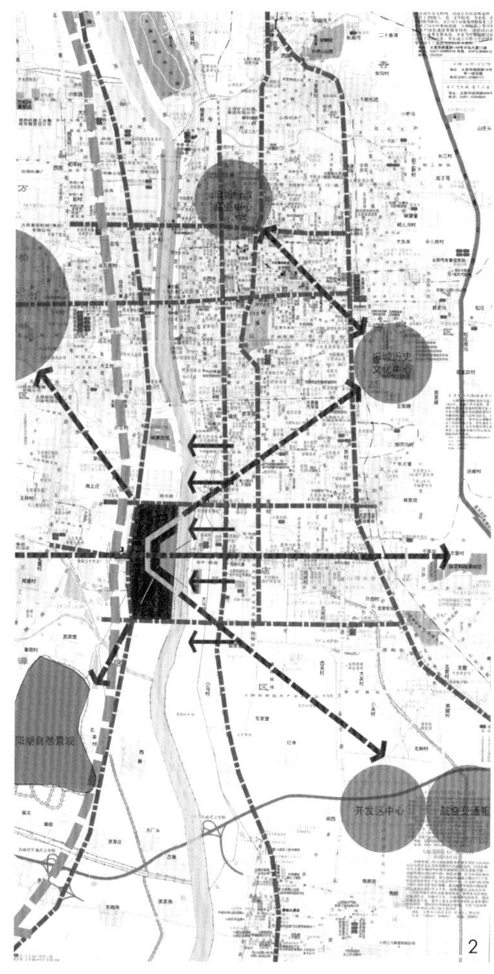

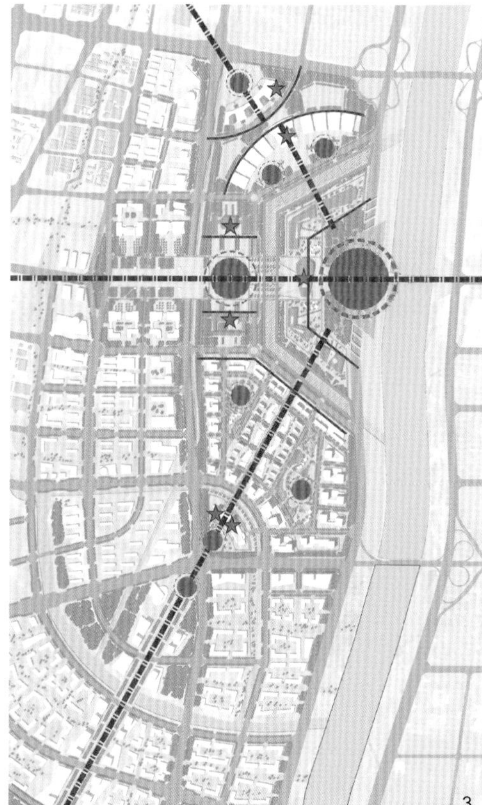

La ville de Taiyuan, capitale du Shanxi, est placée entre deux longues chaînes de montagnes à l'est et à l'ouest, dans une sorte de corridor reliant la Chine centrale à celle des steppes. Son histoire est riche, sa population a un caractère à la fois généreux et réservé. Actuellement située sur la berge est du Fleuve Fen, la ville est appelée à s'étendre vers le sud-ouest, selon le schéma directeur. En 2006, la municipalité a lancé un concours international sur un site de 2,56 km² pour construire son nouveau centre à la fois culturel, administratif et d'affaires.

Dès le début de l'esquisse, nous avons senti le rôle prépondérant et charnière du site dans l'extension future de la ville, espace de transition entre l'existant et l'avenir. En même temps il fallait créer un lieu au caractère affirmé, un nouveau pôle pour cette ville millénaire, mais où manquait une structure urbaine typée. Le site longeant le fleuve, nous avons imaginé un plan dont l'eau serait la première composante.

À Paris, plusieurs axes urbains ont été construits perpendiculairement à la Seine pour y placer de grands équipements et y organiser des espaces publics qui convergent vers l'eau. Ici nous avons imaginé de faire entrer l'eau du Fleuve Fen dans notre site pour créer une île verte à partir de laquelle rayonnent trois axes. Ces axes, ces avenues créent à la fois un rapport avec la ville existante et des extensions sur lesquelles viendra se greffer la ville du futur : quartier des expositions, quartier administratif, quartiers d'affaires (CBD), et au centre de la composition le centre culturel avec le Grand Théâtre du Shanxi, la Bibliothèque, le Musée, la Galerie d'Art et la Cité des Sciences.

Taiyuan, the capital of Shanxi province, lies between two long mountain chains to its east and west, in a corridor-like space linking central China with the steppes. With a rich history, its population has the reputation of being generous in nature if reserved. Presently located on the bank of the Fen River, the city is slated to grow to the southwest according to its master plan. In 2006, the municipality launched an international competition for a 2.56 kilometers square site, to build its new cultural, administrative and business center.

From the first sketches, we felt the preponderant and essential role of its present site to the future expansion, a transitional place between the existing and the future. At the same time, we needed to create a place with a defined character, a new pole for this thousand-year old city which lacked a typical urban structure. Because the site lay along the river, we imagined a design where water would be the prime element.

In Paris, several urban axes were drawn perpendicular to the Seine in order to locate major infrastructure along them and to create public spaces converging on the water. In Taiyuan, we decided to bring the Fen River into our site to create a green island from which three axes would radiate. These axes, these avenues, provide both a link with the existing city and extensions along which future growth will locate. This will be a whole new town center, including an exposition quarter, an administrative quartier, a CBD, and in the very center of the design, a great cultural complex composed of the Shanxi Grand Theater, a library, a museum, an art gallery and a science center.

1. 总体平面图 / 2. 分析图：区域和周边城市 / 3. 分析图：轴线和重要空间节点

1. Plan de masse / 2. Plan d'analyse : quartier et ses alentours / 3. Plan d'analyse : axes de composition et des espaces publics importants

1. Master plan / 2. Analysis plan: the quarter and its surroundings / 3. Analysis plan: axes and important public spaces

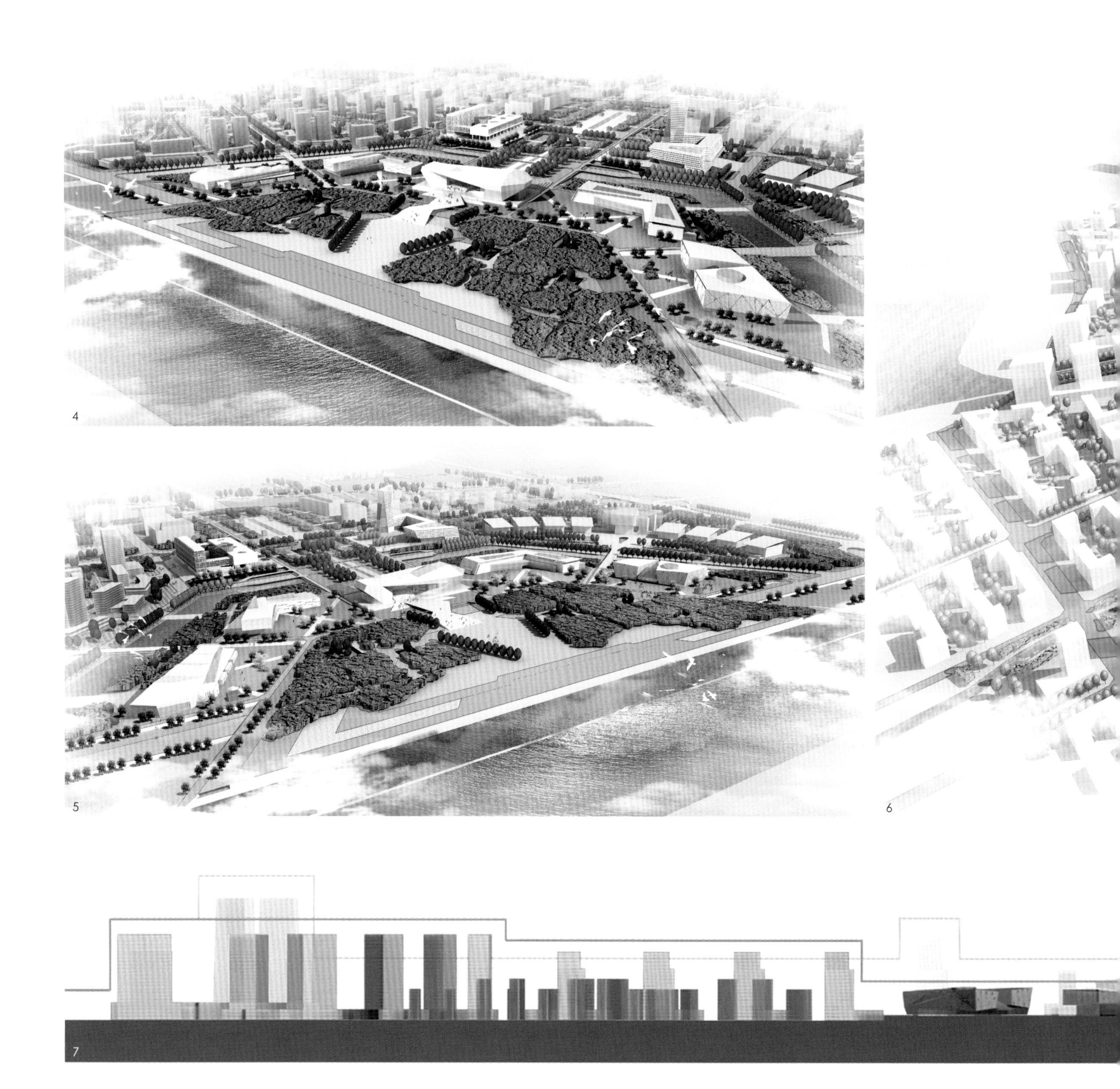

4、5. 文化绿岛鸟瞰图 / 6. 长风文化商务区及未来延伸区鸟瞰图 / 7. 沿河城市天际线
4-5. Vues aériennes de l'île culturelle / 6. Vue aérienne du Quartier de Changfeng et la future extension / 7. Silhouette urbaine du quartier depuis le Fleuve Fen
4-5. Bird's eye view of cultural island / 6. Bird's eye view of the Changfeng Quarter and its futur extension / 7. Riverside skyline

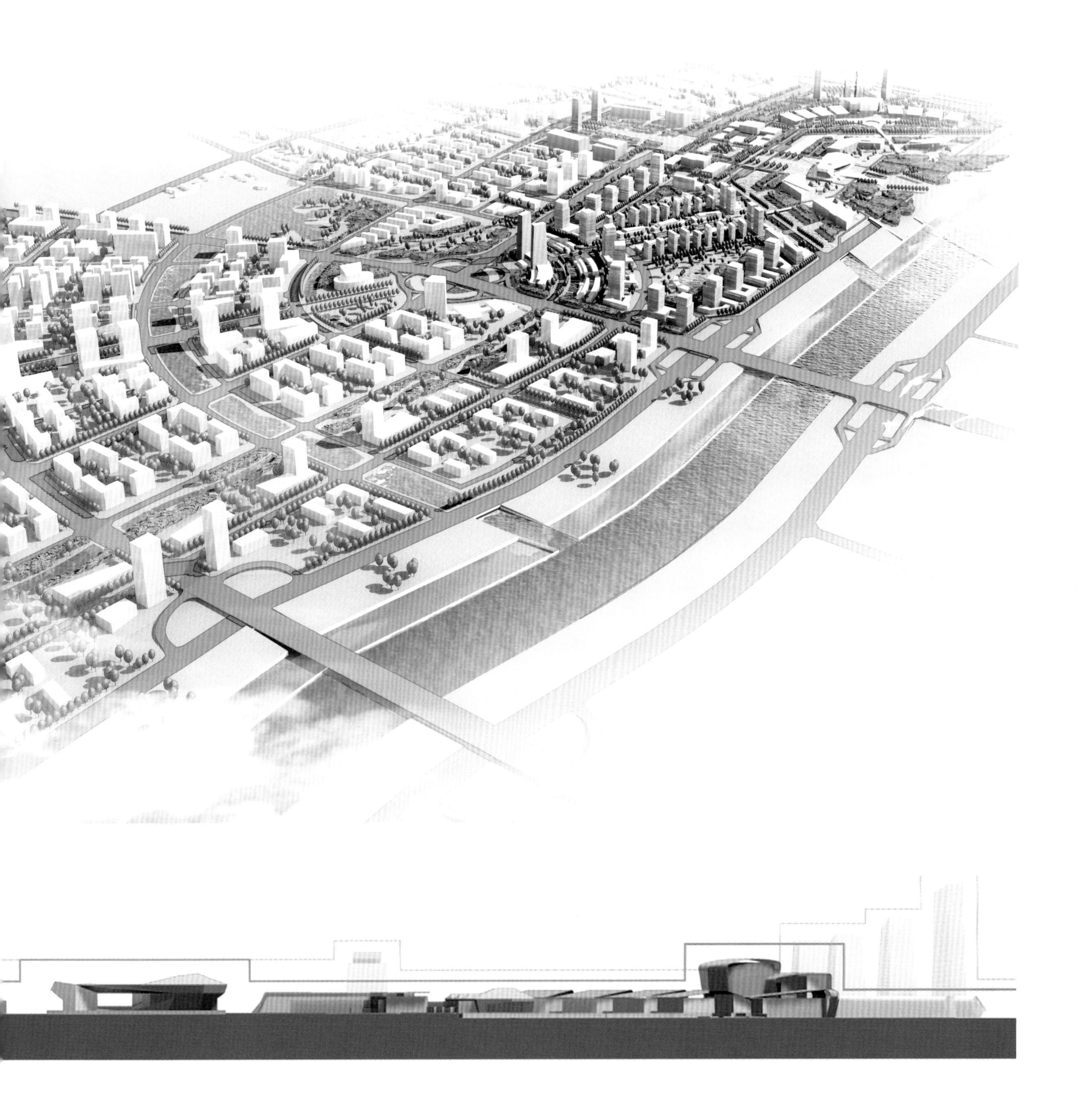

8. 从汾河对岸看文化绿岛及五大公建 / 9. 正在建设中的长风文化商务区

8. Vue des cinq équipements culturels sur l'île / 9. L'ensemble du quartier en construction

8. View of five public buildings on the island / 9. The quarter under construction

以内河和轴线为骨架，形成了四个贯穿的功能区：西北为会展区、西侧为行政区、西南为商务区，而中间临河为集中了大剧院、图书馆、美术馆、博物馆和科技馆等五大公共建筑的文化绿岛区。由于汾河必须设置6米高的防洪堤，而本基地本身已经低于路面2米多，所以滨河眺望的效果无法实现，经过多方论证我们提出将文化绿岛标高升至防洪堤顶标高，形成一个可以充分利用其地下空间的城市平台，使五大公建与汾河和对岸的城市形成眺望的关系，同时解决公交停靠和停车问题，并设置商业设施，为城市平台的使用带来一定的活力。为了避免平台带来的某些弊病，我们在设计中增加下沉式花园、绿色斜面等元素，起到扬长避短的作用。

在城市的空间上，我们以轴线为界面对周边建筑进行退界、高度和体量上的控制，使整个区域拥有一定的秩序感和视线的聚焦。在景观上，我们从规划完整性的角度提出初步的构图原则，比如大剧院作为东西轴上唯一的建筑，并且是文化绿岛的中心。一种无形的引力将人们从各方引导到这个建筑所拥有的城市眺望平台上，因此周边的景观都与大剧院有一种向心的关系，树阵、步道、下沉式庭院的形状，还有灯具和城市家具都汇聚向绿岛中心。设计中同时也出现局部的旋转和变轴，在秩序中产生丰富的变化。

为了充分达到"跨河"的作用，我们在规划中构思了一条从江边绿岛平台中央出发而跨越汾河的步行桥，联系对岸的大片居住区。在完成规划大模型的前夕，我们灵机一动，受到巴黎塞纳河上双层桥的启发，将这条步行桥的两端分别联系到汾河两侧的不同标高的堤岸，而在汾河中央纽结在一起形成观景平台。这个想法在接下来几年的深化中得到保留，由一家桥梁设计单位深化并正在建设中。

在深化设计中，我们和当地规划局、规划院以及市政府有关领导开了无数的现场会议，在不到两年的时间里，我们将这片2.56平方公里的规划从纸上开始搬到了地上。现在基本道路骨架已经建成，内河正在开挖中，文化岛平台也粗具规模，岛上五大公建即将投入使用。会展中心后来改为煤炭交易中心，也即将完工。西南部的商务办公区也正在建设中。在不远的将来，这里将成为一组新的城市风景线，成为城市骨架的一部分，起到从现有城区到未来南部新城的承上启下的作用。

10

11

12

Le site est longé par un mur anti-inondations de six mètres de haut qui le sépare du fleuve. La vue est bloquée. Aussi une voie rapide est-elle prévue le long du fleuve. Nous avons donc proposé de surélever l'île verte de façon à ce que les bâtiments soient visibles depuis la rive opposée et pour permettre aux piétons d'accéder à l'eau. Cela a aussi permis d'offrir aux services de la ville des espaces sous la dalle et de créer des espaces de services et des parkings pour chaque bâtiment. Cette dalle est néanmoins percée de nombreux jardins en décaissé ou en pente qui amènent la lumière et les vues. Pour l'ensemble du projet nous avons établi un contrôle de volume architectural pour plus de cohérence.

Toute la composition met l'accent sur l'élément central, le Grand Théâtre, seul bâtiment à être présent sur l'axe est-ouest perpendiculaire au fleuve. L'ensemble du paysage (les allées plantées, les passages, les jardins en décaissé, le mobilier urbain) se dirige vers le centre, comme aspiré par une invisible force centrifuge. Par endroits quelques rotations ou désaxements viennent enrichir le projet. Enfin, pour franchir le fleuve nous avons proposé une passerelle piétonne qui relie l'île verte à la ville en face, inspirée par la passerelle à double niveaux qui traverse la Seine à Paris.

En moins de deux ans le projet de papier est devenu réalité. Les avenues sont bordées d'arbres et le canal est traversé par l'eau du fleuve. Les cinq bâtiments publics sont achevés, décrivant une nouvelle silhouette intégrée dans son site ; cœur d'un quartier s'ouvrant en direction du sud-ouest.

The site is separated from the river by a six meter high anti-flood wall. Views are blocked. A highway is also planned along the river. Therefore, we proposed raising the green urban island so that buildings would be visible from the other side of the river and to allow pedestrians to reach the river. This enabled us to provide space under the slab for city services and parking under each building. The slab is nevertheless pierced by numerous sloped or recessed gardens which bring light and views down into the space. We took holistic overview to controlling the architectural volumes for the project.

The overall design emphasizes the central element, the Grand Theater, which is the only building on the east-west axis perpendicular to the river. The landscape architectural concept (planted allees, passages, recessed gardens, street furniture) is oriented toward the center, as if pulled by an invisible centrifugal force. In places, a few skewed or rotated elements are introduced to enrich the project. Finally, we proposed a pedestrian bridge across the river, linking the green island to the city on the other side, inspired by the two level pedestrian bridges which cross the Seine in Paris.

In less than two years, the paper project has become reality. The avenues are now lined with trees, and river water irrigates the canal. The five public buildings are completed, defining a new silhouette integrated into its site: the heart of a neighborhood with an opening to the southwest.

10、11. 沿内河实景照片 / 12. 汾河公园照片

10-11. Vues sur le canal / 12. Vue sur les berges du Fleuve Fen

10-11. Views of the canal / 12. View of the river banks

钓鱼嘴片区

Chongqing 重庆 – 2009

LA PÉNINSULE DU PÊCHEUR

The Fisherman's Peninsula

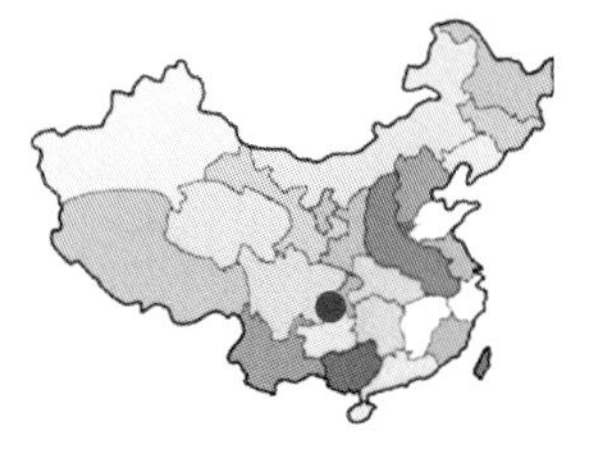

随地形而塑

Embrace the Topography

Épouser la topographie

重庆市两江滨水地区仅有两个半岛，一个是渝中半岛，另一个是钓鱼嘴半岛。渝中半岛已经基本开发建设完毕，钓鱼嘴半岛即是本次城市设计范围，位于大渡口东南部，背靠中梁山，两面临长江，地块内部为低缓丘陵地貌，山脊线优美、柔和，是重庆市不可多得的山水景观资源。为此，市规划局召开了不止一次的国际城市设计竞赛，旨在谨慎地开发这片难得的土地资源。

该基地最让人印象深刻的是它复杂起伏、蜿蜒转折的地形地貌，我们从设计一开始就以道法自然的生态理念规划空间形态，希望未来建设在这里的城市是由基地自身的地形决定的，宛如一个有机的整体。我们的第一步工作是建立一个尽可能真实的3D地形模型，在此基础上划出不适合建设的区域，如山顶、陡坡、冲沟、山脊、消落带等，有利于整个山地城市的生态环境保护以及减少自然灾害对城市的破坏。设计中保护两大山头和山脊线的自然生态环境，并保护山谷的生态环境。由此形成三个生态绿心：白居寺公园、钓鱼嘴公园和滨江公园，结合山谷绿带形成由山到江通畅的绿廊。

这样的控制使可建设区域形成组图式布局，一条条自然绿化带穿梭其间。一条蜿蜒的S形主要道路根据地形在标高最适合的地带确立，贯穿整个片区不同的组团，成为整个半岛的脊梁，也是区域生活主轴。我们建议在这条主轴线上布置一条地面轨道交通，成为串联整个半岛的生态公交，并建议其向北延伸，联系外围街区。

我们接着逐一确定城市建设区域的城市轮廓、重要的公共空间形态以及功能关系。运用大疏大密的结构，将城市生活集中在半岛的北部，围绕着两条轻轨线的交换站布置重要公建、居住区和配套生活设施，以相对较高的密度和混合的功能来聚集一定的人气。在该区域中央设置一个中心广场，是重要的城市活动中心，该广场由生活主轴穿越，同时在垂直方向上一方面向上通过步行街联系山顶公园，一方面向下延伸到滨江广场，不仅形成从山顶到江面的一条重要视觉走廊，也成为北城重要的景观中心。每个重要组团都有自己的公共活动场所，一个具有识别性的亲切小广场。在半岛的南部则为大疏的处理方式，即最大程度保护自然生态环境，位于中央的山头被保护为生态山地公园，在周边山坡上布置低密度建筑区，同时保留一条条有着层层叠叠水塘的山谷作为生态过滤花园，为山谷内的居住区提供生态净水措施。

1

2

Il y a deux péninsules à Chongqing, formées par le Yangtsé. La première, Yuzhong, fortement urbanisée, se situe au centre même de la ville. La deuxième est le site de notre projet, dont l'ensemble, sur 7 km de longueur, est resté encore très préservé et naturel. Adossée à la chaîne de montagnes du Zhongliang, entourée par l'eau, la Péninsule du Pêcheur profile sa silhouette vallonnée et harmonieuse. Le bureau d'urbanisme de la ville a organisé plusieurs fois des concours internationaux pour trouver un projet adapté à ce site unique à Chongqing, mais en vain.

Notre premier réflexe fût de tracer le projet selon la topographie existante qui est certes complexe mais riche. Une modélisation précise en trois dimensions nous a permis de cerner les endroits non propices à la construction : les sommets des collines, les pentes trop raides, les vallées en terrasses formant des bassins, les falaises taillées par les rivières, les lignes de crêtes. En préservant l'environnement existant nous diminuons aussi les risques de dégâts naturels dans cette région très pluvieuse.

Deux collines notamment, et un ensemble de crêtes, forment trois poumons verts. Ces trois parcs de Baiju, de Diaoyuzui et du Yangtsé sont reliés entre eux par des couloirs verts. Une artère principale, colonne vertébrale du projet, dessert tous les quartiers de la péninsule, notamment grâce à un tramway en site propre.

Viennent se superposer à cela les espaces publics ainsi qu'une composition programmatique. Le quartier le plus dense se trouve près du métro aérien. Plus loin, traversé par l'axe central de la péninsule, la place centrale est l'espace public majeur de la ville. Située à mi-hauteur, elle donne d'un côté sur un axe paysagé piéton menant à un temple au sommet de la colline, et permet de l'autre de joindre le parc du Yangtsé et l'eau. Au sud, vers l'extrémité de la péninsule, l'environnement naturel est préservé au maximum, la densité construite est faible. Les bassins naturels sont devenus des jardins filtrants servant des éco-quartiers résidentiels.

Chongqing has two peninsulas formed by the Yangtze River. The first, Yuzhong is highly urbanized and is located in the very center of the city. The second is our project site which has remained almost entirely intact and natural. Backed by the Zhongliang mountain chain, surrounded by water, the Fisherman's Peninsula has an undulating and pleasant profile. Many times the city's urban design office had held international competitions to find a suitable proposal for this unique site but in vain.

Our first reflex was to outline a project based on the existing complex and rich topography. A precise 3D model enabled us to define the places unsuitable for construction: The summits of the hills, the steep slopes, the terraced valleys that form basins, the cliffs shaped by the rivers, and the ridgelines. By preserving the existing environment, we also reduced the risks of natural disasters in this region of heavy rainfall.

Two hills and a series of crests are three notable green "lungs". These three parks are called Baiju Diaoyuzui and Yangtze Park and are linked by green corridors. A main artery, the real "spinal column" of the project, serves all the quarters of the peninsula, particularly because of a tramway on site.

Public open spaces were superimposed on this setting as well as a planning program. The densest neighborhood is near the aerial metro. Farther along, the central plaza, crossed by the principle axis of the peninsula, is the main public space of the city. Located at mid-height of the peninsula, it looks out on one side to a landscaped pedestrian axis leading to a temple on the summit of the hill, and to the other, to a connection to the Yangtze Park and the water. To the south, towards the end of the peninsula, the natural environment is preserved as much as possible and building density is low. The naturally occurring basins have become filtering gardens, serving eco-residential neighborhoods.

3

4

1. 总平面图 / 2. 地形研究 / 3、4. 组团和街坊

1. Plan de masse / 2. Étude topographique / 3-4. Tracé et découpage

1. Master plan / 2. Topography study / 3-4. Layout and subdivisions

5

5. 基地全景照片 / 6–8. 构思草图 / 9. 路网和地形

5. Photographies panoramiques du site / 6-8. Croquis d'étude / 9. Voiries et topographie

5. Panoramic site photos / 6-8. Sketch study / 9. Roads and topography

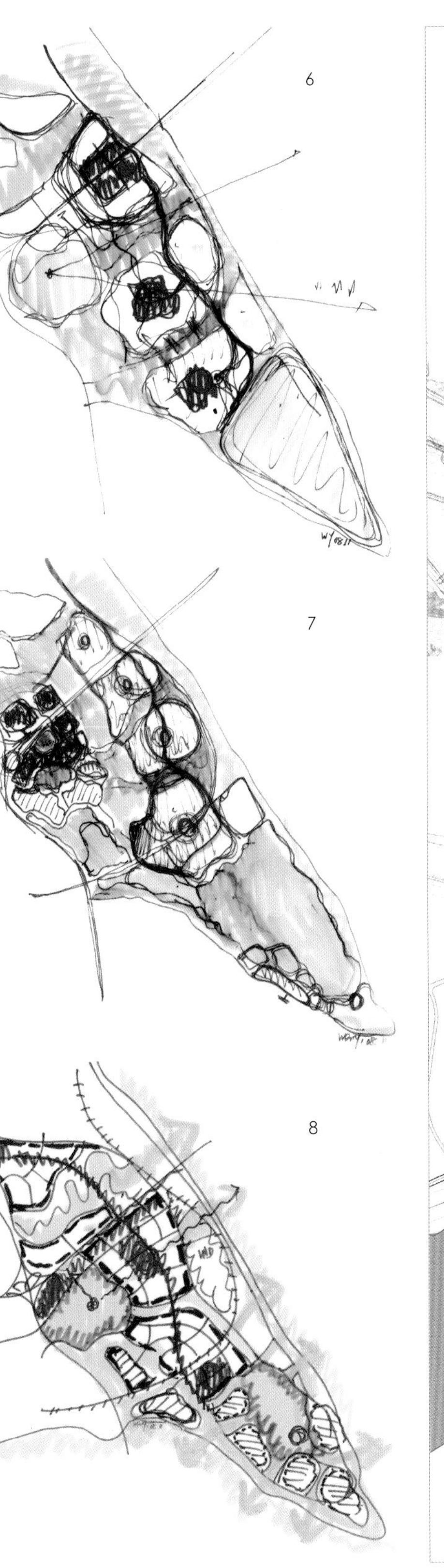
6
7
8

9

10、11. 沿江实景模拟 / 12-17. 总平面分析图：构图、景观、绿地、街区中心、公共交通、视廊 / 18. 论坛中心透视图 / 19. 整体鸟瞰图

10-11. Étude d'impact depuis le Fleuve Yangtsé / 12-17. Plans d'analyse : composition, paysage, espaces verts, centres de quartiers, transports publics, couloirs visuels / 18. Vue du Centre de Congrès / 19. Vue aérienne

10-11. Impact study from the Yangtze River / 12-17. Analysis plans: composition, landscape, green areas, quarter's centers, public transportation, visual corridors / 18. View of the Conference Center / 19. Bird's eye view

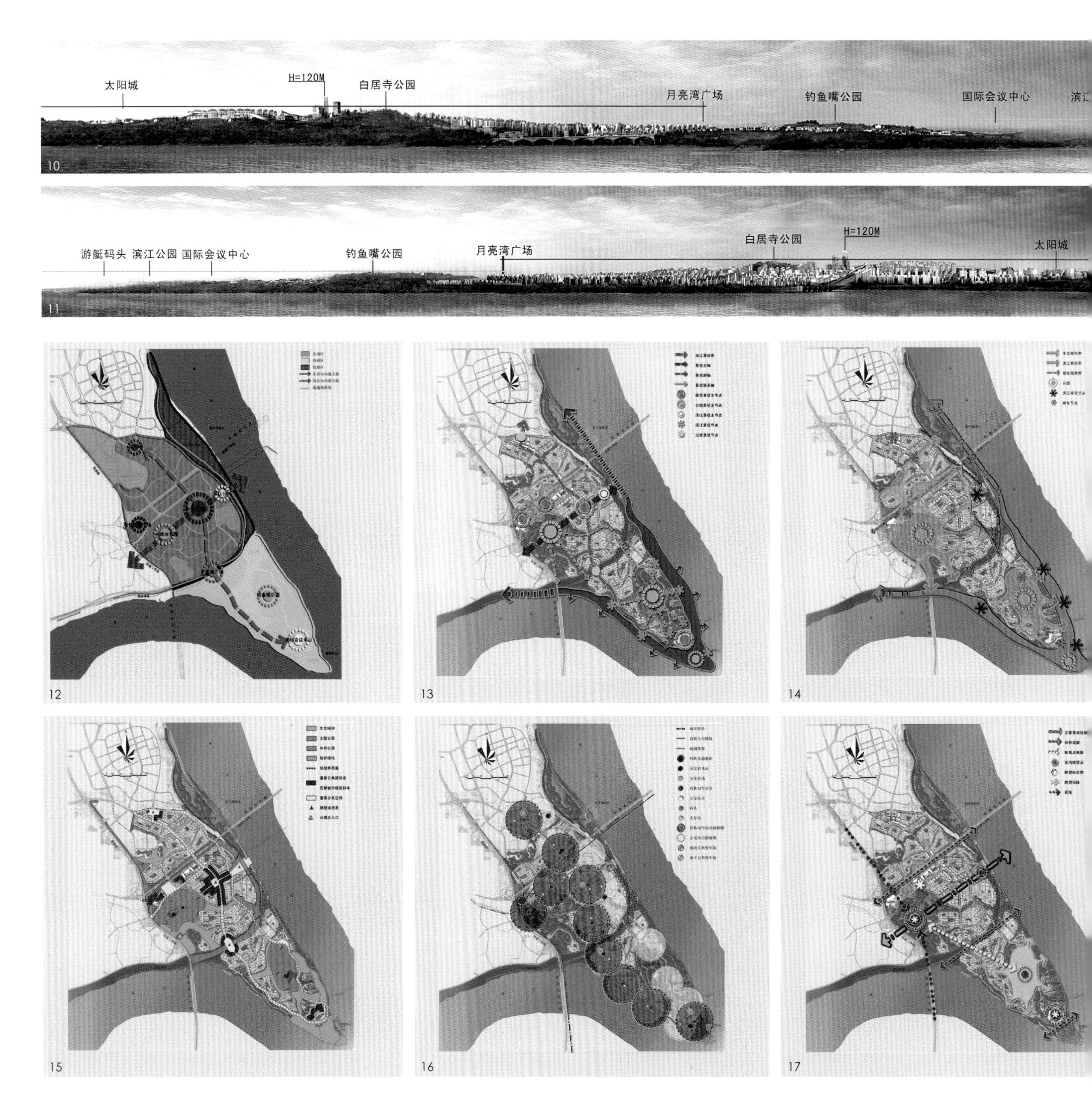

18

19

本设计还有一个重要的研究课题是为该区域寻找未来的主要功能定位。在全面分析和比较重庆整体城市规划和发展战略的同时，我们比较了其他国家和城市的有相似性的实例，提出这个风景秀丽的半岛应该具有一种高端的服务社会的功能，具体定位为国际会议与论坛基地，区域性休闲旅游度假区。重点发展大型会议、论坛及服务、休闲娱乐、旅游度假、主题公园、现代居住等功能的城市中央商务休闲区。在半岛的南端我们构思了一个半覆盖在山坡上的地景建筑，表达了对半岛自然环境的尊重。

整个半岛的设计一直在处理与长江的视线关系，在设计中规划出几条视线通廊和制高点：一条主要景观视廊、三条谷形视廊、两个制高点、一个眺望标志物，以及两条与制高点形成对应关系的视线通廊。这些因素都体现在地块的城市设计导则中，这也是本项目特别具有意义的一面，我们不仅在概念设计竞赛中胜出，而且当地规划职能部门有决心将城市设计贯彻到建设中。在他们的全力支持和规划院的技术协助下，我们引进了法国城市设计导则的标示方式，结合中国规划图则的特点，制造出一套既有利于控制和指导未来建设、又符合中国国情的可操作性城市设计图则。

20

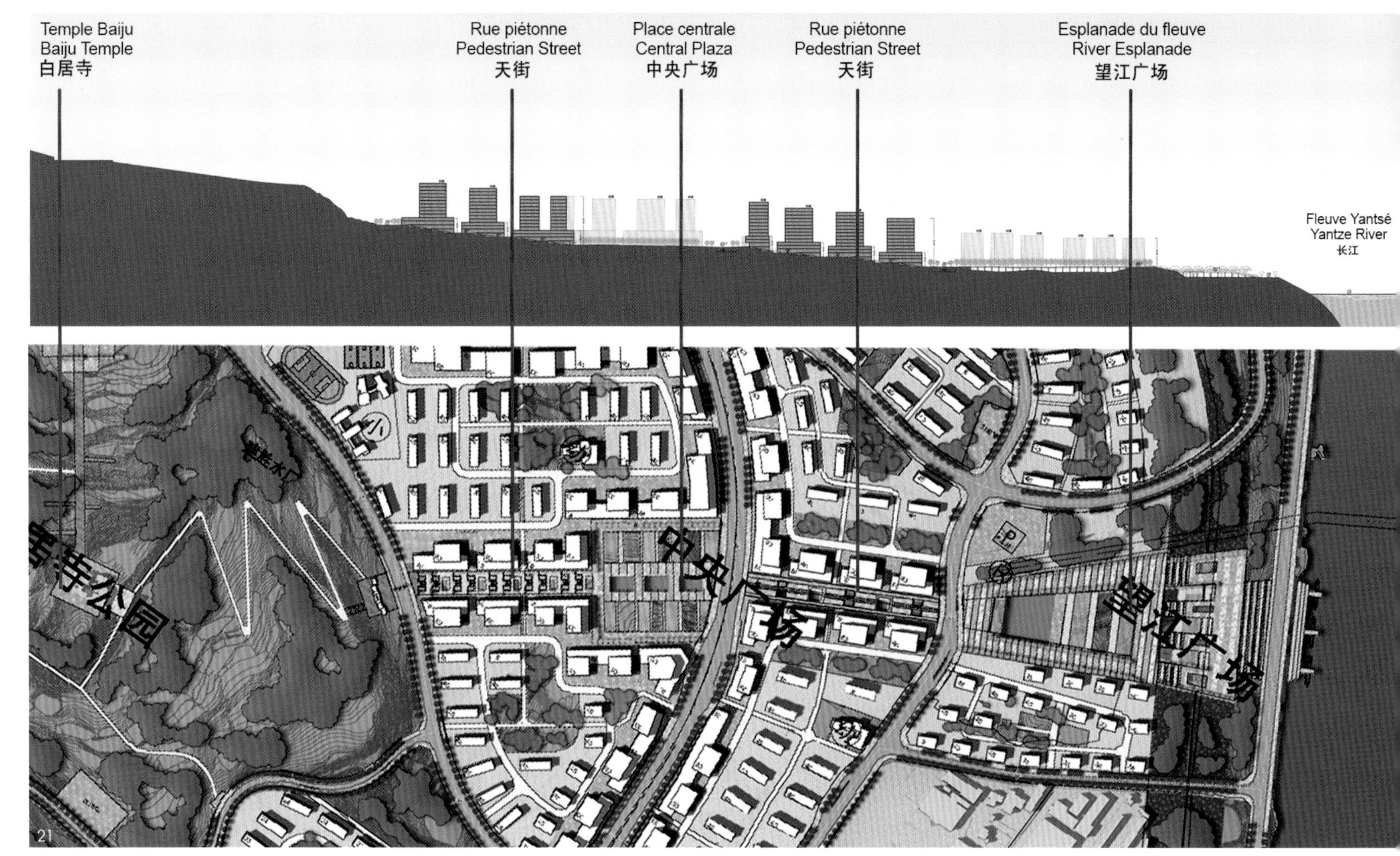

21

20. 中心区鸟瞰图 / 21. 中心区：总平面图和横向剖面图 / 22. 中心广场鸟瞰图

20. Vue aérienne du centre-ville / 21. Centre-ville : plan et coupe transversale / 22. Vue aérienne de la place centrale

20. Bird's eye view of the city center / 21. City center: plan and transversal section / 22. Bird's eye view of the central square

Après avoir fait une analyse approfondie des équipements de la ville, nous avons proposé d'inscrire dans l'extrémité sud un centre de formation pouvant accueillir des réunions internationales de haut niveau, à la fois complémentaire à ce qui existe à Chongqing et qui permettrait de donner un caractère unique au projet. Une esquisse montrait une architecture aux toitures plantées, respectueuse de la nature. Cette proposition de programme a été acceptée puis validée.

Une fois le concours remporté, l'ensemble du projet a été développé puis inscrit dans un guide urbanistique. Le savoir-faire « français » a été combiné avec les règlements d'urbanisme chinois. Nous avons pu élaborer un ensemble de documents écrits et graphiques pour contrôler les constructions à venir.

After doing an in-depth analysis of the city's infrastructure, we proposed including a training center at the south end of the peninsula where high level international meetings could be held, complementing what already exists in Chongqing and giving a unique character to the project. A sketch showed architecture with green roofs in respect to the natural setting. This program proposal was accepted.

Once the competition was won, the whole project was developed further and put into urban design guidelines. "French" know-how was combined with Chinese urban design regulations. We were able to develop a set of written and graphic planning documents to manage future construction.

大连港改造
Dalian 大连 – 2008

RÉAMÉNAGEMENT DU PORT DE DALIAN

Redevelopment of the Port of Dalian

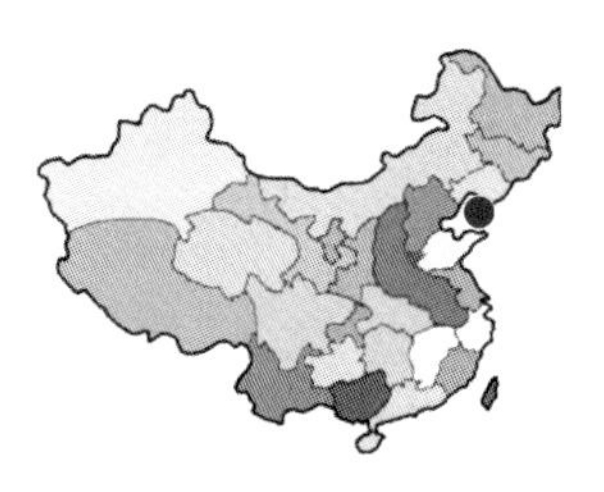

海上城市
A Site on the Sea
Un site sur la mer

本项目位于大连市中心，大连港老港区客运站周围，这里是大连百年商港的发祥地、以港兴市的奠基点。蔚蓝的海水被四条整齐排列的突堤分割成三个港湾，高大的塔吊，深深的地面轨道印记，还有灯塔，信号塔，形成一幅浓郁的海港风景。这也是我们在设计中予以保留并加以升华的风貌。在这个设计中，海面也参与到设计的构成中，被赋予一定功能。整个项目着重考虑海上看城市的效果。

设计保留四个突堤，形成可靠泊三个国际邮轮泊位的国际邮轮中心，并结合配套设施形成一组大型海港旅游休闲空间。以此为核心，向基地内部拓展，形成集多功能办公、商业、金融、文化、创意产业、航运会议会展、餐饮娱乐、配套公寓住宅的大型综合商圈。

以1、2号突堤和两者之间的水域为载体，形成前方高级旅游开发区域的核心地带。 2号突堤从城市到海面形成一组序列场景。首先由一处开阔的城市广场为序幕，这里可举行大型活动。通过这个广场人们可以走上突堤中央的绿地平台上，平台下布置有停车场和两侧小型零售商业。平台的布置很好地解决了车流达到和停车。2号突堤尽端，布置了一标志性建筑，形成海上看大连的一处亮点。主要功能为海港文化中心和国际游轮中心。内部有文艺演出观众厅、多功能活动厅、餐饮、商业和客运配套使用空间，如候轮、售票厅、休息等。入口广场右侧是保留的15库，其周围布置了体量不大的餐饮休闲区，形成气氛活跃的渔人码头。1号突堤以休闲餐饮和创意产业为主，在尽端有一处游艇会所和游艇码头。

两条突堤之间的海域可以通过堤局部封闭起来形成浅水湾，在水面还可以布置露天舞台，形成大型演出场所、节日烟火的观赏区。

在2、3号突堤和3、4号突堤之间，滨海区以北、平行于海面的位置，布置有大型商业购物区。这里有舒适的内部步行空间，形成1、2号突堤旅游功能的补充，也将人气继续延伸。3号突堤建议建成独特的海上酒店，4号突堤可以形成海上酒店式公寓。

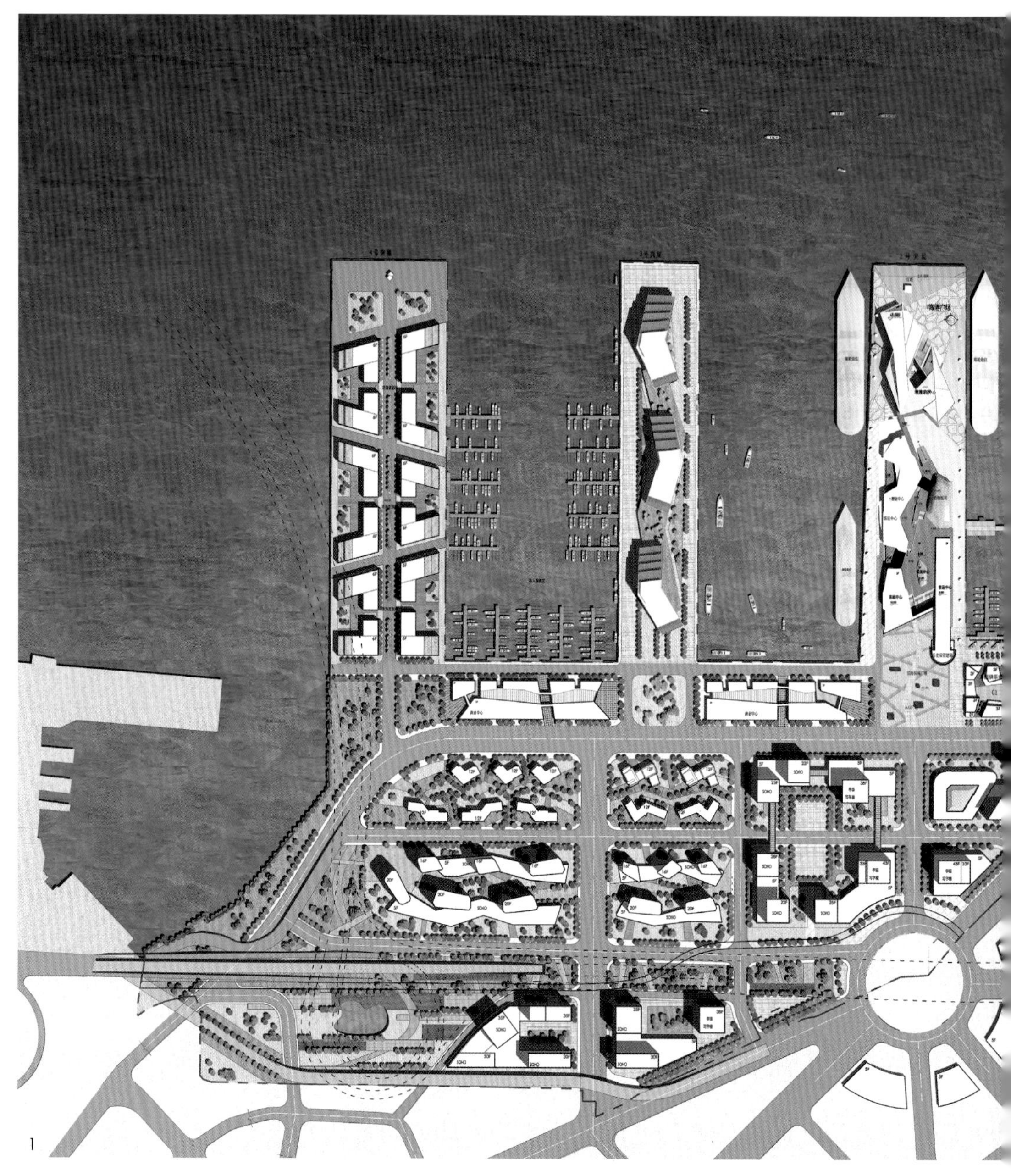
1

2

C'est grâce à son port que Dalian a su se développer depuis cent ans. Situé à deux pas du centre-ville le port marchand historique a récemment été relocalisé vers des eaux plus profondes. Reste un lieu unique, découpant la mer de ses quatre quais et les traces d'un passé encore proche : grues géantes, rails incrustés dans les pavés, phares et entrepôts, bittes d'amarrage.

Le projet d'aménagement du port est destiné à accueillir un programme mixte comprenant un terminal ferry couplé d'un centre de loisir et de tourisme, des bureaux, des commerces, des restaurants, des activités culturelles, des résidences hôtelières et des appartements. Le but est de promouvoir l'image et le potentiel touristique de la ville. En analysant le site, il nous est apparu d'une part que la mer pouvait remplir diverses fonctions et d'autre part que le point de vue depuis la mer sur le site était très important.

Les quatre quais ont chacun des spécificités qui correspondent à leur position urbaine. Le premier, à l'est, sera aménagé d'un club nautique avec marina, de restaurants et d'un centre touristique. Un entrepôt (transformé en centre de design) ainsi qu'un complexe commercial et de loisirs le relie au second quai. Cette seconde avancée se situe dans le prolongement d'une avenue provenant du centre-ville. Séquencée par des espaces publics et une « porte de la mer » sous forme de deux tours jumelles, cette avenue débouche sur le quai par une place destinée aux célébrations.

Puis le visiteur peut monter en pente douce sur un quai surélevé qui contient au-dessous des parkings, au-dessus un musée de la mer et des espaces en plein air. Il arrive alors au terminal ferry qui, avec sa capacité à desservir trois paquebots amarrés, va devenir un bâtiment signal dans le paysage.

Sur les quais 3 et 4, qui seront construits dans une seconde phase, nous proposons respectivement des hôtels avec des vues panoramiques sur la baie et des appartements les pieds dans l'eau. Entre les quais 2 et 3 nous avons deux centres commerciaux traversés par des rues intérieures.

Dalian has been able to develop over the last 100 years because of its port. Located near the center of town, the historic commercial port was recently moved to deeper water. What remains is a unique place with its four piers cutting into the water and the remnants of the recent past: Giant cranes, rails laid in the pavement, lighthouses, warehouses, and bollards.

The port development plan is to accommodate a mixed program including a ferry terminal, a leisure and tourism center, offices, shops, restaurants, cultural activities, residential hotels and apartments. The goal is to promote the image and the touristic potential of the city. When we did the site analysis, it seemed on the one hand that the sea could fill different functions and on the other, that the view from the ocean to the site was very important.

The four piers each have specific features that correspond to their urban location. The first, to the east, will be developed as a nautical club with a marina, restaurants and a tourist center. A warehouse (transformed into a design center) as well as a commercial and leisure center, connect it to the second pier. This second pier is located at the prolongation of an avenue leading from the center of town. Featuring public spaces and a "doorway to the sea" in the form of twin towers, this avenue opens onto the pier with a plaza designed for festivities.

Then, the visitor can mount a gentle slope onto an elevated pier containing parking underneath and a sea museum and open air spaces above. Next is the ferry terminal which, with its capacity to anchor three cruise ships at once, will become a signature building in the waterfront landscape.

On piers three and four, to be built in a second phase, we propose respectively hotels with panoramic views on the bay and apartments on the water. Between piers two and three, we have two commercial centers crossed by interior streets.

1. 总平面图 / 2、3. 基地现状照片

1. Plan de masse / 2-3. Photographies du site existant

1. Master plan / 2-3. Existing site pictures

4. 整体鸟瞰图
4. Vue aérienne depuis la mer
4. Bird's eye view from the sea

5

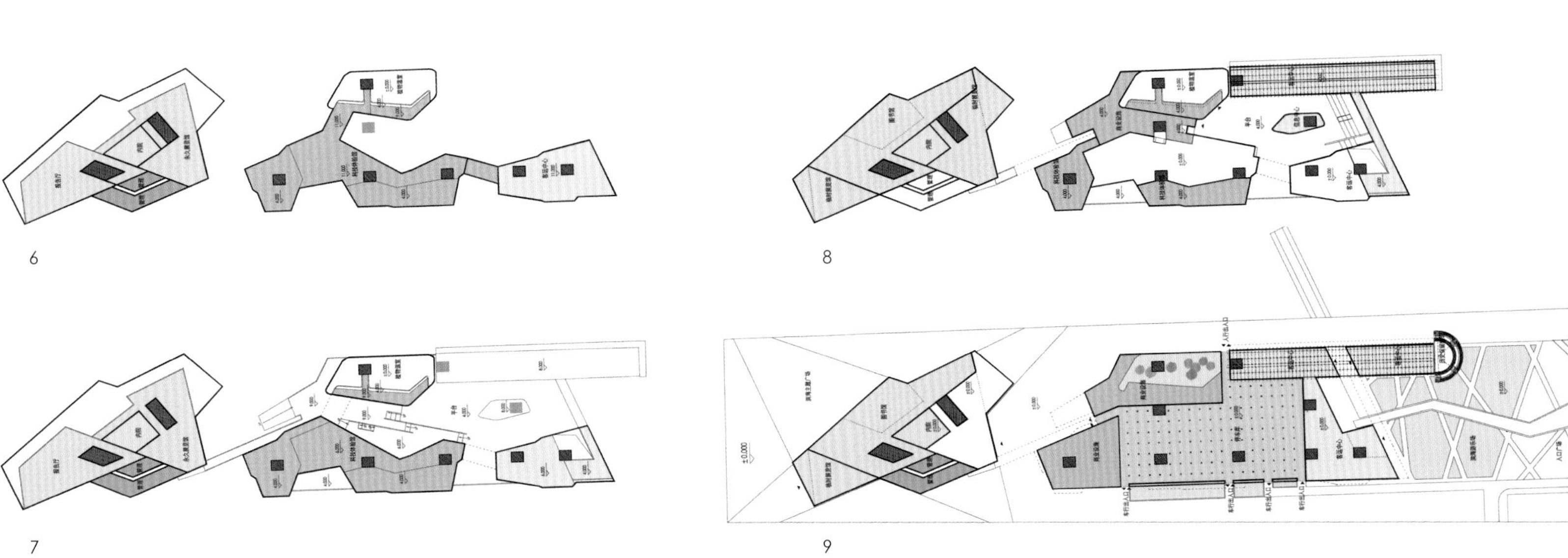

6

7

8

9

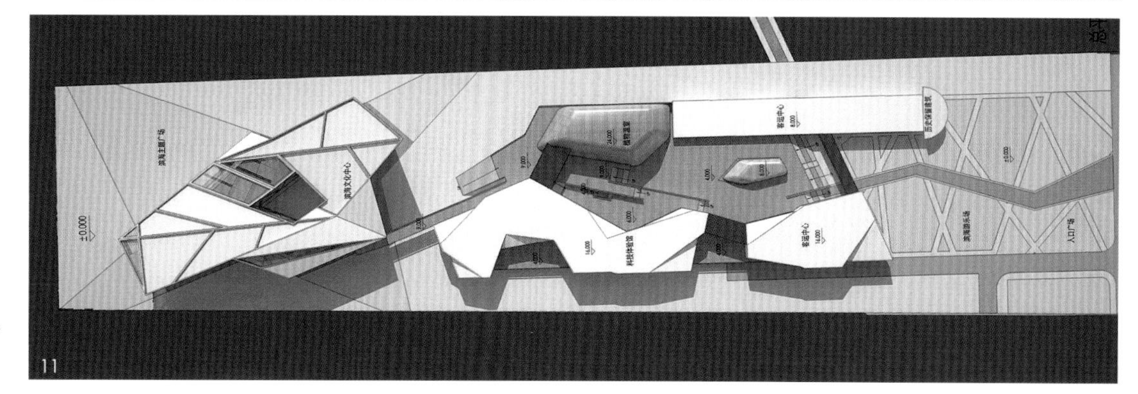

5. 海上平视图 / 6–9. 国际邮轮中心平面图 / 10、11. 国际邮轮中心：立面和总平面图

5. Vue frontale depuis la mer / 6-9. Plans du complexe terminal-ferry / 10-11. Complexe terminal-ferry : élévation et plan de masse

5. View from the sea / 6-9. Plans of the Terminal-Ferry Complex / 10-11. Terminal-Ferry Complex: elevation and master plan

与城市交接处，形成商务商业集中的区域，也是人民路功能的延伸。布置有五星级酒店、酒店公寓、甲级写字楼、群房商业等功能。并设置一栋标志性超高层建筑，成为海上看城市的一个新的亮点。

面海而望，得天独厚的位置，可以塑造出独一无二的居住气氛，可以建设一批新颖优美的住宅或公寓，提升海边生活气氛，使之日夜拥有一定的人气。同时也有一些SOHO区，增加混合功能使城市拥有一定自身调节功能，便于开发和转型。

整体城市体量布局讲究从海上看的效果，遵循从海边向内陆逐渐升高的天际线，局部设置超高层建筑形成制高点。在景观设计中，保留出一批港口元素，如灯塔、地面轨道等，贯穿在广场绿地之中，让人们在游览、娱乐、生活之余，无时无刻地体会到这种浓浓的海港之情。

12

13

12. 1号和2号突堤休闲旅游区鸟瞰图 / 13、14. 步行商业区效果图

12. Vue aérienne du quartier touristique et de loisir, entre les quais 1 et 2 / 13-14. Vue d'ambiance au cœur du quartier commercial piéton

12. Tourist and leisure quarter bird's eye view between docks 1 and 2 / 13-14. Illustrative view of the pedestrian shopping area

Vers l'intérieur des terres le programme est complété par un quartier d'affaires dont la tour emblématique monte à 250 mètres ; des logements et un quartier de type Soho dont la mixité assure une animation de jour comme de nuit.

La silhouette du projet a été composée de façon à ce que le bâtit descende en cascade vers la mer. Le quartier d'affaires couronne le projet avec sa tour emblématique qui se détache sur le ciel lors de l'arrivée dans le port en bateau. Les éléments caractéristiques existants du port sont intégrés dans le traitement paysagé.

Towards the land side, the development program is completed by a business quarter whose emblematic tower rises to 250 meters, and housing and a Soho- type area where mixed uses will ensure its 24-hour liveliness.

The profile of the project was designed so that the built form cascades down towards the sea. The business quarter crowns the project with its signature tower visible against the skyline as ships pull into port. The port's existing characteristic elements are integrated into the landscape treatment.

北京商务中心区

Beijing 北京 – 2010

QUARTIER D'AFFAIRES DE BEIJING

Central Business District (CBD) of Beijing

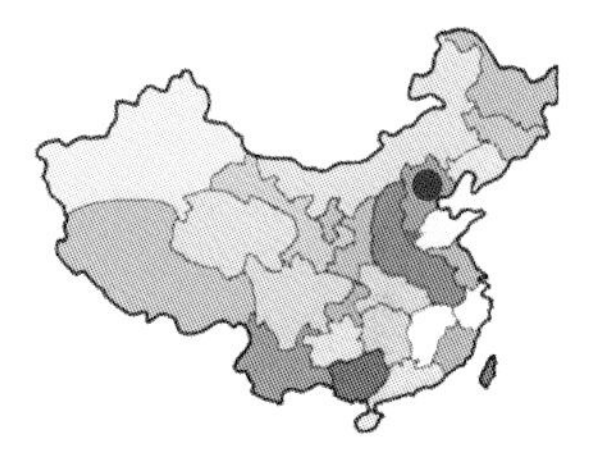

密度和交通

Density and movement

Densité et mouvement

作为一代古都的北京，其当代城市发展以故宫为中心环状地一圈圈向外扩展。北京商务中心区(CBD)位于北京市东部，在长安街延长线上的三环线内外，已建成和投入使用的著名项目有国贸、中国大饭店、央视大楼、国贸三期、银泰中心等标志性建筑。2011年初，在三环东侧、建国路以东、央视以南的12宗土地开始出让，无疑是北京中心城区不可复制的黄金之地，可谓“中心之中心”。这是一次罕见的开发商带设计拿地竞争，并且每个设计必须对整个区域进行总体城市设计。我们应邀为某开发商争取其中的四宗地块。

这些土地已经拥有各自的容积率和高度限制，根据这些指标，这里将形成以400米超高层建筑和大型景观绿轴为标志的新城市地标。然而，和所有大都市一样，北京也被交通拥堵的现象所困扰。在此地新增如此大规模的建筑量，必将带来更加严峻的交通问题。这也是我们在设计中着重解决的问题，为此本次设计突出“空间立体化、功能复合化、绿地系统化、景观生态化、交通秩序化”五大设计理念，将北京商务区核心区打造成为充满活力的生态商务中心区。

空间立体化——让整个核心区成为一组完整的有机体

为了充分利用土地资源和完善核心区功能，我们建议打通整个地下空间，以地下停车和地下商业为主的综合服务空间，形成地上、地下立体化的空间体系。充分利用中心绿轴，形成地下、地上的“双十字”立体步行体系，缓解交通压力。绿轴地下一层设置十字形主要步行体系，呈网络状延伸到各地块，并与地铁国贸站点衔接。绿轴西侧设计了一道贯通南北、直达400米塔楼的高架步行天桥，并可直接导向东西组团内绿地，形成一个“十字形”地上步行体系，使人们从东部和西部组团都能快捷地达到中央绿轴，并在此活动、休憩，减少与地面交通间的相互干扰。垂直的景观电梯和设置在下沉式庭院的自动扶梯，使在这里休闲的商务人士可以方便地往来于地上地下空间中。在系统上实现了地上、地下、各种空间之间和各种交通间的“无缝连接”，为CBD核心区高效运转打下坚实基础。

功能复合化——让绿轴活起来

在绿轴地下一层设置与下沉式花园结合的商业空间，布置餐饮、购物、娱乐、休闲、文化活动和其他生活配套设施，不仅为生活工作在这里的人们服务，而且还将成为北京新的活动中心。

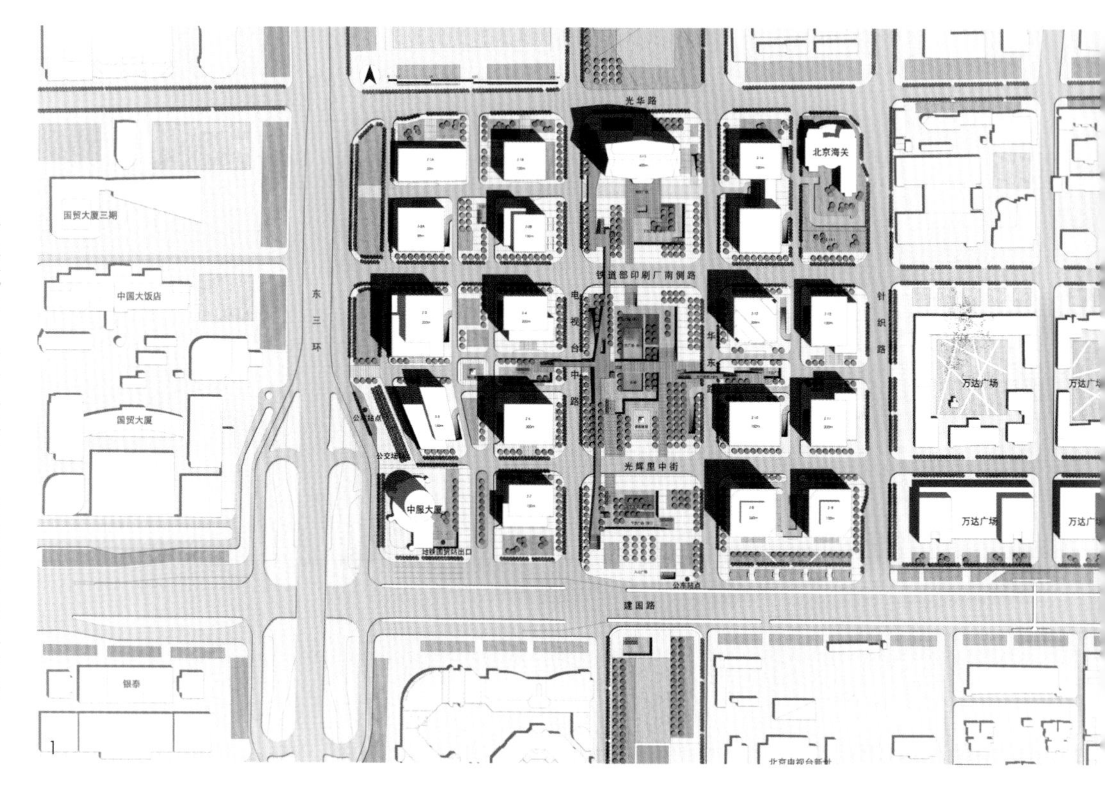

1

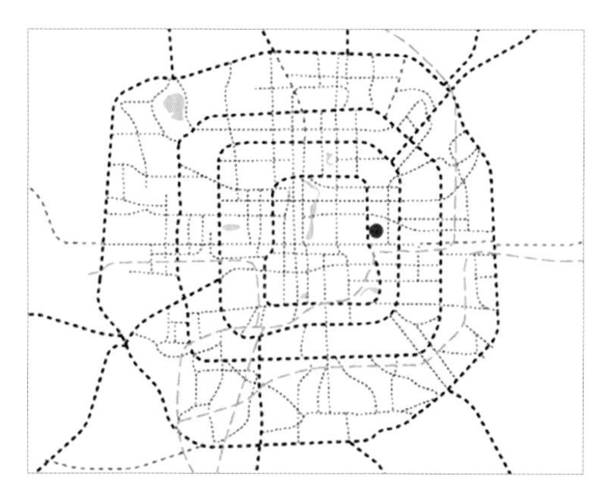

2

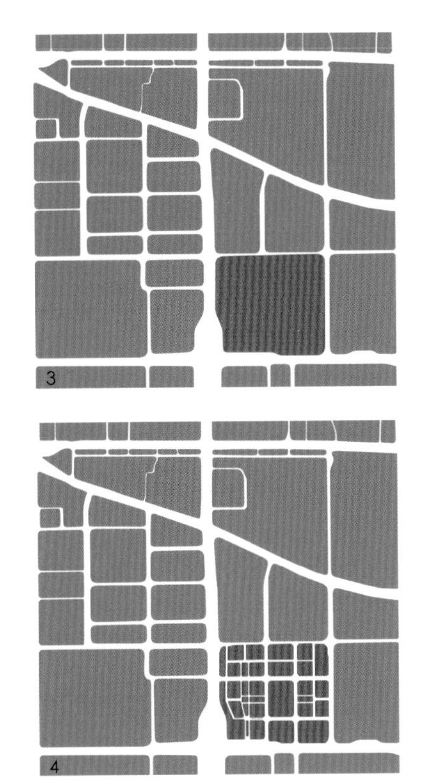

Beijing s'est développé de façon rayonnante depuis la Cité Interdite. Le nouveau quartier d'affaires, à l'est, se trouve dans le prolongement de l'avenue Chang'an, appuyé sur le troisième périphérique. Une tour de 300 mètres, le World Trade Center, le Centre Yintai, Le Grand Hotel de Chine et le siège de la CCTV se trouvent déjà à proximité du site, un terrain divisé en douze parcelles. Pour chacune, les promoteurs ont dû répondre à l'appel d'offres avec un projet architectural mais aussi urbain pour résoudre de façon globale l'ensemble des problèmes liés à la création d'un quartier d'affaires (CBD).

Les douze terrains du site ont un cos et des règles définies limitant les hauteurs du bâti. Ils entourent un parc rectangulaire dominé par une tour de 400 mètres, nouveau symbole de la ville. Le projet d'urbanisme se doit de résoudre de façon satisfaisante les problèmes de circulation, essentiel dans un quartier aussi dense.

Nous avons fixé cinq principes :

- Rendre le programme mixte. En s'appuyant sur l'axe vert et des jardins en décaissé, créer un sous-sol principalement commercial qui deviendra un lieu de services pour ceux qui travaillent dans les tours.

- Hiérarchiser les espaces publics. Un espace central, deux espaces plus réduits à l'est et à l'ouest, un couloir visuel donnant sur le portique de la CCTV, un contrôle des alignements et des retraits permettent de qualifier les espaces urbains.

- Favoriser la circulation piétonne. Un système de connexions relie commerces, stations de métro, halls des tours, parkings et jardins. Un axe nord-sud paysagé mène du parc central à la tour de 400 mètres et d'autres branches est-ouest relient les tours au parc et aux commerces.

Beijing's development has radiated out from the Forbidden City. The new business quarter, to the east, is located along the prolongation of Chang'an Avenue, supported by the third ring road. A 300 meter tower, the World trade Center, the Yintai center, the Great Hotel of China and the CCTV headquarters are already located near the site, a property divided into twelve parcels. For each parcel, the developers had to respond to the call for offers with an architectural as well as urban design proposal to comprehensively address the complex of challenges in creating a CBD.

The twelve parcels of the site have FAR and building height regulations. They surround a rectangular park dominated by a 400 meter tower, a new symbol of the city. The urban design project has to satisfactorily resolve the circulation problems of such a dense quarter.

We established five principles:

- Create a mixed program. Building on the green axis and recessed gardens, create a mainly commercial lower level as a service location for those who work in the towers.

- Make a hierarchy of open spaces. A central space, two smaller spaces east and west, a view corridor focused on the portico of the CCTV tower, control of alignments and offsets, to allow for quality urban spaces.

- Emphasize pedestrian circulation. A system of connections links shops, metro stations, foyers of the towers, parking and gardens. A north-south landscaped axis leads from the central park to the 400 meter tower, and east-west branches tie the towers to the park and the shops.

1. 总平面图 / 2. 整体鸟瞰图 / 3、4. 组团和街坊

1. Plan de masse / 2. Vue aérienne / 3-4. Îlot et découpage

1. Master plan / 2. Bird's eye view / 3-4. Block and subdivision

绿地系统化——将绿轴渗透到组团中

以中心绿轴为核心而加入横向绿轴，渗透到东西各组团内部，形成次级景观节点，并在西部组团内部加入景观次轴，形成由南至北对央视的视线通廊。通过对建筑界面控制、构建不同等级的公共空间，塑造成组团内部公共空间的场所感，构成完整有序的城市空间体系，从而使整个核心区的空间更加丰富和有层次，使整个建筑群布局疏密有致、井然有序。

景观生态化——城市与自然和谐共进

中心绿轴设置三个主要下沉式花园，在东西组团内部各设一处下沉式花园，使地下空间得到自然通风和采光、节省能耗，并形成舒适宁静的休闲环境。在中心绿轴上由南至北依序设置入口景观广场、中心下沉庭院、商业活动广场。此外，在东西横轴内设置东、西两个组团内部广场；在西侧通往CCTV视觉走廊空间内设置次轴入口广场、两个组团内广场。与基地周围规划绿带一起构成完整的绿化景观结构。

交通秩序化——以组团方式缓解交通

将区内地块划分为九个组团，地面上组团设置内部道路，将车流从城市次干道和支路引入组团内道路，从而避免在城市道路上开设过多的出入口，避免增加城市道路交通负担，形成鲜明的交通体系。在地下二层设置环状车道，每个组团内地下车库统一建设、统一管理。提倡公交优先，在主要路段设公交专线，公交站布置在组团出入口附近。

在建筑设计中推广并采用生态措施，利用太阳能采集、遮阳板、低辐射中空玻璃幕墙、自然采光，雨水收集利用、中水回用等先进的节能环保技术，把北京CBD核心区建设成真正意义的绿色生态商务区。

5

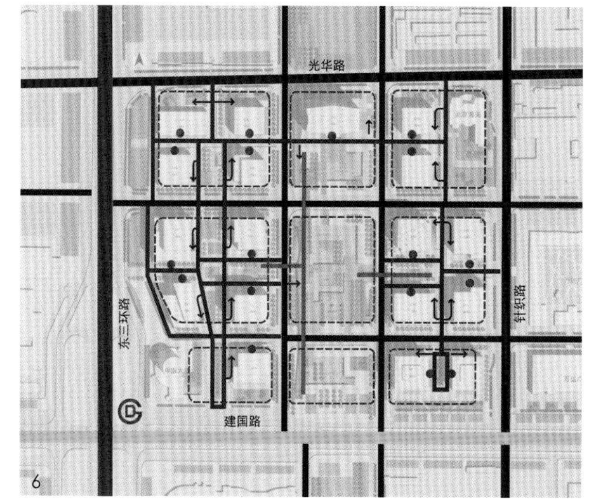

6

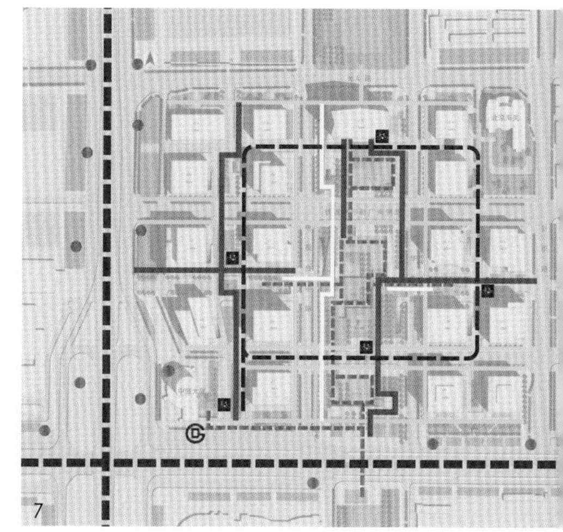
7

- Une bonne gestion de la circulation automobile. Le quartier est divisé en neuf entités, chacune ayant sa propre entrée et sortie liée à une circulation secondaire (semi-privative), ce qui permet d'alléger les voies de circulation principales. Au deuxième sous-sol, une voie circulaire relie tous les parkings entre eux. Une ligne de bus en site propre suit les voies importantes.

- Mettre l'accent sur le traitement paysagé. Un ensemble de cinq jardins en décaissé permet d'amener la lumière et une ventilation naturelle jusque dans les sous-sols. Des passerelles offrent des vues panoramiques sur le site.

Le nouveau quartier d'affaires de Beijing devra être exemplaire en matière d'écologie. Les exigences de haute qualité environnementale liées au projet comprendront les recyclages d'eau de pluie à l'échelle de tout le site, les matériaux les plus performants pour l'architecture et l'emploi des énergies géothermiques, solaires et éoliennes. C'est pour les projets urbains les plus denses et les architectures les plus hautes que l'attention aux économies d'énergie est sans doute la plus nécessaire.

- Good management of the automobile circulation. The quarter is divided into nine parts. Each entity has its own entrance and exit connected to secondary (semi-private) circulation, which makes it possible to lessen the auto flow on the main accesses. In the second basement, a circular road links all the parking areas to each other. An on-site bus line serves the important roads.

- Accentuate the landscape treatment. An ensemble of five recessed gardens enabled us to bring light and natural ventilation down into the sub-basements. Pedestrian bridges provide panoramic views of the site.

Beijing's new CBD has to set a good example in terms of ecology. The demands for high environmental quality for the project include recycling rainwater for the whole site, the highest performing architectural materials, and the use of geothermal, solar and wind energy. The greatest attention to energy saving is required for the densest urban projects and the tallest architecture.

5. 整体鸟瞰图 / 6-8. 分析图：交通、公交和步行、绿轴 / 9-11. 绿轴、地面步行、高架步行

5. Vue aérienne / 6-8. Plans d'analyse : circulation, transports en commun et voies piétonnières, axes verts / 9-11. Axes verts, voies piétonnières au sol, passerelles piétonnières

5. Bird's eye view / 6-8. Analysis plans: circulation, public transportation and pedestrian streets, green axis / 9-11. Green axis, pedestrian streets, pedestrian bridges

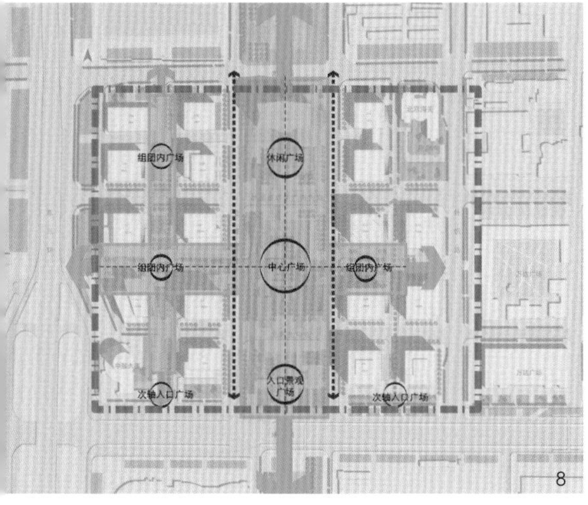

8

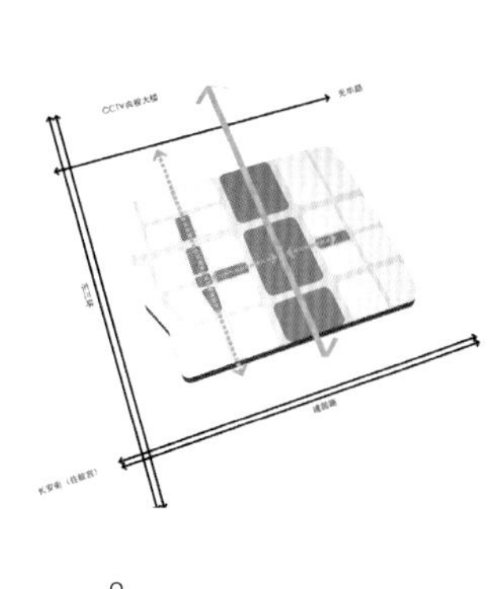

9

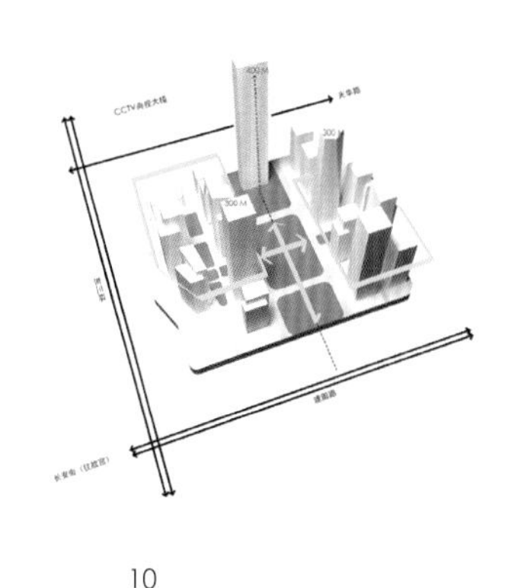

10

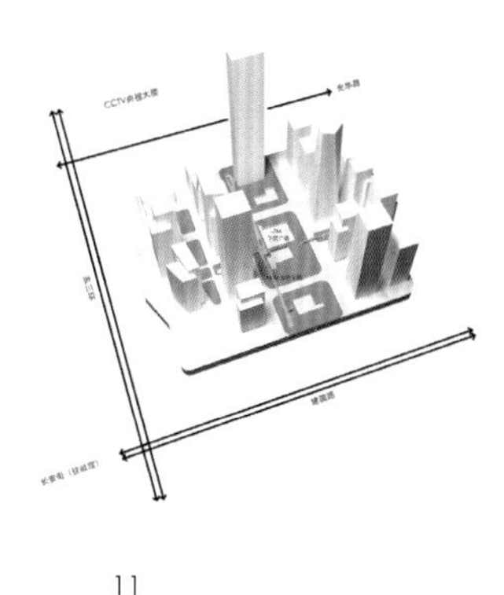

11

13

14

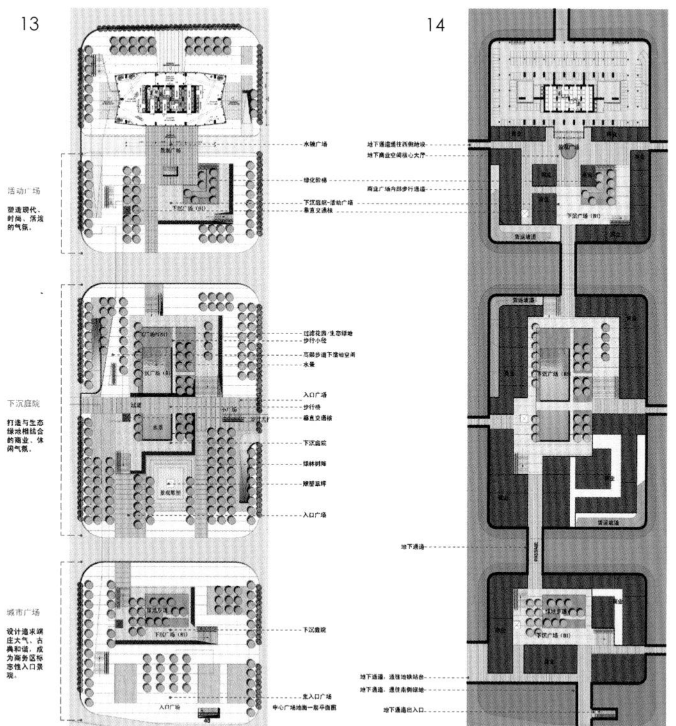

15

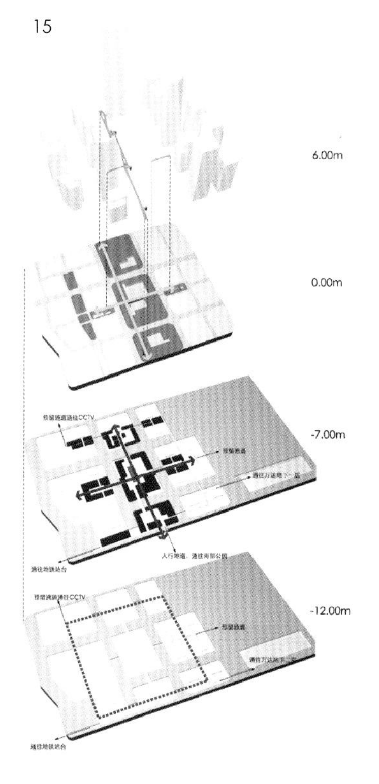

12. 中心绿轴平视图 / 13、14. 中心绿轴：底层平面图 和地下一层平面图 / 15. 区域分层轴测图 / 16. 下沉式庭院平视图

12. Vue depuis l'axe central / 13-14. Axe central : plan de rez-de-chaussée et plan de sous-sol / 15. Axonométries montrant les différents niveaux du quartier / 16. Vue d'une cour en décaissé et de son accès

12. View from the central axis / 13-14. Central axis: ground floor plan and basement plan / 15. Axonometric views showing the quarter's different levels / 16. View of a sunken garden with its access

16

长风生态商务区
Shanghai 上海 – 2004

QUARTIER DE CHANGFENG

Changfeng Quarter

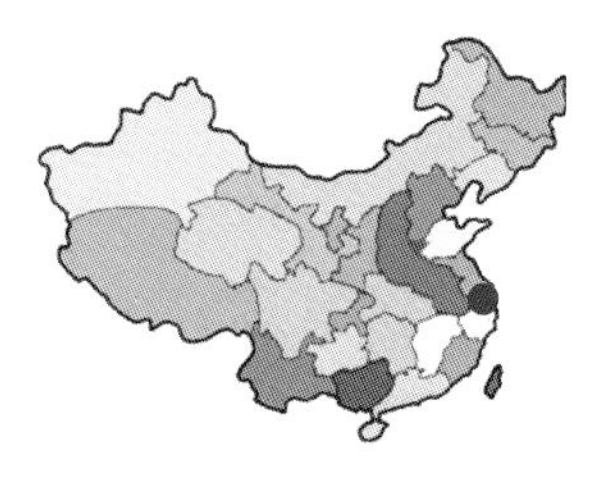

滨水城市肌理的塑造

An Urban Fabric on the Scale of the Creek

Un tissu urbain à l'échelle du canal

本项目位于上海苏州河畔，长风公园以西。苏州河是东西横贯上海市中心的一条河渠，它曾经是20世纪初上海早期的繁荣过程中的重要经济通道，也见证了上海发展的沧桑变化。随着近年来对苏州河的整治，使该地区的面貌得到巨大的改观。

基地现状以密集的工厂仓库为主，我们建议找到现有城市肌理与规划新城市肌理的之间的延续。形成沿苏州岸线的街坊式城区，通过围合、半开放及局部开放式的街坊结构形式营造出引人驻足的商业休闲空间。而在向基地北侧延伸过程中，则更多地将现代城市的肌理融入设计，由小至大、由整化零的尺度变化，同时也暗示着城市功能商业休闲向商务办公综合区域的过渡。

我们借鉴上海外滩丰富而有秩序感的天际轮廓线的形式，在规划中设计了三个轮廓线及后方商务区轮廓，在遵循各层次的轮廓变化规律基础上保留着自由的发展空间，达到相映成辉的效果。严格控制滨水区建筑高度,充分考虑建筑与街道及公共空间的尺度比例关系，给人们提供一个宜人、舒适、开阔的滨水活动空间，并形成景观空间视线的连续、完整，从而舒解苏州河南岸部分高层建筑带来的压抑感，从滨水区向城市内部形成先低后高的天际轮廓线。

以公共广场空间，林荫道空间，步行道空间，花园空间，内院空间构成不同层次的空间系统，使公共活动相对独立又相互贯穿，从空间的公共性到相对私密性形成流畅的过渡，形成层次分明，结构严密的空间系统。

综合有效地利用地上地下空间，结合设置停车库、商业、市政配套设施、轨道交通枢纽站等功能，并且在局部设置公共下沉广场，极大程度上改善了地下空间的环境品质，也为地下空间拓展开发途径提供了更具优势的条件。

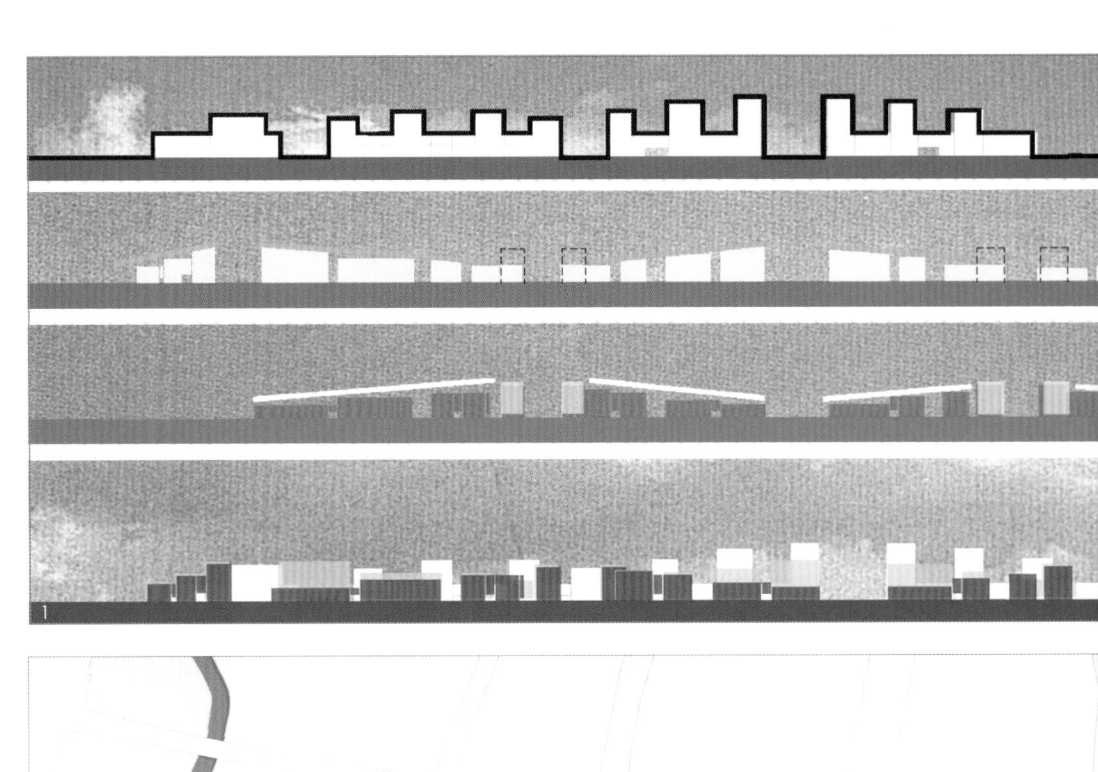
1

2

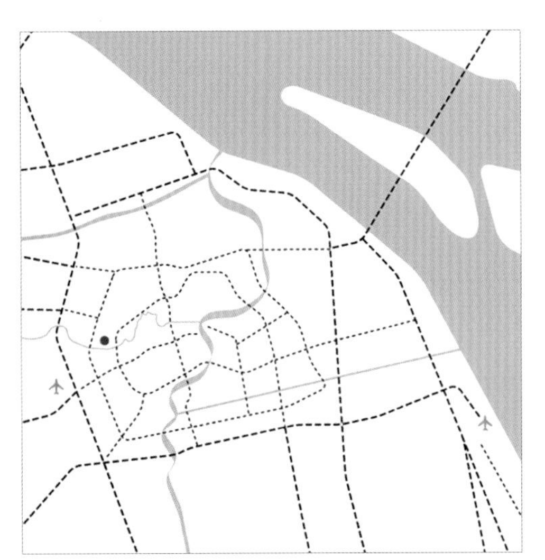

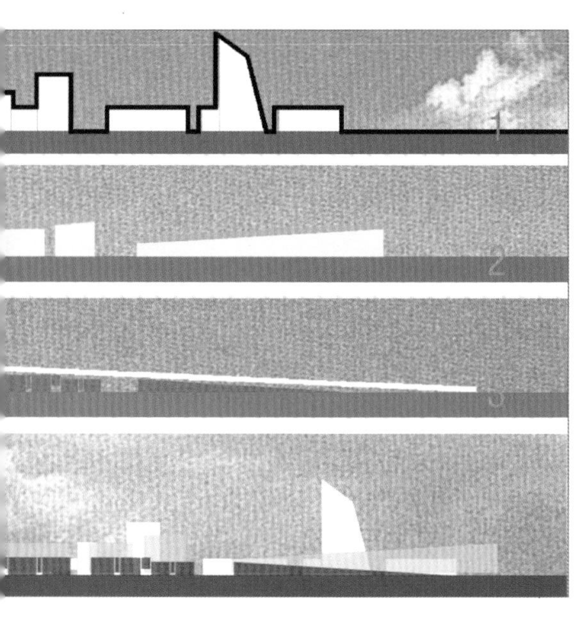

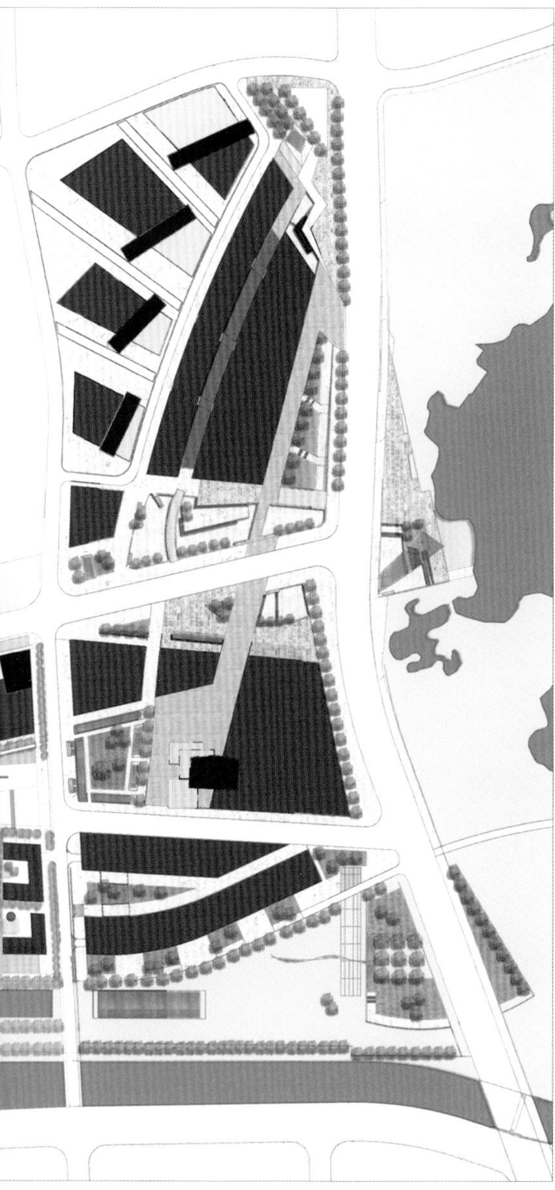

Le projet est situé au bord du Canal de Suzhou (Suzhou Creek) à l'ouest du Parc de Changfeng, dans la partie nord de Shanghai. Le Canal de Suzhou fût un axe de transport maritime important au 20ème siècle. Il témoigne du développement industriel et des échanges de marchandises durant la période prospère de Shanghai. Ces dernières années, la ville a mené des travaux importants pour réhabiliter et requalifier les espaces le long du canal.

Le site est aujourd'hui recouvert d'un maillage dense d'ateliers et d'entrepôts. Le projet s'efforce de travailler sur le tissu urbain dans la continuité de l'existant. Une série d'îlots ouverts à échelle humaine et aux volumétries variées abritant commerces et loisirs forment un nouveau quartier piéton au bord de l'eau. Au nord, le long de l'avenue, l'échelle change : des tours avec socles forment un ensemble de bureaux axés sur la finance. Au centre du quartier un grand jardin relie toutes les parcelles entre elles et conduit au lac du Parc de Changfeng.

En nous inspirant de la richesse de composition du Bund, nous avons défini la volumétrie générale du projet en superposant dans la profondeur trois couches de silhouettes successives. Chaque couche a un certain niveau de contrôle et de flexibilité. Pour la première, par exemple, le rez-de-chaussée et les deux derniers niveaux ont un traitement spécifique. L'ensemble de la composition monte graduellement depuis le Canal de Suzhou vers l'intérieur du site.

L'espace public, les passages, les jardins et les cours sont organisés de façon hiérarchique. Ils forment des espaces à la fois connectés et indépendants. Les différents lots sont reliés entre eux par des sous-sols ponctués de jardins en décaissé qui apportent lumière et ventilation naturelles. Ces lieux de transition entre les espaces publics et privés mènent aux halls des tours, aux parkings et aux stations de métro.

The project is located on Suzhou Creek west of Changfeng Park in the north part of Shanghai. Suzhou Creek was an important maritime transport corridor in the 20th century. It witnessed the industrial development and trade during Shanghai's prosperous period. In recent years, the city has done important work to rehabilitate and improve the spaces along the creek.

Today the site is covered with a dense network of workshops and warehouses. Our project tries to work on the urban fabric as a continuum of the existing. A series of open blocks of a human scale and of varied sizes include shops and leisure time activities, creating a new pedestrian neighborhood along the water. To the north, along the avenue, the scale changes: Pedestal-based towers form a whole grouping of offices devoted to finance. In the center of the quarter, a large garden links all the parcels to each other and leads to the lake in Changfeng Park.

Taking inspiration from the rich composition of the Bund, we designed the general massing of the project by superposing three layers of successive silhouettes. Each layer has a certain level of control and flexibility. In the first, for example, the ground floor and the two last levels have a specific treatment. The whole composition climbs gradually up from Suzhou Creek towards the interior of the site.

The public space, the passages, the gardens and the courtyards are organized in a hierarchical manner. They form spaces that are both connected and independent. The different plots are connected by lower levels punctuated with recessed gardens bringing in natural light and air. These transition spaces between the public and private areas lead to the foyers of the towers, to parking and to the metro stations.

1. 沿苏州河多层次天际线 / 2. 总体鸟瞰图

1. Silhouettes successives sur le Canal de Suzhou / 2. Plan de masse

1. Successive skylines along Suzhou Greek / 2. Master plan

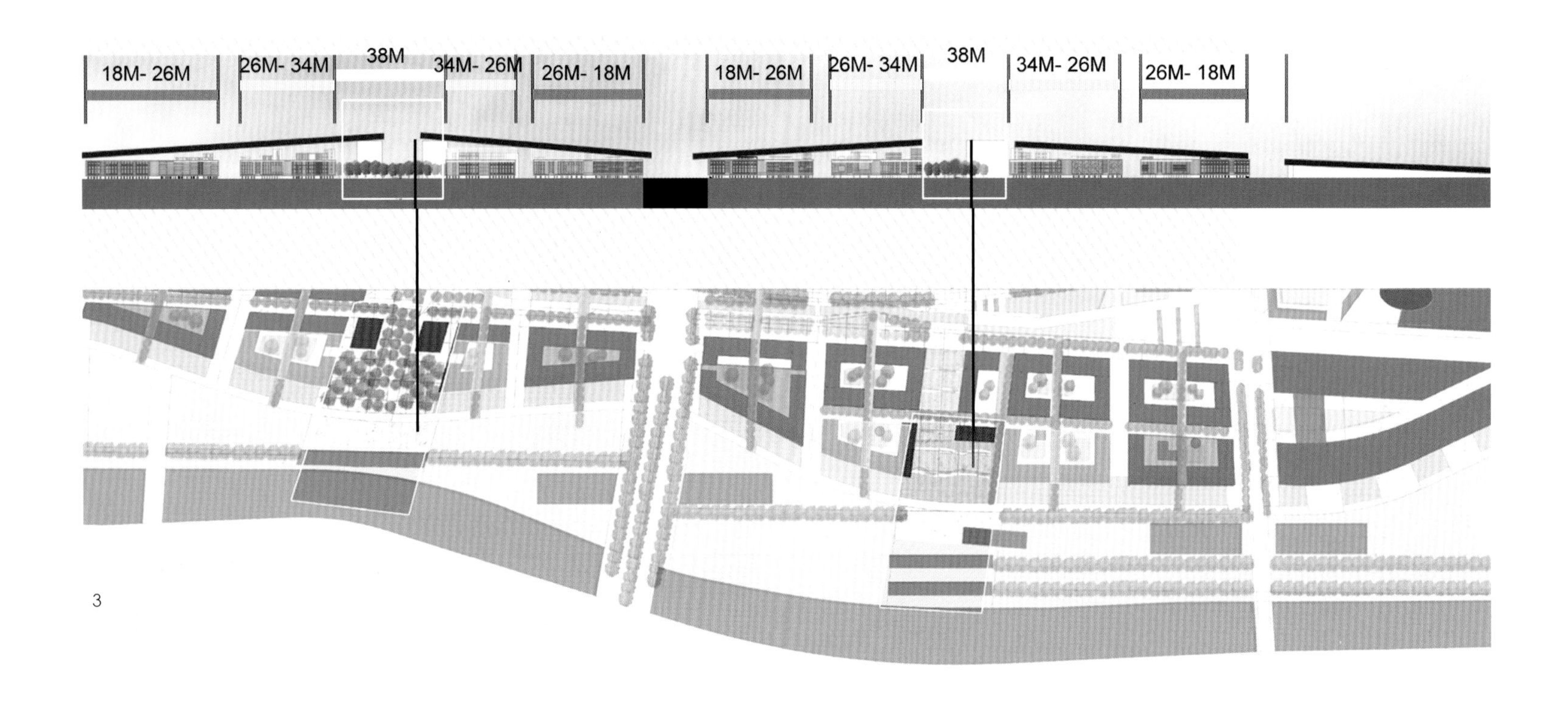
18M- 26M
26M- 34M
38M
34M- 26M
26M- 18M
18M- 26M
26M- 34M
38M
34M- 26M
26M- 18M

3

4

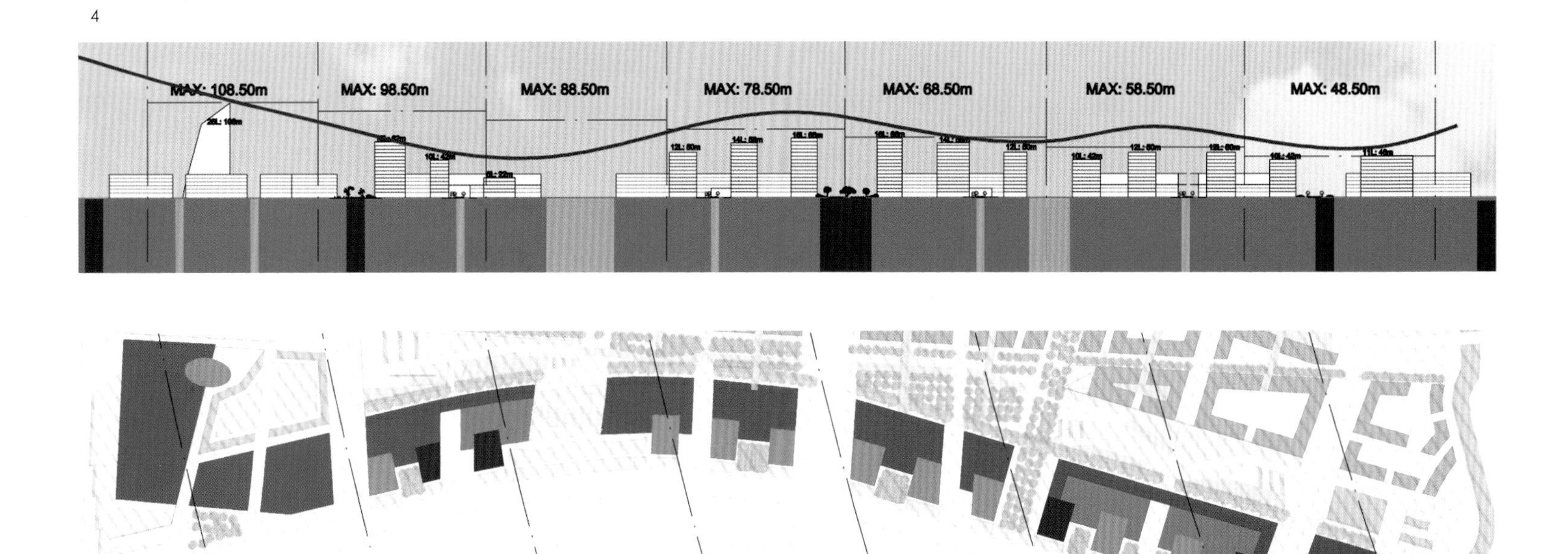
MAX: 108.50m
MAX: 98.50m
MAX: 88.50m
MAX: 78.50m
MAX: 68.50m
MAX: 58.50m
MAX: 48.50m
108.50M
98.50M
88.50M
78.50M
68.50M
58.50M
48.50M

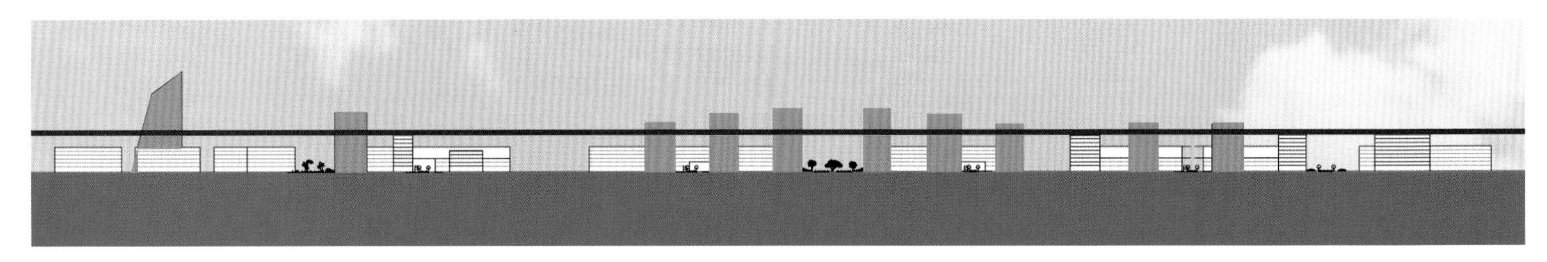

3. 苏州河边开放式街坊的城市设计导则 / 4. 沿城市道路界面的城市设计导则 / 5. 新城市肌理鸟瞰图
3. Contrôle urbain sur les îlots ouverts le long du canal /
4. Contrôle urbain sur le bâti le long de l'avenue / 5. Vue aérienne sur le nouveau tissu urbain
3. Urban height limits on the open blocks along the canal /
4. Urban height limits along the avenue / 5. Bird's eye view of the new urban fabric

无锡中央公园

Wuxi 无锡 – 2010

QUARTIER DU PARC CENTRAL

Central Park Quarter

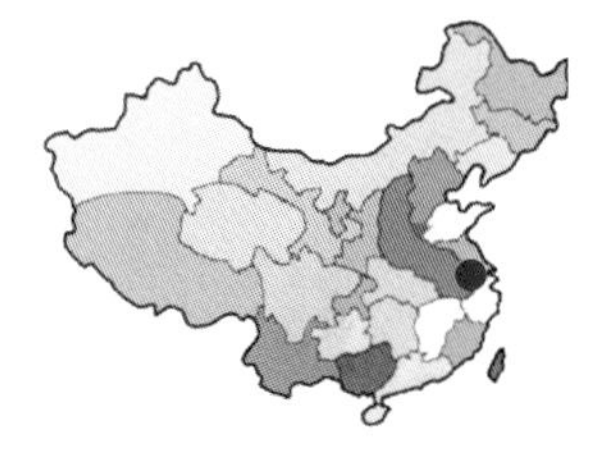

城市公共客厅

A Salon for the City

Un salon pour la ville

锡东新城位于无锡市东部，是无锡市城市副中心，长三角区域性交通枢纽。本次中央公园城市设计位于新城中部板块高铁地区。

设计让中央公园的湖成为这座新城的城市客厅，它集合了形象展示、汇聚交流和休闲娱乐等三大功能。以围绕着湖的公园为中心与焦点，成为汇聚不同城市功能的场所，打破原有规划平衡均质的布局模式，突出各个区域自身特色，使每段岸线拥有不同的风貌和活动方式。

方案根据周边城市功能的影响形成四个互补的区域：

- 滨水商业区最接近北部CBD商业核心区，设置餐厅、咖啡茶座等餐饮功能与步行街区购物功能。结合各具特色的内部广场与定期举办的表演活动，成为基地中最具城市活力的地块。设计建筑密度25%~30%之间，体现现代都市风貌又不缺休闲氛围。

- 滨水文化区以音乐厅，庆典广场为核心功能，结合室外音乐节与水畔文化公园为辅，临近设计与文化、音乐相关的商业功能——咖啡屋书店、乐廊、音乐艺术教育工作室等。设计建筑密度10%~20%之间，打造音乐文化盛事。

- 滨水体验区是基地内部最具现代景观特色的区域，主要设置特色餐厅、会所、现代雕塑公园、高架步道、滨水休憩区域和游艇码头等活动功能。设计建筑密度10%以下之间，塑造现代城市娱乐公园的典范。

- 滨水休闲区保存其自然环境，越近水滨越开敞，成为CBD的氧气之森。其间点缀各具特色，轻巧细致的休息茶座等，是人们工作之余，休闲放松的首选。

在城市中轴线空间上形成一系列城市景观序列，标志性广场和庆典广场隔湖相望，与水面中央的音乐喷泉还有造型独特的高层酒店一起，加强城市轴线的震撼力。在一侧引入跨越湖中小岛的斜轴，以步行桥的形式活泼而便捷地联系着两侧的活动区域。围绕中心湖景设置垂直于岸线的次要轴线，保证人流到达的便捷性。

整体交通体系梳理出三个环路，环路一为到达环路，以交通功能为主，未来的公共停车场将主要设置在此。环路二为景观环路，种植茂密的行道树，并在沿线通过城市设计导则进行控制，例如建筑立面、退界、景观小品等。环路三为环湖步行空间系统，以不同形式与风貌贯穿四大功能区，形成步行休闲的完整环线。

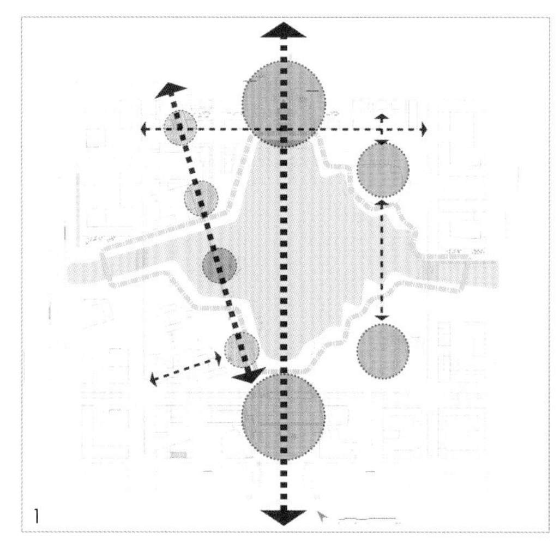
1

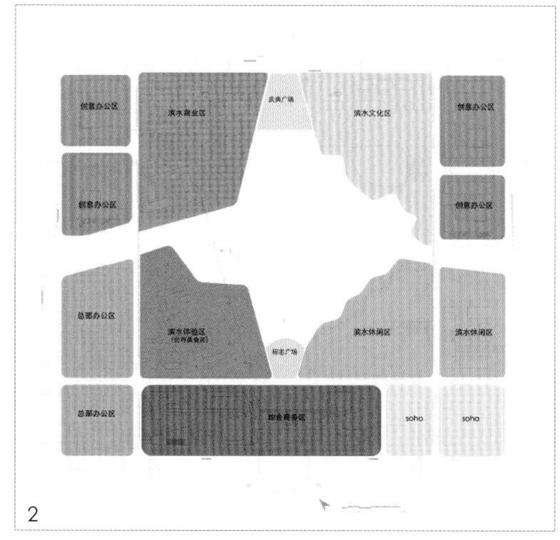

2

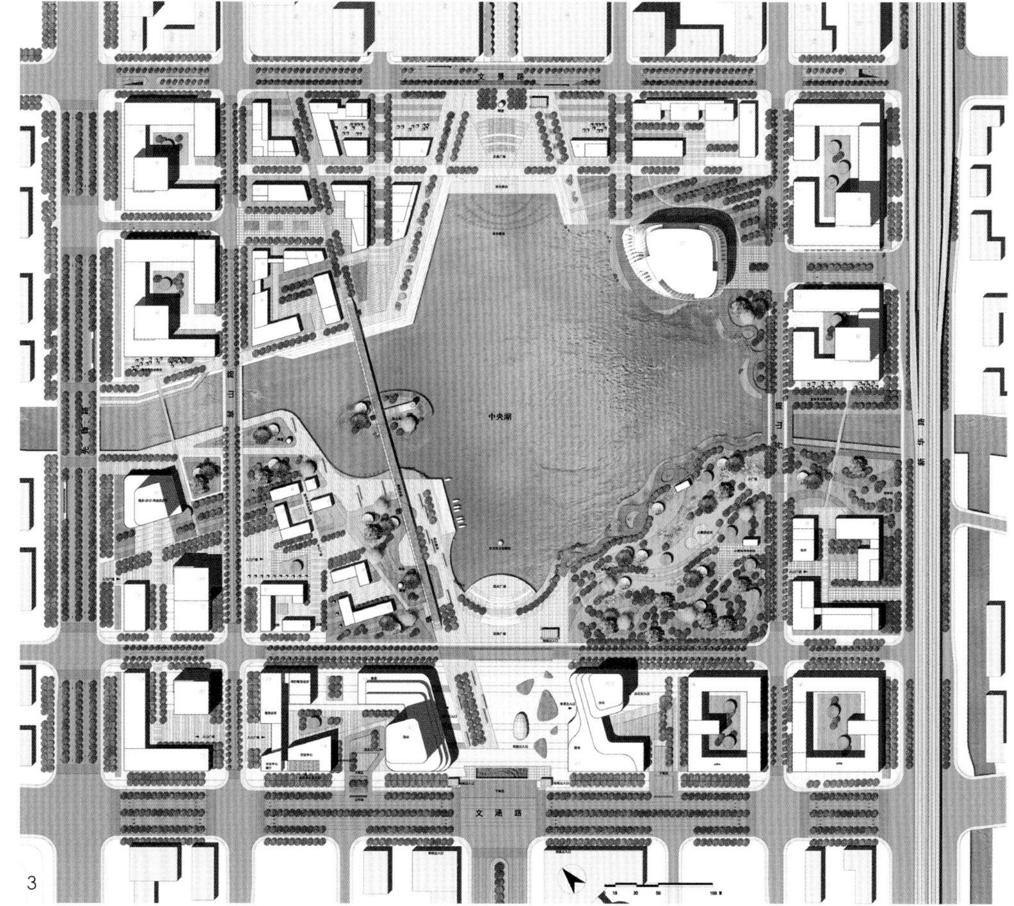

3

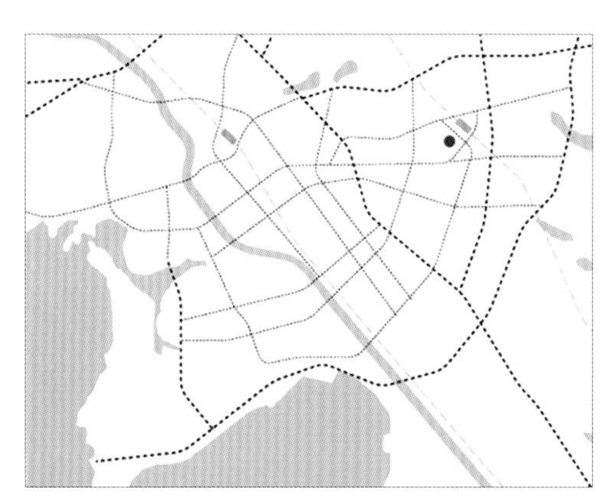

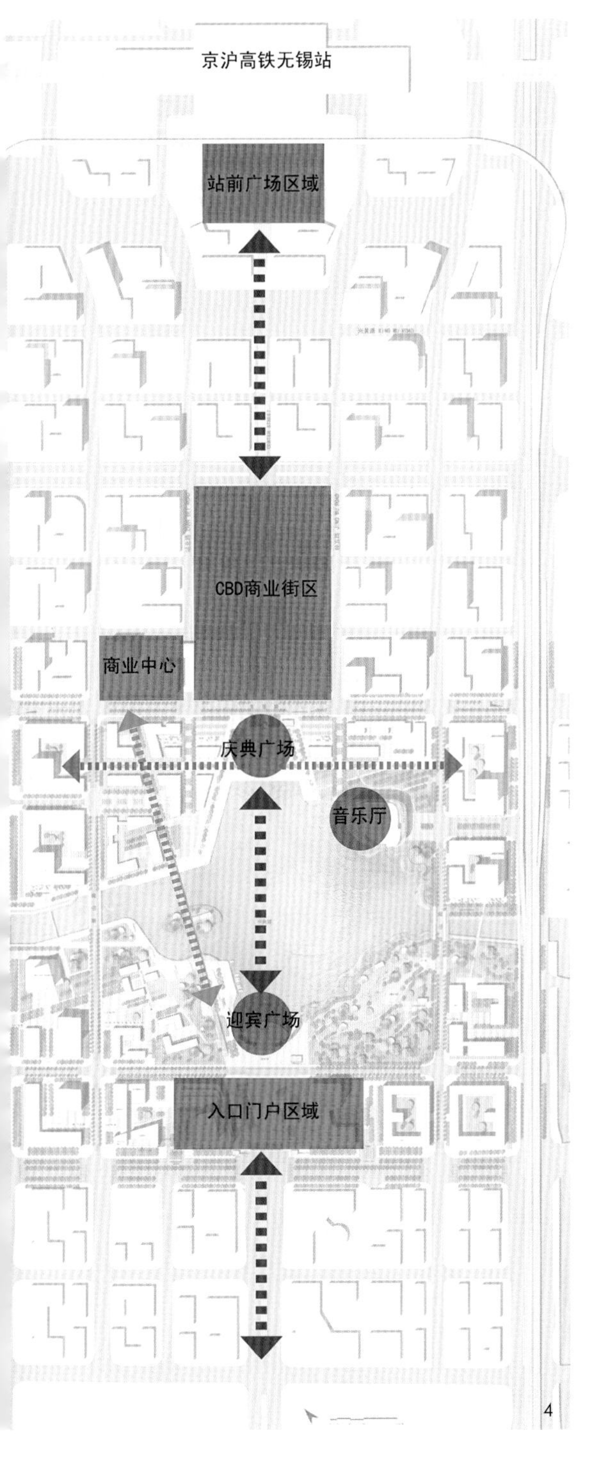

La ville de Xidong se trouve à l'est de Wuxi. Elle est destinée à devenir un des pôles de transport régional du delta du Yangtsé et abrite en son centre le site du projet. Lieu de rencontre, de loisirs et de représentation ; nouvelle « carte de visite » de la ville, ce projet, avec son lac, a été conçu comme un « salon urbain ».

Quatre quartiers différents entourent le lac, avec des fonctions complémentaires.

- Le quartier commercial : proche du CBD (quartier d'affaires), ce quartier piéton ponctué de placettes et de squares accueille restaurants, cafés et boutiques. C'est la partie du projet la plus urbanisée, avec une densité architecturale de 25 à 30 %.

- Le quartier culturel : autour de la salle de concert et de la Place de la Célébration. Des festivals de musique pourront être organisés au bord de l'eau. Des commerces liés à la culture et à la musique, des galeries, des centres de formation musicale participeront à la formation de ce pôle culturel. La densité architecturale est ici de 10 à 20 %.

- Le quartier du parc urbain : organisé autour d'un espace paysagé structuré, il fournit des activités de détente avec des restaurants thématiques, des clubs, un ensemble de sculptures en plein air, une passerelle surélevée et une marina. La densité architecturale y est inférieure à 10 %.

- Le parc naturel : c'est la partie la plus plantée et la plus naturelle, libre de toute construction, avec des jardins aquatiques le long des berges du lac, des arbres de haute futaie, un jeu de collines offrant des vues sur l'eau et des recoins propres à la détente.

Le long d'un axe urbain central, le projet aligne une séquence d'espaces paysagés : la place de l'entrée du site, la place du bord du lac, la fontaine sur le lac, la Place de la Célébration sur l'autre berge. Pour renforcer la composition deux tours d'hôtel sont posées de part et d'autre de l'axe central et donnent sur la place de l'entrée. Un autre axe en biais est surligné par un passage piéton surélevé qui conduit à l'île et jusqu'au quartier commercial de l'autre côté du lac.

Trois types de voies de circulations sont traités de façon hiérarchisée. Les premières, les plus en périphérie, sont les voies d'arrivée et de départ du site. Elles jouxtent les parkings et comprennent les stations de bus. Les deuxièmes, intermédiaires, sont des avenues paysagères aux trottoirs bordés d'arbres, avec un code urbain précis définissant les alignements du bâti, l'emplacement et le style du mobilier urbain, un caractère spécifique. Les troisièmes types des voies, les plus proches du lac, sont les circulations piétonnes. Traitées avec des ambiances différentes, ponton de bois, chemin dans les arbres ou quai de pierre, elles traversent les quatre quartiers formant un itinéraire complet autour du lac.

The town of Xidong is located east of Wuxi. It is destined to become a regional transportation center for the Yangtze Delta, and our site is in its center. It will be a place to meet, for leisure and a symbol of the new development; a new "name card" for the town, the project with its lake was imagined as an urban "salon."

Four different quarters surround the lake, with complementary functions.

- The shopping area: near the CBD, this pedestrian area is punctuated with small square and plazas with restaurants, cafes and boutiques. This is the most urban area of the project with an architectural density of 20 to 30%.

- The cultural quarter: around the concert hall and the Celebration Plaza. Music festivals can be organized along the water. Businesses connected to culture and music, galleries, and music schools will be among the activities making up this cultural center. The architectural density here is from 10 to 20%.

- The urban park quarter: laid out around a structured landscape space, it provides leisure activities with thematic restaurants, clubs, open air sculpture, a raised pedestrian bridge and a marina. The architectural density is lower than 10%.

- The natural park: this is the most planted and the most natural part of the project, free of any construction, with aquatic gardens along the banks of the lake, large scale trees, an interplay of berms providing views of the water and pockets for relaxing.

Along a central urban axis, the project aligns a series of landscaped spaces: The entry plaza to the site, the edge of the lake, the fountain on the lake, and the Celebration Plaza on the other bank. To reinforce the composition, two hotel towers are placed either side of the central axis and face the entry plaza. Another angled axis is highlighted by a raised pedestrian passage which leads to the island and to the shopping quarter on the other side of the lake.

A hierarchy of circulation was established. The first, the farthest from the center, are the arrival and departure avenues to and from the site. They are close to parking and include bus stations. The second or intermediary roadways are landscaped, have sidewalks lined with trees, and urban guidelines defining the alignment of built features, the location and style of the street furniture and a specific character. The third type of circulation, closest to the lake, is pedestrian. Designed to create different environments – wooden walkways, a path among the trees, or a stone pier – they cross the four quarters and compose a complete itinerary around the lake.

1. 轴线分析图 / 2. 区域功能图 / 3. 总平面图 / 4. 和北部商务区及高铁区的轴线关系

1. Axes de composition / 2. Programme mixte du quartier / 3. Plan de masse / 4. Rapport du quartier avec le CBD et la gare TGV

1. Composition axis / 2. Mixed program in the quarter / 3. Master plan / 4. The quarter's relationship with the CBD and the train station

5

6

5、6. 湖边街区鸟瞰图 / 7. 整体鸟瞰图

5-6. Vue du quartier autour du lac / 7. Vue aérienne globale

5-6. View of the quarter surrounding the lake / 7. Global bird's eye view

2

公共建筑与公共空间 —— 象征和场所

ÉQUIPEMENTS PUBLICS - SYMBOLES URBAINS ET ESPACES MAJEURS

Public Facilities - Urban Symbols and Major Spaces

歌剧院、博物馆、美术馆等大型公共建筑往往是一个城市的名片，是城市特色的代表。中国的城市化进程使城市得到飞速的发展，公建自然成了体现城市实力、彰显城市个性的理想载体。这些公建也提升了市民文化、艺术和生活水平，带来旅游价值。近几十年，中国各大城市相继建设剧院、音乐厅、博物馆、市民中心等大型公共建筑。这些建筑有的位于规划中的新城内，有的则位于老城区的扩展区域中。这些公建的设计往往伴随着城市规划和大型城市公共空间的设计。我们参与了不少这类建筑的国际性设计竞赛或方案征集活动，其中有不少获得了首奖，并有一些项目正在施工或已经投入使用。

不同的城市有不同的地方文化特质，每个基地也有自己的特点和条件限制。而且其中有些还和城市设计同步进行，通过广场、轴线、景观等一起来创造城市中的象征性场所。我们每次都会从当地的文化中汲取灵感，根据地域文脉来塑造当地文化的标志。也会根据基地的特点和周边城市关系，将建筑与城市以及景观一起考量，使三者成为不可分割的整体，使建筑犹如从基地里生长出来一般。

山西大剧院位于太原长风文化商务区的文化绿岛中央，面对汾河和东西两侧的山脉，它既是城市轴线上重要的节点，又是通透的取景框，从而形成了充满力度、雕塑般的门式造型。它是规划、建筑和景观不可分割的整体。在阿拉尔，最初要求的是设计一个纪念馆和一个纪念碑，我们设计的构思来自天山和冰川，建筑本身就是地面升起而形成的雕塑，最终纪念馆和纪念碑融为一体。而在武汉市民之家的设计中，由于其在城市入口的特殊位置，使我们设计出了一个动感的建筑，一个自身盘旋上升、四面和顶面都是连续的整体。在设计上海公安局出入境签证中心时，我们的构思来自迎风待航的航船。在苏州高新区设计其艺术中心时，我们运用的则是苏州园林中步移景异的哲理，将建筑处理成融于景观之中的眺望台。

这些设计都是富有雕塑感和一定寓意的大型公共建筑，同时结合城市规划和城市公共空间景观设计，一起塑造出富有震撼力的纪念性场所。

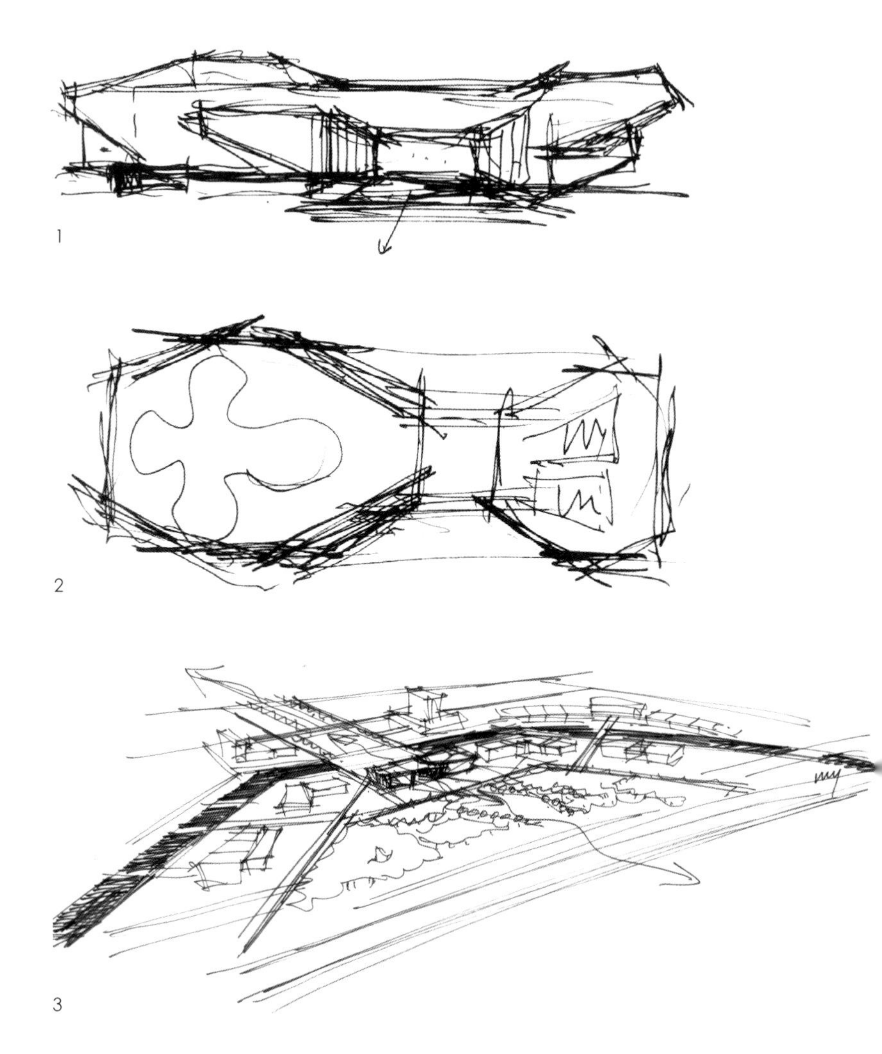

1

2

3

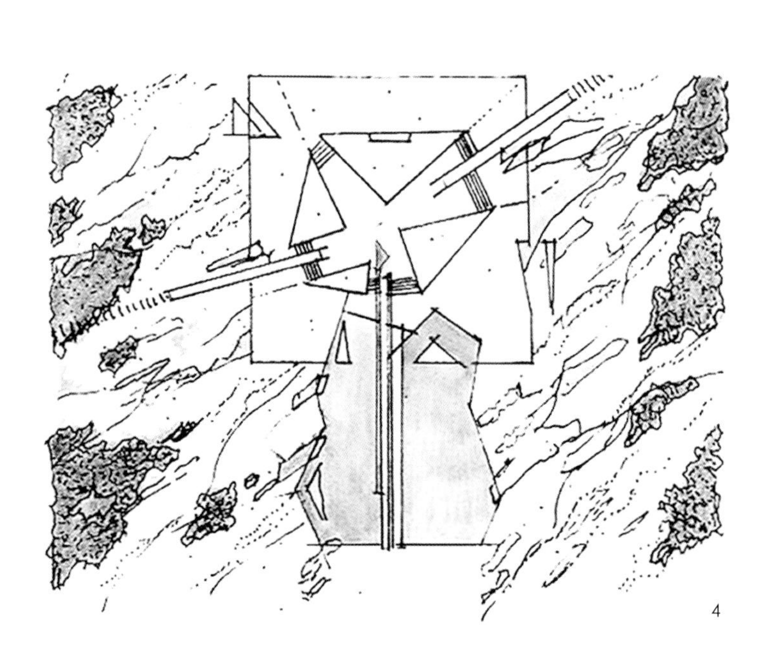

4

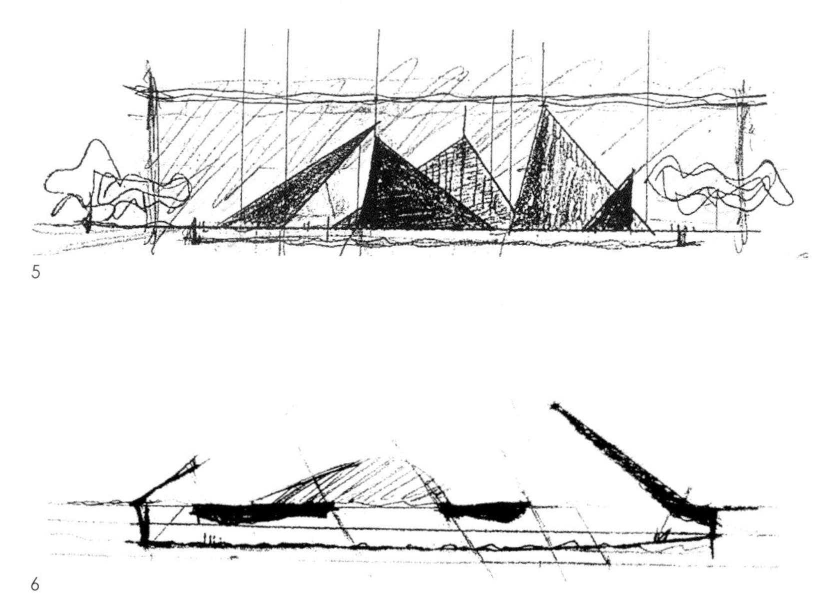

5

6

Dans le processus d'urbanisation actuel que connaît la Chine, les équipements publics sont des symboles de puissance et représentent l'identité de la ville, définissent son caractère. Tout en améliorant la vie artistique et culturelle des citoyens, ils amènent une valeur touristique non négligeable. Ces dernières années, dans de nombreuses villes, on voit se construire des musées, des théâtres, des centres d'administration, qui sont choisis lors de concours internationaux et devenus de véritables « cartes de visite » de la ville. Inclus dans un plan d'urbanisation neuve ou bien inscrits dans l'extension d'une agglomération existante, les équipements sont souvent accompagnés d'un aménagement des espaces publics.

Chaque ville répond à une culture locale et chaque site à des particularités et contraintes. La place, les axes visuels, le paysage doivent être travaillés ensemble avec l'architecture pour créer un endroit fort de sens. Pour chaque projet nous essayons de tirer l'inspiration de la culture locale en vue d'en former un symbole. En même temps nous faisons l'analyse du site et du rapport entre la ville et la topographie, de façon à ce que l'architecture, la ville et le paysage constituent un ensemble indissociable, comme si l'architecture avait « poussé » sur les lieux.

Dans le projet du Quartier de Changfeng à Taiyuan, l'eau du fleuve est utilisée pour former une île regroupant cinq équipements culturels dont le Grand Théâtre du Shanxi, qui a la forme d'une porte. L'expérience fût ici unique de travailler sur l'urbanisme, l'architecture et le paysage de façon synchronisée. À Ala'er, il nous était demandé de dessiner un bâtiment plus une sculpture, un mémorial. L'inspiration est venue des montagnes et des glaciers avoisinants. L'architecture soulève le sol de façon sculpturale. Musée et sculpture ne sont finalement devenus qu'un seul corps. À Wuhan, vu l'emplacement du bâtiment à l'entrée de la ville longeant le périphérique, nous avons dessiné un édifice en mouvement, montant en spirale, symbole du dynamisme de la ville. Façades et toiture sont composées comme un seul élément continu. Lorsque nous avons dessiné le centre des visas pour Shanghai, nous avons pensé à l'invitation au voyage, à un navire prêt au départ. À Suzhou, dans la zone technologique, nous avons utilisé les principes de cheminements dans les jardins (zigzag et cadrage des vues). L'architecture devient paysage et belvédère sur le lac.

Tous ces projets, conçus comme des sculptures urbaines, ont été composés suivant les axes et les espaces publics de façon à atteindre, au travers de la monumentalité, une idée de pérennité.

China is currently going through an urbanization process where public facilities become symbols of power and represent a city's identity or define its character. While these facilities improve the artistic and cultural life of its citizens, they also add great touristic value. In recent years many cities have built museums, theaters, and administrative centers, real "calling cards" of a city, selected through international competitions. Included in a master plan for new urban development or the expansions of an existing urban area, these facilities often include public spaces.

Each city responds to local culture and each site has particular features and constraints. A plaza, visual axes, or the landscape have to be worked out in conjunction with the architecture to create a strong sense of place. For each project, we try to take inspiration from the local culture to form a symbol of that culture. At the same time, we do an analysis of the site and the relationship between the city and the topography so that the architecture, the city and the landscape form an integral ensemble, as if the architecture had grown out of the site.

In the Changfeng Quarter project in Taiyuan, the river is used to create an island, shaped like a port, clustering five public cultural facilities including the Shanxi Grand Theater. Here, the experience was unique, being able to work on the urban design, the architecture and the landscape in a synchronized fashion. In Ala'er, we were asked to design a building and a sculptural memorial. Our inspiration came from the neighboring mountains and glaciers. The architecture raised the ground plane in a sculptural manner, and museum and sculpture finally became one entity. In Wuhan, given the placement of the building at the entrance to the city, along its periphery, we designed a building "in movement", spiraling upward, to symbolize the city's dynamism. Facades and roof are composed as a single continuous element. When we designed the visa center for Shanghai, we thought about an invitation to travel, a ship ready to leave port. In Suzhou, in its technology zone, we used the principles of garden pathways (zigzags and framed views). The architecture becomes a landscape and belvedere on the lake.

All these projects, conceived as urban sculpture, were composed following the axes and the public spaces in order to achieve, through the monumentality, an idea of permanence.

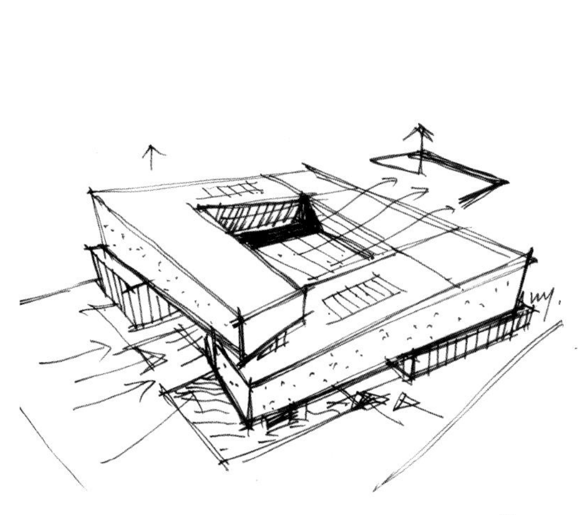

7

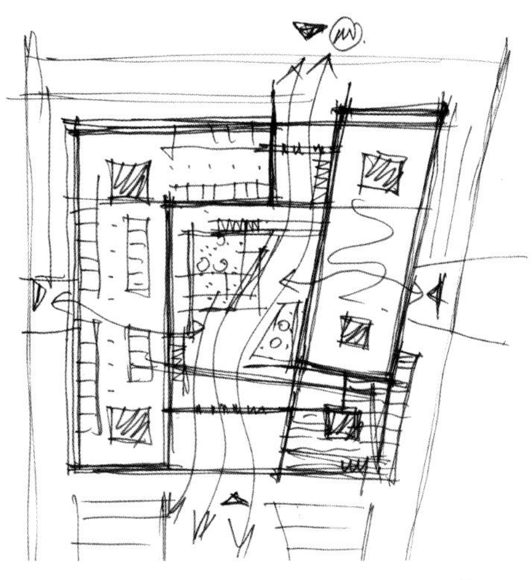

8

1、2. 山西大剧院构思草图：立面和平面 / 3. 太原长风文化商务区设计草图 / 4–6. 阿拉尔屯垦纪念馆设计草图：总平面，立面和剖面 / 7、8. 武汉市民中心设计草图：建筑体量与平面

1-2. Esquisses conceptuelles pour le Grand Théâtre du Shanxi : élévation et plan / 3. Croquis d'étude pour le Quartier Changfeng à Taiyuan / 4-6. Croquis d'étude pour le Musée d'Ala'er : plan de masse, élévation, coupe / 7-8. Croquis d'étude pour le Centre d'Administration de Wuhan : volumétrie et plan

1-2. Concept sketches for the Shanxi Grand Theatre: elevation and plan / 3. Sketch study for the Changfeng district in Taiyuan / 4-6. Sketch study for Ala'er Museum: master plan, elevation, section / 7-8. Sketch study for the Administration Center in Wuhan: volumes and plan view

山西大剧院

Taiyuan 太原 – 2012

GRAND THÉÂTRE DE SHANXI

Great Theater of Shanxi

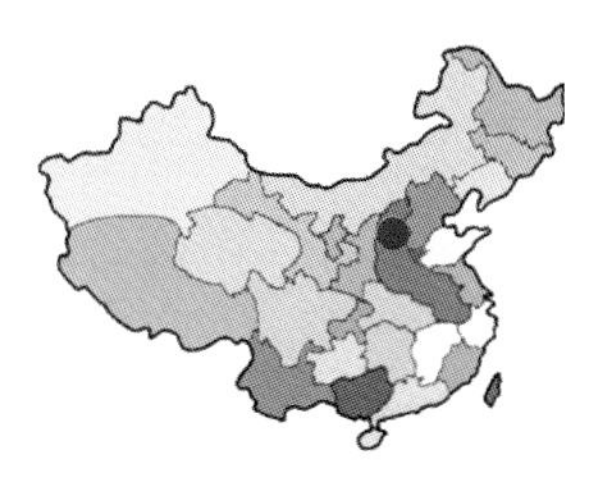

对汾河敞开的舞台和远山的取景框

A Stage Open to the River and a Window to the Mountains

Une scène ouverte sur le fleuve et une fenêtre sur les montagnes

山西大剧院位于我们设计的长风文化商务区的文化绿岛中央，它面向汾河，是东西向城市主轴线上唯一的建筑体。它的最初形象可以说是在规划阶段就孕育产生了。其向汾河敞开的特殊位置决定了它必须既是视觉焦点又具有通透性的特性。我们把它设想为一个对汾河敞开的窗口，一个取景框，将近处的汾河和远处的西山一并框入构图中。

整体造型如同雕塑，并且具有严谨、理性的几何构图。我们在大剧场必须具有的技术体量外用斜线和折面进行包裹，体现出剧院建筑的造型特征。在音乐厅的一侧，我们用相对比较垂直的手法使之稳定有力，而大剧院的一侧，向上倾斜的造型体现力度和升腾之势。而在门式空间处，我们用斜线分解门楣，成为三片充满张力的斜面，让光影尽情地挥洒在不同的面向上。

主体建筑高57.5米、长210米，主要功能有一个1600座的主剧场、一个1200座的音乐厅、一个600座的多功能小剧场以及配套设施和展览大厅、屋顶观景厅等公共活动空间。主剧场位于门式空间北侧，音乐厅位于门式空间南侧，小剧场放置在轴线平台下，具有较为附属的位置，从而保证三者之间相对的独立性，既避免了声学干扰又合理解决了交通问题，在形象上也保证了市政广场和绿岛公园两个方向都拥有完整统一、简洁有力的立面效果。

建筑主入口位于层层平台上，形成渐渐进入崇高艺术世界的效果，也为绿岛和汾河提供观景平台。建筑西侧面对市政府广场，一气呵成的大台阶使建筑具有神圣的纪念性。在东侧，面对汾河和绿岛公园的平台分解成两大标高，向绿岛公园方向舒展。入口平台下设置售票厅、共享大厅、纪念品店、书店、咖啡厅等配套设施，与绿岛平台位于同一平面以便于联系。在举行大型露天活动时，门式空间和入口平台可以作为向城市敞开的舞台，在这里将铺起众星璀璨的红地毯，成为举办国内外著名电影节等文艺活动的场所。

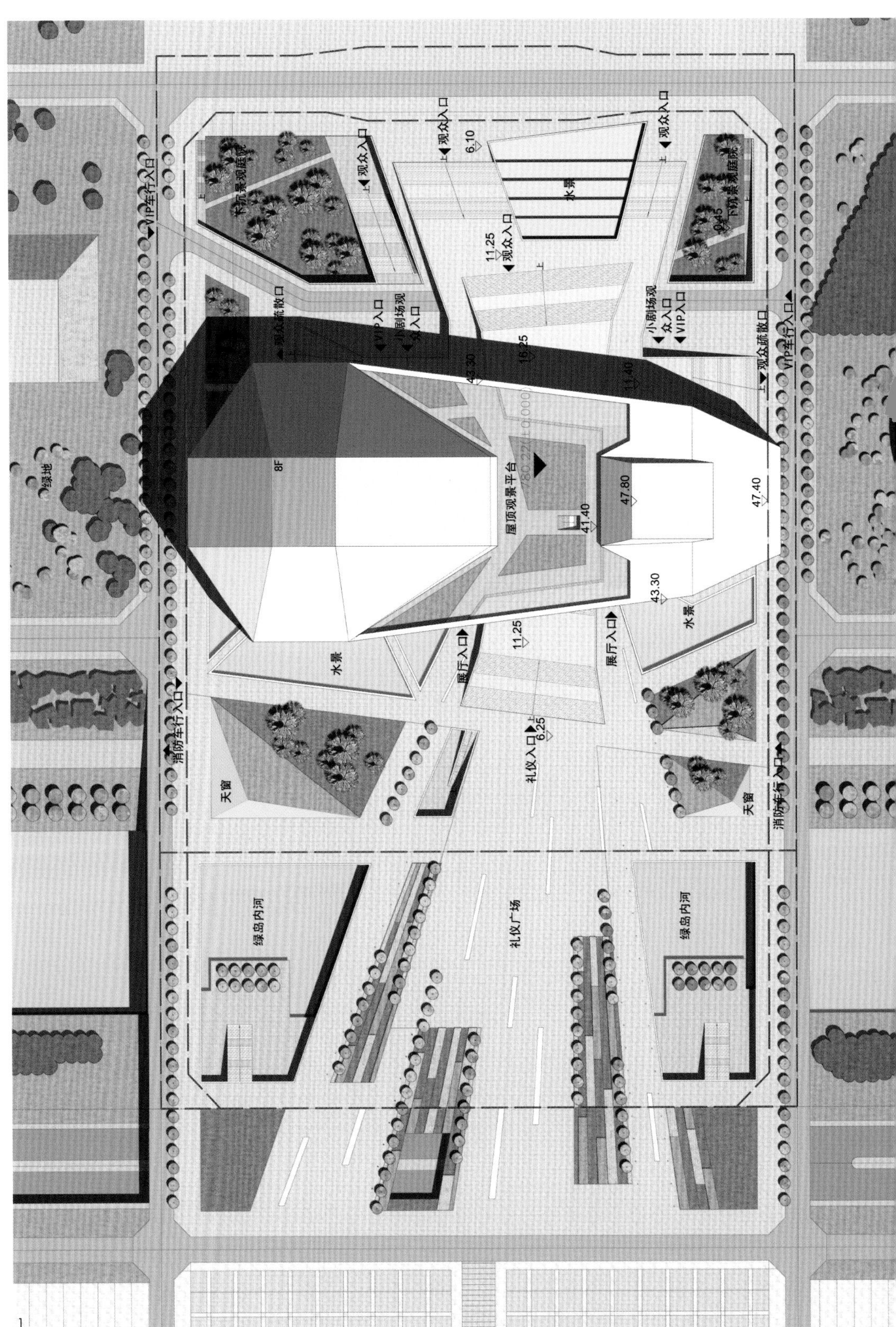

1

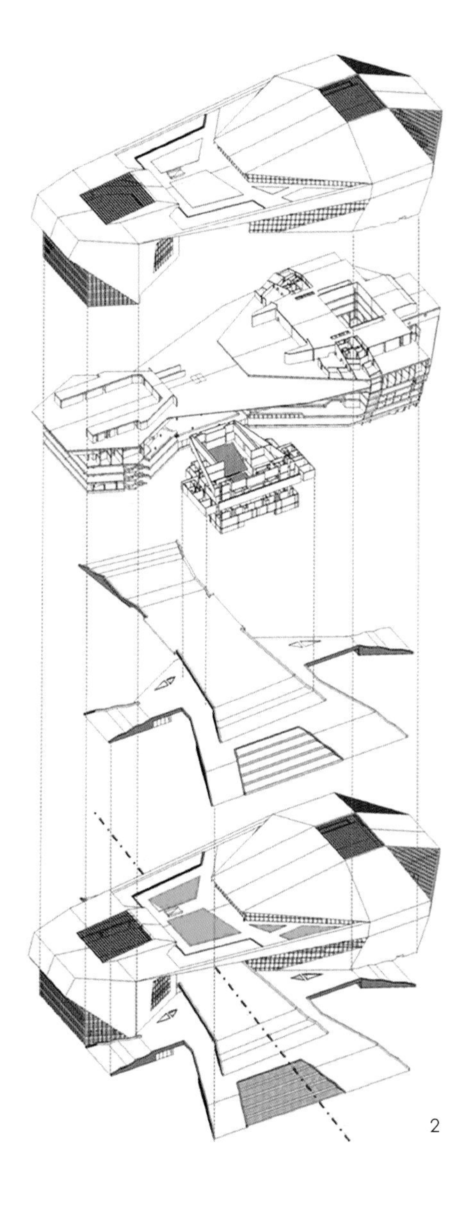

2

Situé au cœur de la composition urbaine du Quartier de Changfeng, le Grand Théâtre du Shanxi a été esquissé lors du concours d'urbanisme. Il est une prolongation et comme un aboutissement de la conception urbaine. Posé sur l'axe est-ouest menant de la Place de la Mairie au fleuve, le bâtiment devait selon nous être un passage et une fenêtre cadrant les vues sur le fleuve, le parc et les chaînes de montagnes avoisinantes, à la manière des cadrages que l'on découvre dans les jardins chinois traditionnels.

L'édifice s'étale sur 210 mètres de longueur pour une hauteur de 57,5 mètres. Il abrite une salle d'opéra de 1650 places, une salle de concert de 1200 places et un théâtre de 600 places. Il contient aussi, outre les halls et plusieurs salles VIP, des espaces d'exposition et de répétitions dédiées à la musique et à la danse ainsi qu'un restaurant panoramique. Salle d'opéra et salle de concert sont placées de part et d'autre du portique, tandis que la troisième salle se trouve sous la dalle du belvédère.

Du côté de la salle de concert la volumétrie du bâtiment est plus verticale et stable. Côté salle d'opéra, elle est plus dynamique, comme une pyramide inversée. Entre les deux salles la toiture est pliée de façon à alléger l'ensemble et à accrocher la lumière différemment.

Au niveau du belvédère, offrant des vues sur l'île et le fleuve, se trouve l'entrée de prestige, étape du parcours vers le monde artistique. Face à la mairie, à l'ouest, les escaliers sont en continuité et renforcent l'effet monumental. Côté est, les escaliers se dilatent et se décomposent en terrasses successives qui descendent vers le fleuve. Sous ces terrasses sont installés des espaces de billetterie, d'exposition, de librairie ainsi que de services. L'esplanade et le belvédère, sous le portique, offrent un espace ouvert aux activités en plein air, aux célébrations et aux festivals. C'est une scène ouverte sur la ville.

Located at the urban heart of the Changfeng Quarter, Shanxi Grand Theater was sketched out during the urban design competition. The theater is a prolongation and like the finale of the urban design concept. Placed on the east-west axis leading from the City Hall Plaza to the river, the building, in our minds, should be a passage and a window framing views to the river, the park, and the neighboring mountain chains, just like significant views are framed in traditional Chinese gardens.

The theater building is 210 meters long and 57.5 meters high. It contains a 1650 seat opera hall, a 1,200 seat concert hall, and a 600 seat theater. In addition to the corridors and several VIP rooms, it also contains exhibit space and practice rooms for music and dance as well as a restaurant with panoramic views. The opera hall and concert hall are placed either side of the portico, while the theater is under the belvedere platform.

On the concert hall side, the building's volume is more vertical and solid in appearance. The opera hall is more dynamic, like an inverted pyramid. Between these two halls, the roof is folded so as to lighten its form and capture light differentially.

The grand entrance, the first step into the art world, is on the terrace level providing views to the island and the river. Facing the city hall to the west, its steps form a continuum and reinforce the monumental effect of the complex. On the east side, the stairs spread out and are recomposed into successive terraces which descend towards the river. Ticket sales, exhibit space, a bookstore and services are located under the terraces. Under the portico, the esplanade and the belvedere offer an open space for outdoor activities, for celebrations and festivals. This is a stage open out to the city.

1. 总体平面图 / 2. 建筑体量解析图
1. Plan de masse / 2. Volumétrie décomposée
1. Master plan / 2. Volumetric exploded view

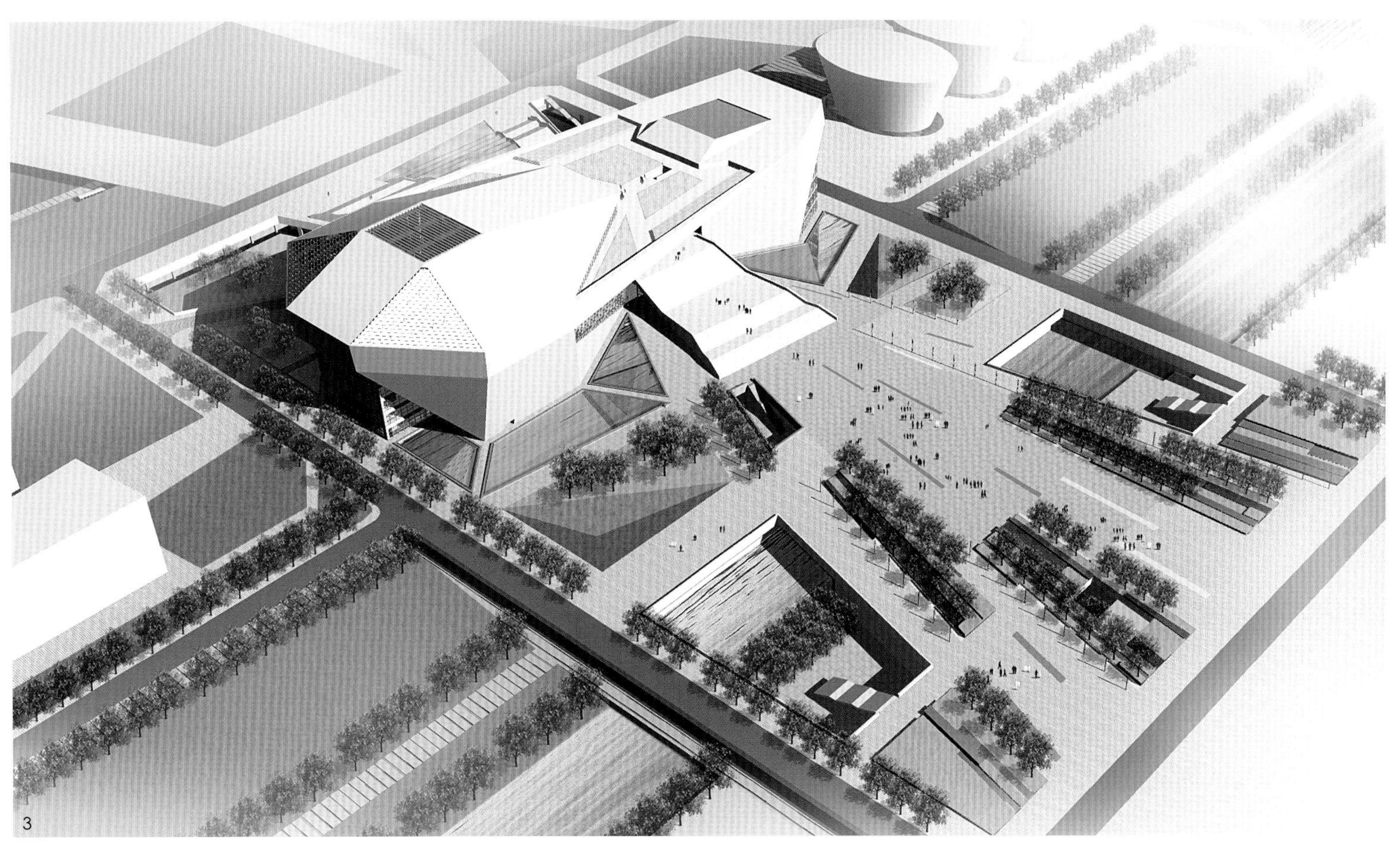
3

4

3. 总体鸟瞰图 / 4. 汾河方向实景照片 / 5. 内河方向实景照片

3. Perspective aérienne / 4. Vue photographique côté fleuve / 5. Vue photographique depuis le canal

3. Bird's eye view / 4. Photographical view from the river / 5. Photographical view from the canal

6. 纵向剖面图 / 7. 门式空间横向剖面图 / 8. 主舞台空间横向剖面图 / 9. 市政府(内河)方向实景照片 / 10. 汾河滨河公园方向实景照片 / 11-16. 主要标高平面轴测图

6. Coupe longitudinale / 7. Coupe transversale sur le portique / 8. Coupe transversale sur la scène principale / 9. Vue photographique côté mairie (canal) / 10. Vue photographique côté Parc du Fleuve / 11-16. Axonométries des niveaux principaux

6. Longitudinal section / 7. Transversal section of portico / 8. Transversal section of main stage / 9. Photographical view from the City Hall (the canal side) / 10. Photographical view from the Riverside Park / 11-16. Axonometric views of the main levels

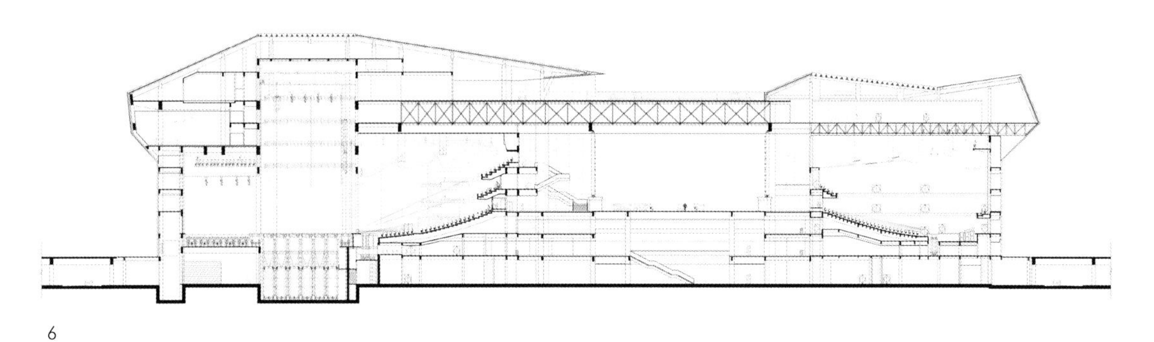

6

9

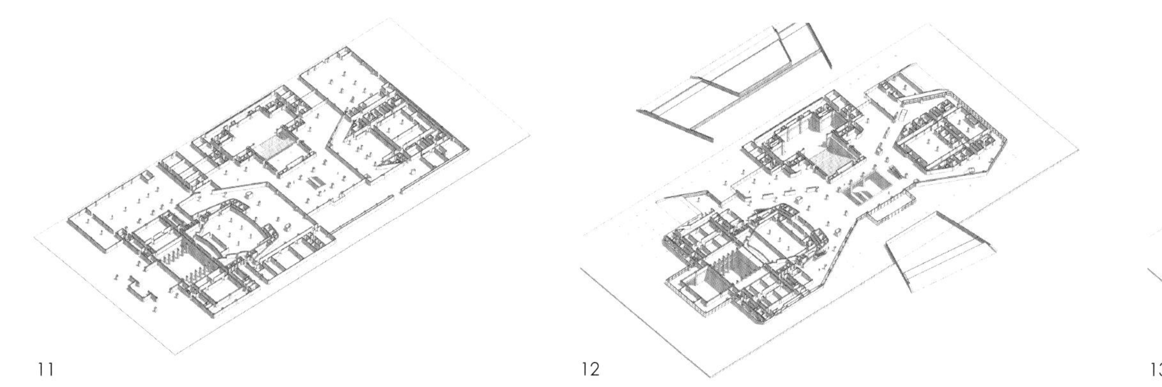

11

12

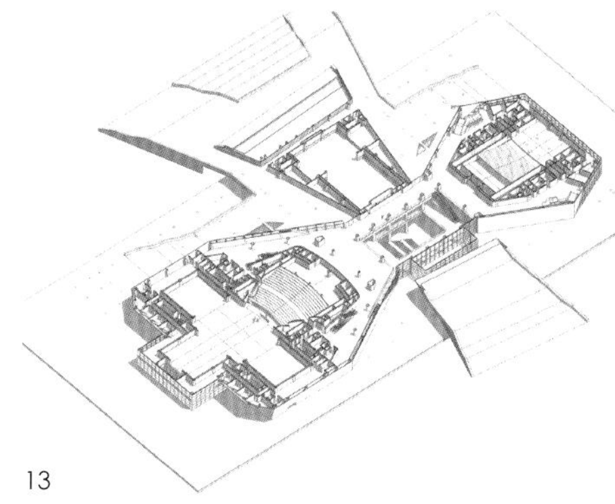

13

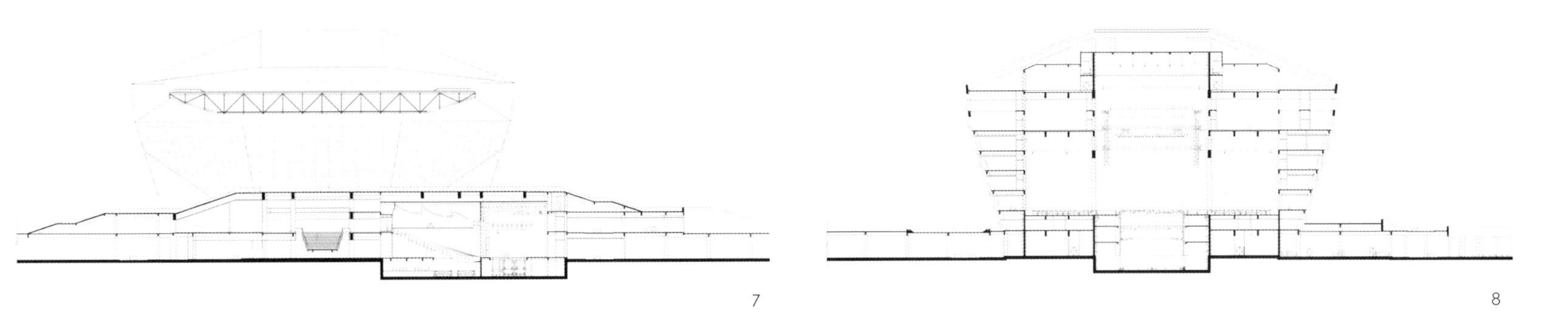
7
8

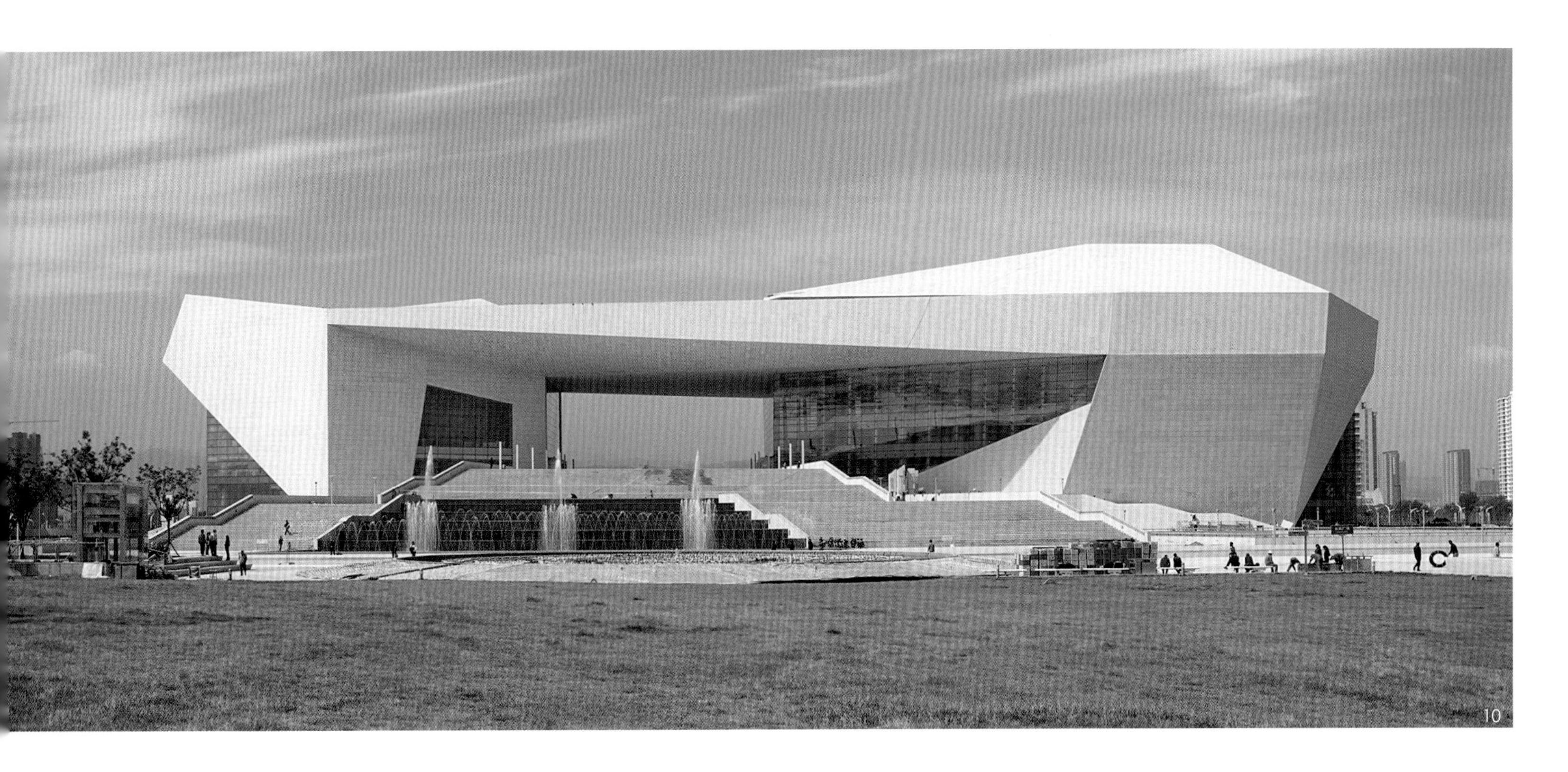
10

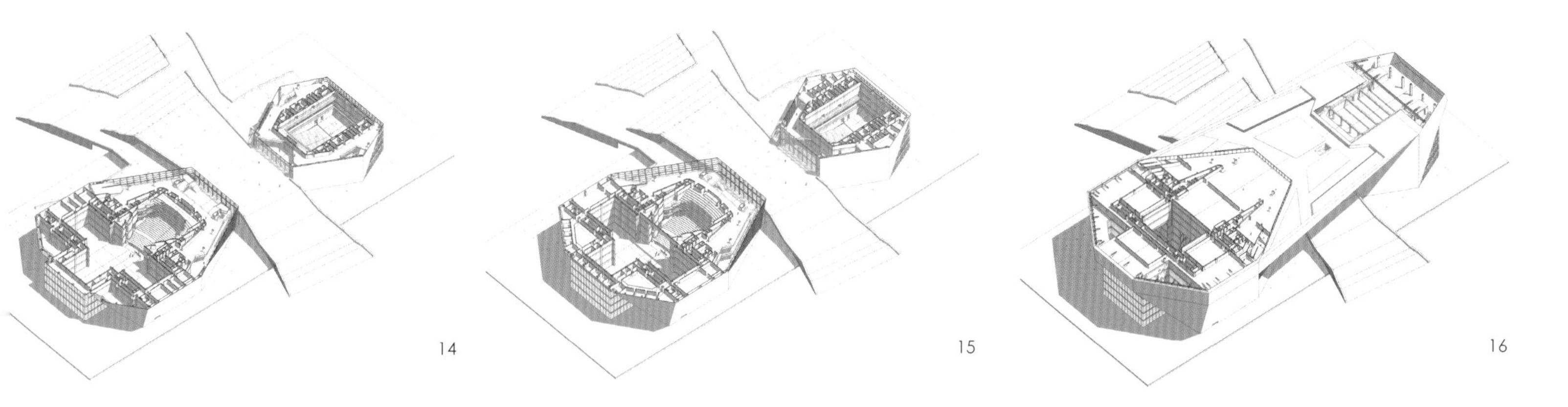
14
15
16

17

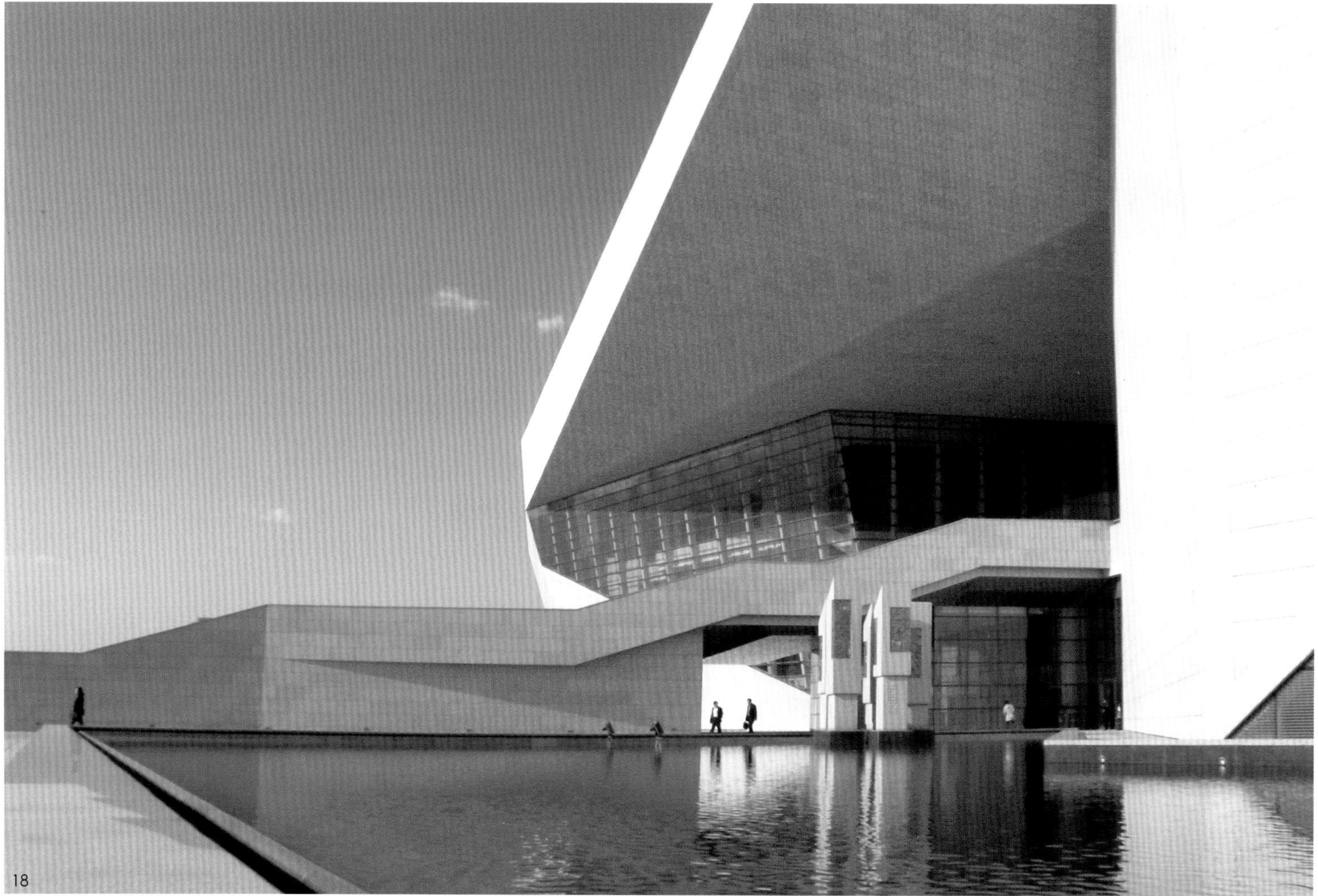
18

17、18. 门式空间实景照片 / 19. 夜景照片
17-18. Vues photographiques du portique / 19. Vue photographique de nuit
17-18. Photographic view of the portico / 19. Photographic view by night

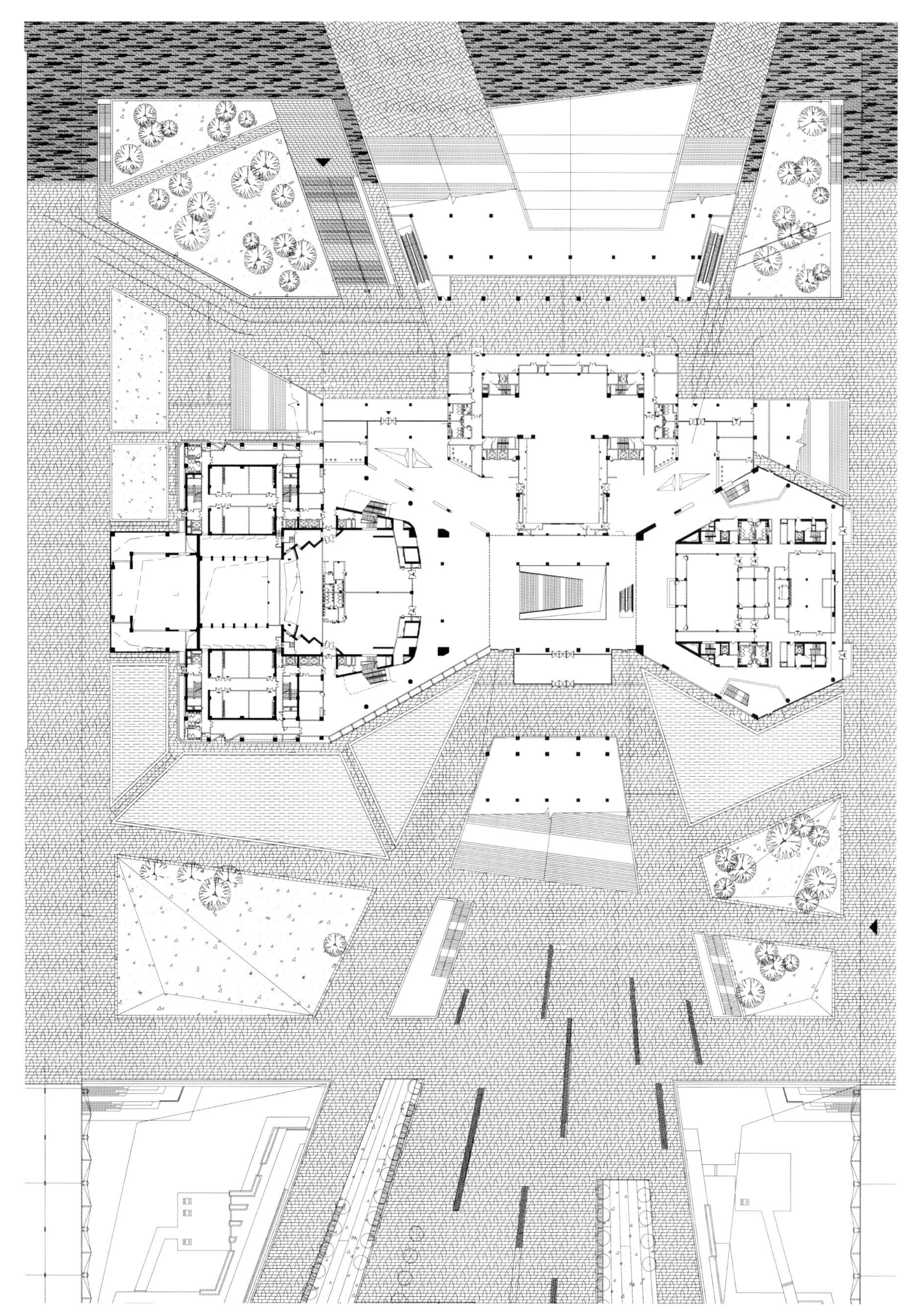

20

20. 公共平台6.40米标高底层平面图 / 21–26. 各层平面图：11.40米、16.40米、21.40米、26.40米、41.40米、47.90米

20. Plan du rez-de-chaussée, niveau 6,40 m / 21-26. Plans des niveaux 11,40 m,16,40 m, 21,40 m, 26,40 m, 41,40 m, 47,90 m

20. Ground floor plan, level 6.40 m / 21-26. Plans of levels 11.40 m, 16.40 m, 21.40 m, 26.40 m, 41.40 m, 47.90 m

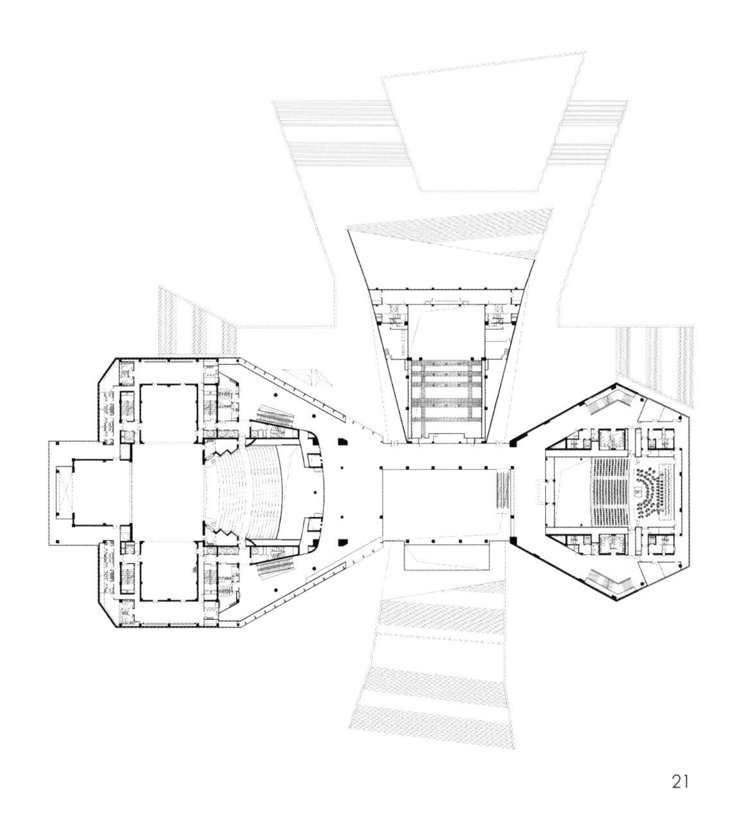
21

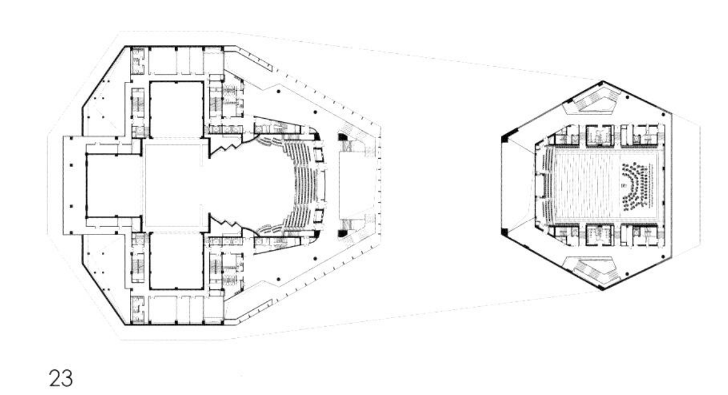
23

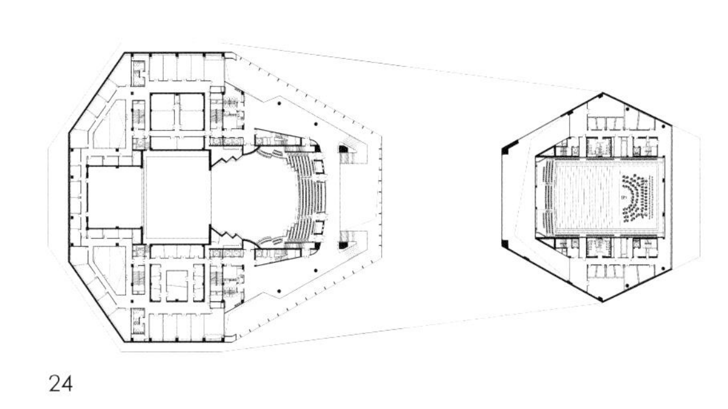
24

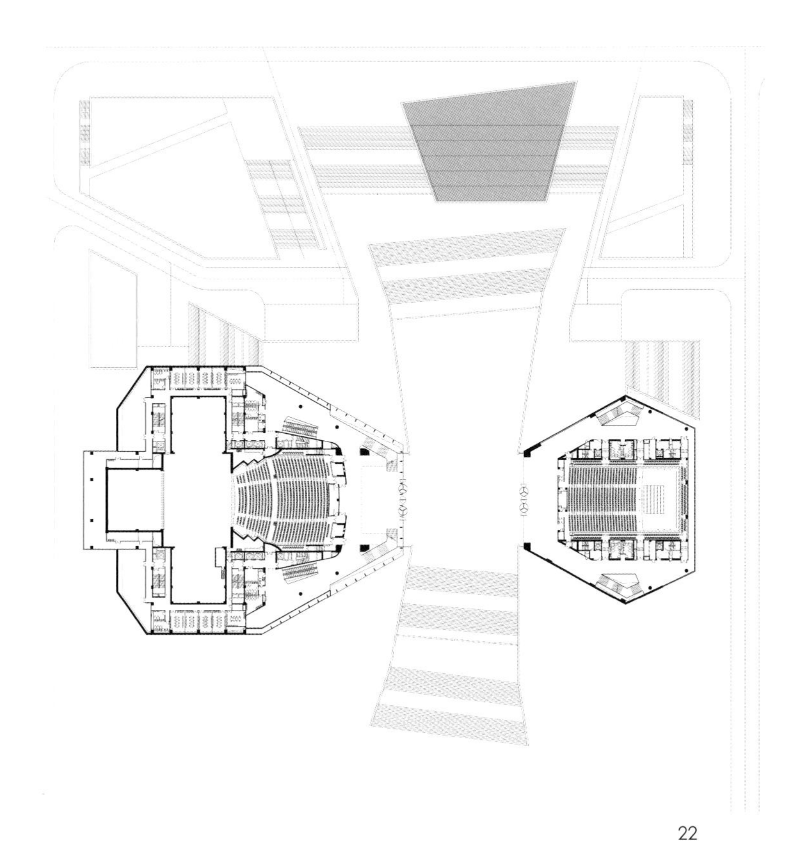
22

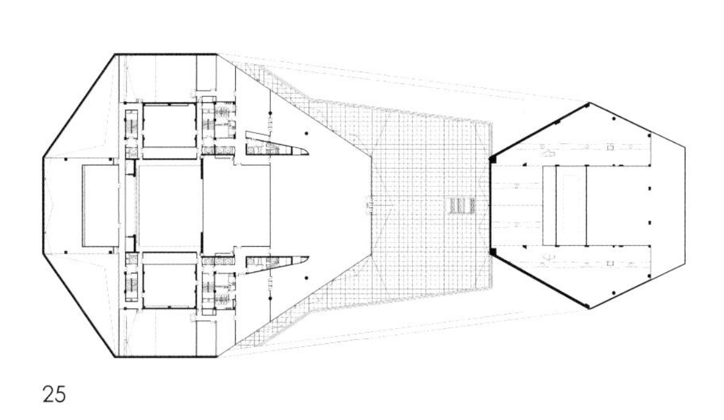
25

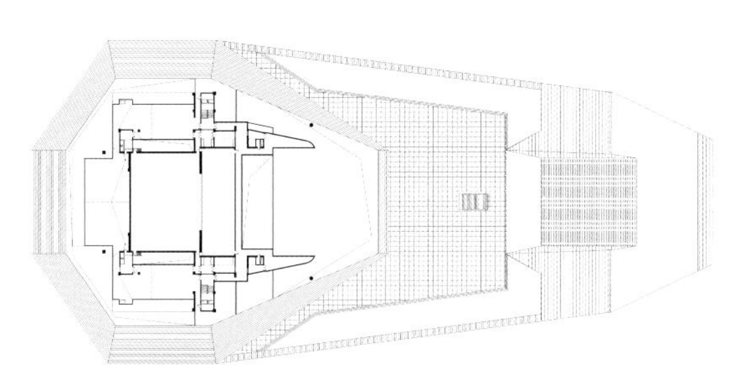
26

骨骼和表皮

这栋建筑外部造型变化丰富，而内部则拥有一副严谨、坚固、合理的骨架体系。两个主要观众厅以垂直的钢筋混凝土结构为核心，形成两端牢固的刚性结构体。在其外围以钢结构体系支撑出倾斜面的体量和表皮体系。门式结构中央的上部连接体也是相对独立的钢结构体系，并同时满足了抗震的要求。整体形成体系分明、刚柔兼并的骨架结构。

建筑表面的折叠形式塑造出极具雕塑感的建筑造型，在表皮的处理上需要达到一种近乎纪念性的纯净效果，主体立面和顶部采用浑然一体的浅色（米白色）石材幕墙，与局部透明玻璃幕结合，形成强烈的虚实对比的效果。表皮采用的是干挂石材幕墙系统。采用长槽开放式背衬干挂系统，石材厚度30mm，为珍珠白花岗岩石材，表面进行水洗面处理。在外墙面中倾斜角度较大之处和门式结构底面部分，为了减少荷载，则采用干挂石材蜂窝板幕墙。石材蜂窝板厚度不小于20mm，表面石材厚度为3-5mm，均为干挂系统。

在立面干挂石材的划分上，既考虑经济合理的因素，又要体现细腻和本建筑特有的造型特色。石材挂板的基本模数采用80mmx140mm的长方形，上下之间以下部长边的1/4为模数呈阶梯状错缝叠加。这种错动形成了一种延续上升的斜线，其角度和方向与建筑两侧倒锥形体量上升的方向一致，从而加强了建筑表皮和体量之间必然的联系。在水平方向，我们希望各面之间的石材横向勾缝是完全对齐的，由于造型上倾斜的关系，借助三维模型进行细致的计算之后，所得出的各面之间石材高度略有不同。

大剧场观众休息厅的玻璃幕墙处理非常重要，这部分体量在立面上是虚实对比的关键，其效果一定要尽量地通透，而其空间跨度和高度又是相当可观的。我们希望结构支撑体系非常简洁，并与次结构和玻璃划分形成重合，达到视觉上最大程度的弱化。经过多次与幕墙设计单位的讨论研究，确立了以模型截面立柱为主要结构的体系，在视觉上弱化横向结构处理，从而加强观众休息厅高大上升的空间效果。而在大剧场后台和音乐厅后台外部的幕墙处理上，则以横向划分为主，并在玻璃中加入丝网印刷的线条以增加私密性。这两部分的玻璃体在建筑两尽端得到相对弱化，从而加强浅色石材立面的雕塑效果。

27

28

29

30

31

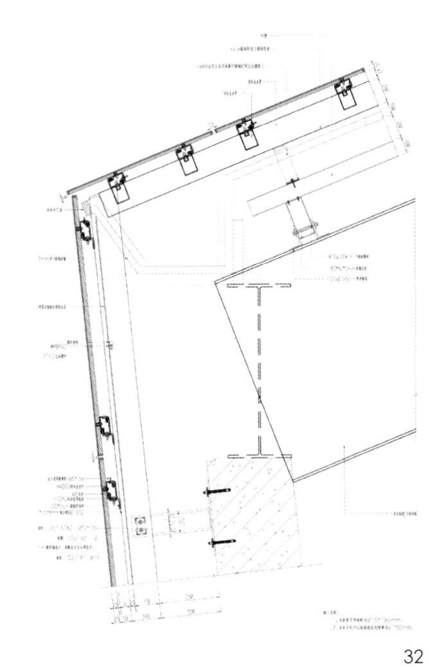

32

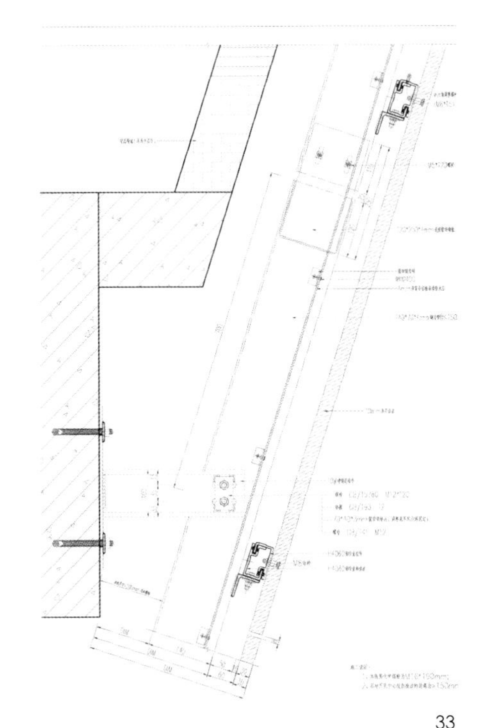

33

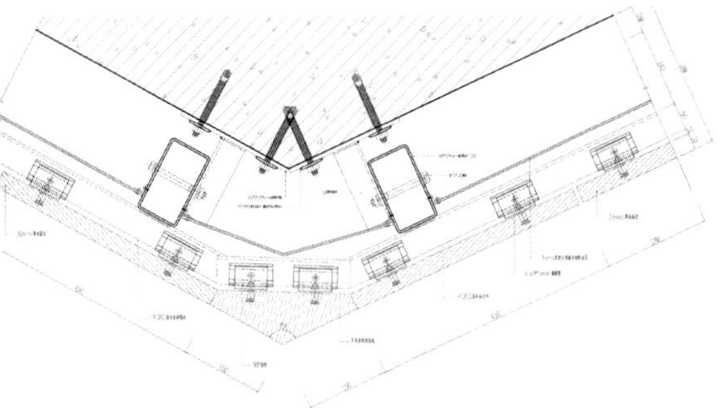

34

Structure et peau

Les grands volumes verticaux des salles de spectacles ainsi que les noyaux de circulations verticales sont construits en structure béton. Les pentes et la partie horizontale du portique sont en acier. Béton et acier forment un système à la fois rigide et souple qui répond aux exigences sismiques locales.

De façon à accentuer l'effet sculptural et monumental de l'édifice, nous n'avons utilisé pour le revêtement que du granit, percé par quelques surfaces de verre. Les murs rideaux, très transparents, représentent le vide, qui contraste avec le plein, la masse de granit. Les murs verticaux sont constitués de pierre agrafée de 30 mm d'épaisseur. Pour les murs en biais, nous avons utilisé un panneau composite formé d'une couche de granit de 6 mm collée sur une structure d'aluminium en nid d'abeille.

Un bâtiment se perçoit à des échelles différentes et ici le calepinage de la pierre, s'il ne se voit pas à grande distance, devient présent et enrichit considérablement l'ensemble lorsque l'on se rapproche. Le module (80 par 140 cm) est décalé d'un quart d'une rangée à l'autre et forme un calepinage « en escaliers » selon des diagonales qui renforcent la dynamique du bâtiment. Le tout forme une logique entre la volumétrie et la peau. Les joints horizontaux sont alignés quelque soit les inclinaisons des murs, donnant une cohérence à l'ensemble. Toutes les arêtes de la volumétrie sont formées d'une bande de pierres placées chant contre chant : les joints disparaissent à ces endroits, renforçant l'aspect de solidité, de compacité et donc de pérennité de l'édifice.

Les murs rideaux ont été traités de deux manières différentes : le plus transparent possible pour les grands espaces ouverts au public. Ici les structures en acier verticales sont des poteaux au plan évasé et de couleur claire. Puis de façon semi-transparente avec une sérigraphie horizontale (aux deux extrémités de l'édifice), car les espaces sont là plus intimes, réservés uniquement aux artistes.

Structure and Skin

The large vertical volumes of the performance halls as well as the vertical circulation nodes are built of concrete, while the slopes and horizontal parts of the portico are steel. Concrete and steel form a system that is both rigid and flexible in compliance with local seismic regulations.

In order to accentuate the sculptural and monumental effect of the building, we used only granite for the cladding, pierced by a few glass surfaces. The transparent curtain walls represent voids which contrast with the mass or volume of the granite. The vertical walls are made of 33 millimeter thick stapled stone. For the angled walls, we used a composite panel made of a 6 millimeter layer of granite adhered to an aluminum honeycomb structure.

A building is perceived at different scales and here, the patterned layout of the stones, if not seen from a great distance, becomes important and considerably enriches the ensemble when approached. The 80 by 140 centimeter stone modules are jutted out a quarter of their dimension from one row to another; this forms a stepped layout on the diagonals. reinforcing the dynamic of the building. The whole ensemble forms its own logic between the volumetric and the building skin. Horizontal joints are aligned, no matter the incline or slope of the walls, giving coherence to the whole structure. All the ridges of the volume are formed with a band of stones placed edge against edge: The joints disappear in these places, reinforcing the solid, compact and therefore, permanent aspect of the building.

The curtain walls were treated in two different manners – as transparent as possible for the great public open spaces – here the vertical steel structures are flared and light colored; at the two extremities of the building, a serigraphed, horizontal semi-transparent pattern is used, because these spaces are more intimate, being reserved only for the performers.

27–29. 立面石材铺装实景照片 / 30、31. 立面材料分类轴测图 / 32–34. 立面材料剖面和平面图

27-29. Vues photographiques du calepinage de la façade / 30-31. Axonométries de repérage des matériaux / 32-34. Coupes et plan de détail de la façade

27-29. Photographic view of façade pattern / 30-31. Axonometric views with materials / 32-34. Detail sections and plan of the façade

表里如一的延伸

本建筑的空间是从外到里连续的延伸，从城市广场、大台阶、室外平台、直至观众休息大厅都是一个视觉上通透而延续的空间序列。建筑的立面、室外平台乃至观众休息厅的主要材质都是纯净的浅色石材，而剧场观众厅外墙则局部采用红色墙体，如同山西民居建筑一色青砖中那盏醒目的红灯笼。

大剧场观众厅内部也以红色为主色调，并沿承建筑外形中倾斜的折面效果，形成一个既对声学有利又浑然一体的内部空间。这种统一中有变化的效果也被应用在座椅的色彩处理上，以大红为主色调，分为深浅不一的四种红色，从舞台到观众厅底部方向逐渐由浅到深地排列下去；这里座椅成为色彩的最小单元像素，在整个红色基调的观众厅内产生天鹅绒般的丰富色彩层次。音乐厅呈现的是一种更加柔和舒展的气氛，小剧场则由于其多功能性而简洁朴素。

不容忽视的景观

建筑周边的景观本身就是建筑不可分割的一部分。在景观处理上，我们以大剧院的门式空间为中心，向东西发射景观构图轴线。这种放射性构图由大剧院西侧近处的水池延伸到两处下沉式庭院，乃至对内河开放的挑空平台。在铺地上设有条状的绿化、树阵和地灯等元素，都加强这种统一的向中心汇聚的效果。在大剧院的东侧，两层平台的形状和从11.40米平台跌落的水景、两侧的下沉式庭院乃至更远处的景观也遵循这种发散的构图，使大剧院的门下空间成为名副其实的汇聚焦点。

在材质和细节处理上所追求的，是使建筑远看呈现出一种浑然一体、属于纪念性建筑的静谧之感，近看则精致优雅、具有独特个性。在大台阶的设计中，梯级和扶手的构思几经琢磨，使其在浑厚中体现设计的细致，并融入优美的灯光效果。

对于建筑的泛光照明，我们提出整体建筑重点突出、主次分明、灯具隐蔽和褪晕均匀等原则，希望在门下空间和入口观众休息厅塑造灯火辉煌的效果，而其他部分则恰到好处地、若隐若现地体现体量的雕塑感。景观和大台阶的灯光也达到适当烘托建筑的效果。设计中也同时考虑了平日和节日两套照明标准，使建筑充分发挥其城市公共舞台的作用。

35

36

Continuité entre intérieur et extérieur

Cet édifice est une sculpture urbaine traversée par l'espace public. La place, les emmarchements, l'esplanade, le belvédère, les halls doivent, pour plus de cohérence, être traité comme une séquence visuelle continue. La pierre de même ton donne une ambiance pure et sereine. Proche des salles de spectacle, la couleur rouge apparaît, comme pour souligner le cœur de l'édifice. C'est aussi le rouge des lanternes des maisons traditionnelles du Shanxi.

La grande salle est de ton rouge, ses murs en biais sont en harmonie avec l'architecture générale du bâtiment. Nous avons proposé quatre rouges différents pour les sièges, placés graduellement depuis la scène jusqu'au fond de la salle. Les murs de la salle de concert sont d'un ton plus clair et doux, avec des stries horizontales en biais pour répondre aux besoins en acoustique. Le théâtre est simple et modulable. Les murs sont recouverts de motifs d'arbres stylisés, rappel du parc dans lequel s'inscrit le bâtiment.

Le paysage omniprésent

Le porche du Grand Théâtre du Shanxi est au centre de la composition paysagère. Tous les axes convergent vers lui. Bassins, jardins décaissés, terrasses sur canal répondent à ce principe.

Matériaux et détails ont été choisis et dessinés de façon à donner à l'ensemble une ambiance sereine et monumentale. La mise en lumière procède aussi de ce principe, renforçant l'aspect sculptural et mystérieux de l'édifice.

De part sa situation, le Grand Théâtre du Shanxi va devenir une porte de l'art ouverte sur la ville, une scène ouverte au public et un nouveau symbole culturel du Shanxi.

Continuity between the Interior and the Exterior

The building is an urban sculpture traversed by a public space. The plaza, the steps, the esplanade, the belvedere and the halls should, for optimum coherence, be treated as a continuous visual sequence. Stone of the same shade gives a pure and serene atmosphere. Near the performance halls, the color red in introduced, to emphasize the heart of the structure. This is also the red of the lanterns of Shanxi's traditional houses.

The great hall is a red tone, and its angled walls are in harmony with the general architecture of the building. We have proposed four different reds for the seats, used in graded tones from the stage to the back of the hall. The walls of the concert hall are of a soft, light tone, with horizontal striations on an angle to respond to acoustical considerations. The theater is simple and adjustable. Its walls are covered with stylized tree motifs, recalling the park in which the building sits.

The Omnipresent Landscape

The portico of Shanxi's Grand Theater is in the center of a landscape composition. All axes converge on it. Pools, recessed gardens, and the terraces on the canal follow this principle.

Materials and details were chosen and designed in a way to give the whole complex a serene and monumental atmosphere. The lighting follows this principle as well, reinforcing the sculptural and mysterious aspect of the structure.

Because of its siting, Shanxi's Grand Theater is going to become an art gateway open to the city, its stage open to the public, and a new cultural symbol for Shanxi.

35. 音乐厅内部效果图 / 36. 大剧场内部实景照片
35. Vue perspective de la salle de concert / 36. Vue perspective de la salle d'opéra
35. Perspective view of the Concert Hall / 36. Perspective view of the Opera Hall

37

38

37. 大剧场观众休息侧厅实景照片 / 38. 大剧场观众休息正厅实景照片
37. Vue photographique du foyer latéral / 38. Vue photographique du foyer central
37. Photographic view of the Side Foyer / 38. Photographic view of the Central Foyer

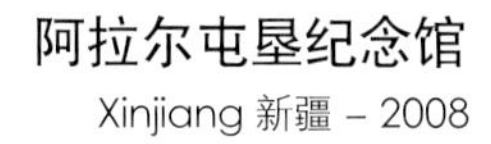

阿拉尔屯垦纪念馆

Xinjiang 新疆 – 2008

MUSÉE D'ALA'ER

Ala'er Museum

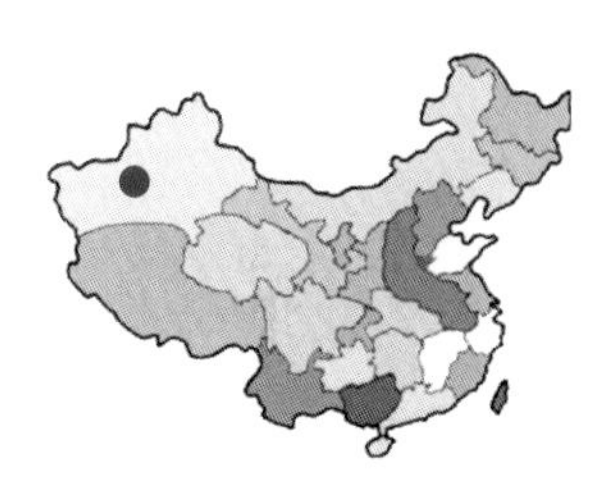

雪山和冰川

Mountains and Glaciers

Montagnes et glaciers

三五九旅屯垦纪念馆位于新疆南部塔里木河畔的阿拉尔市，与已建成的市政府大楼、城市公园和著名的塔里木河共同构成城市的中轴线。最初的设想是建设一座纪念馆、一道纪念碑和一个城市广场。经过多轮设计构思，最终我们将这三者合为一体，塑造出一组"城市雕塑建筑"，使之既具有强烈的视觉震撼力，又是一处公共活动场所，同时也满足使用功能要求。

为了有别于与之相邻的市政府大楼，我们采用了升起斜面的造型手法，使之成为景观的一部分。错落有致的金字塔体量是天山山脉的一种抽象表现，冰山之水孕育着这片土地，它是顽强生命的象征。三角锥形内侧通透的玻璃表现了冰水的晶莹透彻，而外侧实面则体现了岩石的坚硬刚强。广场铺地和渐渐升起的屋顶同为花岗岩石材，使建筑本身和地面一般渐渐升起。内侧玻璃面围合出一个抬高的平台，成为整组雕塑的中心。而这个中心是一个新的公共活动广场，人们可以从这里眺望整个公园。

我们希望建筑立面简洁而精密，以加强整个建筑的纪念性效果。该纪念馆的主要功能空间都位于半地下，正好符合该地区温差极大、干旱沙化等气候条件，达到天然的夏凉冬暖的节能效果。

纪念馆（1万多平方米）的地下空间可以从玻璃锥体获得充分的自然采光，引导着地下公共活动空间的规划。三角锥体之间的地下无采光部分正好用于设置能容纳400人的演播厅和其他服务空间。最大的一个三角锥体下设有挑空的夹层，布置有可以看到室外公园的咖啡厅。

1. 远望纪念馆轮廓 / 2. 模型俯视平面 / 3-5. 平面图：地下层、平台层、夹层 / 6. 位置图

1. Vue photographique de la silhouette du musée /
2. Maquette vue en plan / 3-5. Plans : sous-sol, rez-de-dalle, mezzanine / 6. Plan de situation

1. Photographic view of the museum's profile /
2. Plan view of model / 3-5. Plan views: basement, terrace level, mezzanine level / 6. Plan of location

1

2

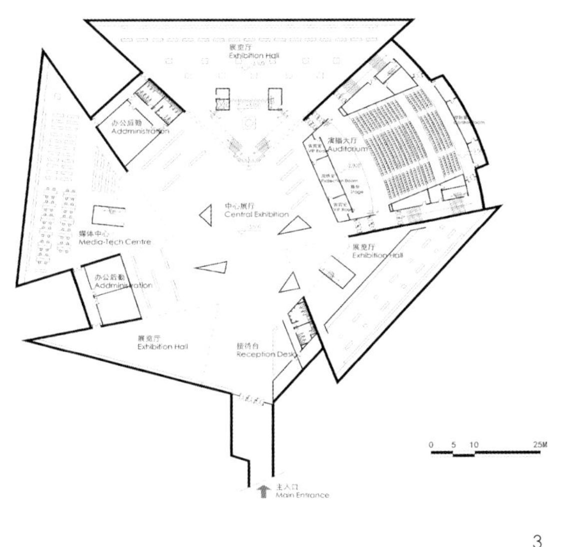

3

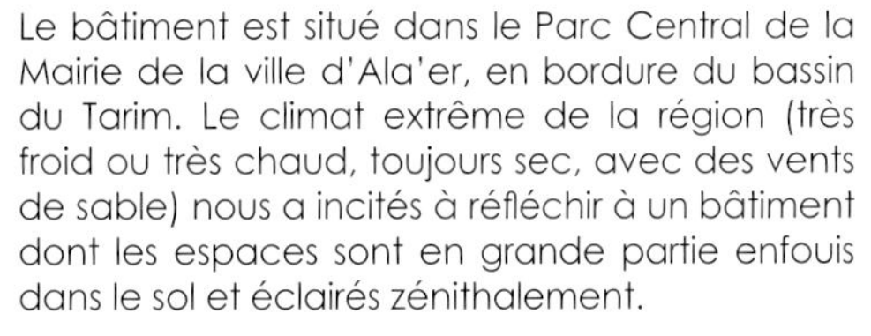

Le bâtiment est situé dans le Parc Central de la Mairie de la ville d'Ala'er, en bordure du bassin du Tarim. Le climat extrême de la région (très froid ou très chaud, toujours sec, avec des vents de sable) nous a incités à réfléchir à un bâtiment dont les espaces sont en grande partie enfouis dans le sol et éclairés zénithalement.

Le sol de pierre s'ouvre et se déplie en quatre pentes triangulaires, laissant pénétrer la lumière. Les formes pyramidales qui en résultent sont une abstraction des montagnes voisines du Tianshan, culminants à 7500 mètres et dont le rôle en approvisionnement en eau est fondamental pour la région. Les pans vitrés représentent les glaciers tandis que les parties opaques figurent les rochers. L'architecture est paysage.

Si la composition du plan paraît être aléatoire, elle obéit en fait à un ordre précis. Elle s'appuie sur la pyramide principale qui est symétrique et orientée suivant l'axe nord-sud, tout comme la mairie existante qui la borde.

Le thème de l'orientation est relié au désert. Le plan en étoile évoque un lieu de croisements des chemins, comme une oasis. C'est grâce aux étoiles aussi que les populations se dirigeaient dans le désert. Au centre du plan, superposée au musée, une place publique surélevée avec un théâtre en plein air permet d'organiser des évènements et d'accueillir des groupes de visiteurs.

The building is located in Ala'er City Hall's central park, near the Tarim basin. The extreme climate of the region – very cold or very hot, always dry, with sandy winds – led us to think about a building whose spaces would be largely buried in the site and lit from above.

The ground floor stone plane opens out into four triangular slopes, letting light penetrate the interior. The resulting pyramidal forms are an abstraction of the neighboring Tianshan mountains, rising to 7500 meters, whose fundamental role for the region is providing water. The glass facades represent the glaciers while the opaque parts represent rocks. The architecture is landscape.

While the composition of the plan may seem random, it actually follows a precise order. It is based on the symmetrical main pyramid which is oriented along the north-south axis just like the adjacent existing city hall.

The orienting them is the desert. The star shaped plan evokes a place of crossroads like an oasis. It is the stars that orient people traveling in the desert. In the center of the plan, superimposed on the museum, is an elevated public plaza for greeting visitors and organizing events.

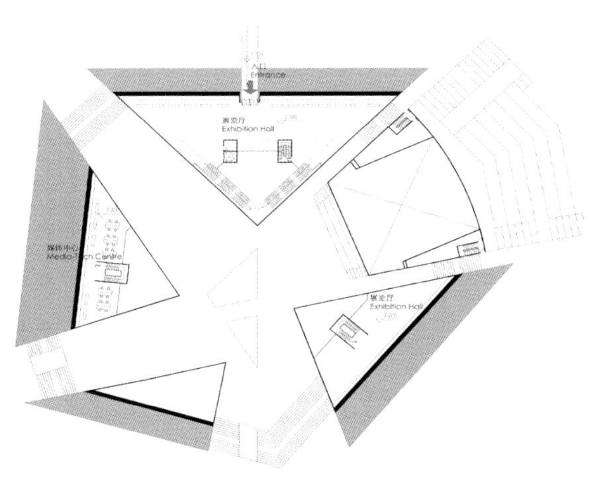

4

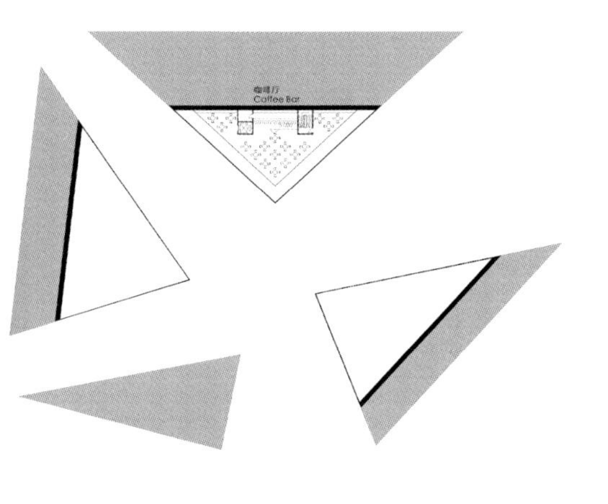

5

6

进入纪念馆的路径是一个重要的心理准备和气氛塑造的过程，它将体现出崇高的纪念意义。参观者从北向南、通过渐渐下降的坡道走到水面之下，进入纪念馆。在其一侧另有一条逐渐上升的坡道，将人们引导到室外的中心广场，同时在另一侧利用高差形成一个室外阶梯剧场。在沙漠中，方向是至关重要的，因此在这里，位于各个三角锥体之间的小径都导向纪念馆的中心，使整个总平面看上去像一颗光芒四射的北极星，引导着来自各方的人们，犹如在沙漠中为人们导航的星座。乍看之下，整个纪念馆形体大小不一，由布局错落的三角锥体随意组合而成，其实它们之间有着严谨的几何关系。其中最大一个与市政府南北轴为中心形成庄重的对称关系，高度最高；其他三个较小金字塔高度不尽相同，形成起伏的天际线，使整组建筑充满升腾的动感。不同三角锥体的不同斜面在一天中反射着多样的天空和光影，使整组建筑拥有变幻无穷的雕塑效果。

在周边的景观设计中，我们采用直线型水渠贯穿整个公园，在沙漠中刻画出两条时间轴，体现了过去、今天和未来的主题。纪念馆见证了历史，市政府代表了今天，而面对着塔里木河的公园则体现了未来。整组城市轴线从北到南逾越时空，纪念馆静静地倒映在周边的水池中央，象征着对历史的沉思。

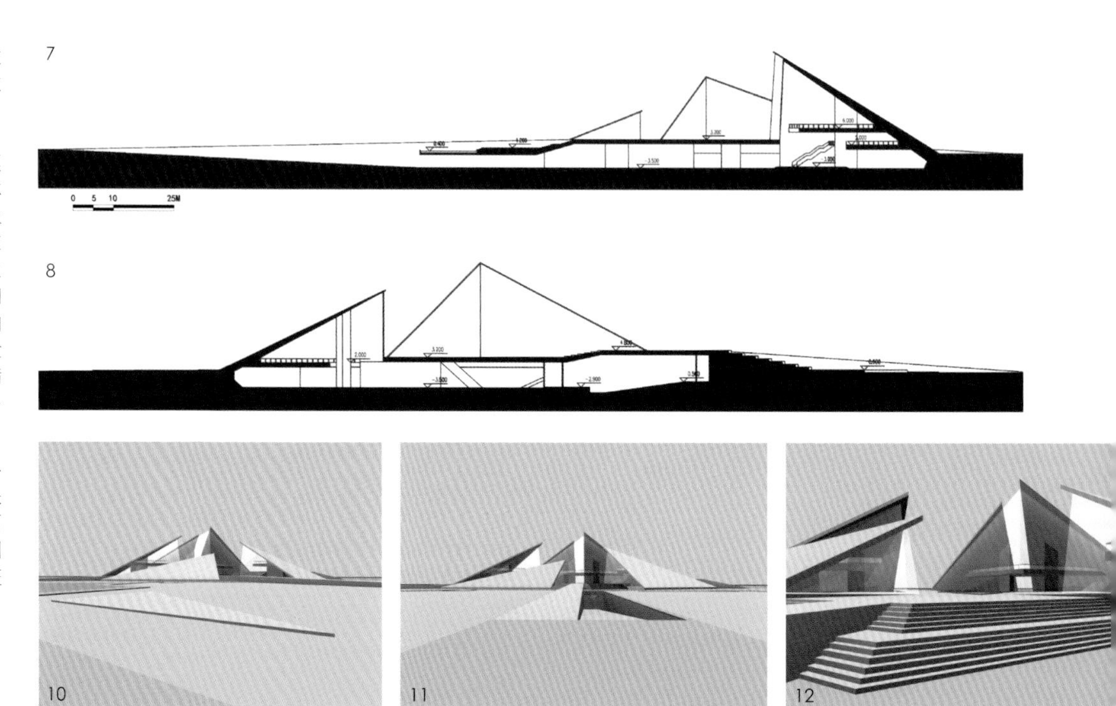

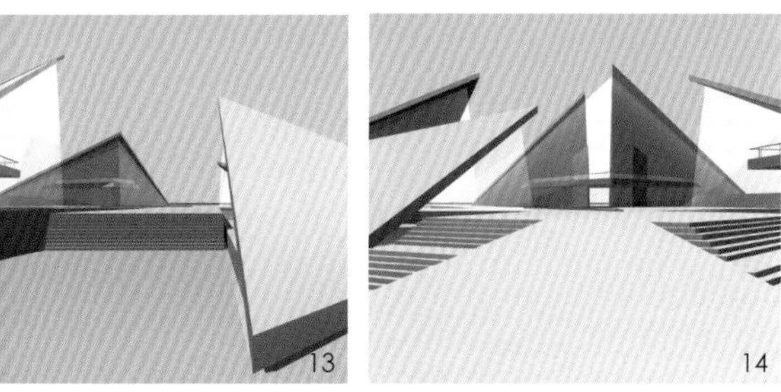

L'accès au musée permet par sa conception une expérience spatiale transitoire entre les mondes extérieurs et intérieurs. Ici les visiteurs suivent une rampe suivant l'axe nord-sud qui descend sous l'eau et mène à l'entrée. Ils traversent alors des espaces muséographiques ponctués par des puits de lumière. Une salle de conférence de 400 places jouxte le grand triangle avec sa cafétéria en mezzanine qui offre des vues sur le parc.

Les pyramides ont des dimensions et des pentes différentes qui hiérarchisent les espaces intérieurs tout en accentuant l'idée de mouvement de l'architecture. Elles sont orientées, polarisées, offrant une transparence sur le centre de la composition et la place publique, alors que leurs parois deviennent opaques en périphérie. Le sol se déplie ainsi pour révéler, pour faire sortir de terre quelque chose de précieux qui ne se découvre complètement qu'une fois au centre du projet.

The design of the museum access provides a transitory spatial experience between the exterior and interior worlds. Here, visitors follow a ramp on the north-south axis, which descends under the water and leads to the entrance. Then they traverse museum spaces punctuated by light shafts. A 400 seat lecture hall adjoins the main triangle with its mezzanine cafeteria with views of the park.

The pyramidal forms have different sizes and shapes which create a hierarchy of interior spaces while accentuating the idea of movement in the architecture. They are oriented, polarized and offer a transparency towards the center of the composition and the public plaza though their walls become opaque on the outside. The ground plane opens out to reveal, to unearth something precious that is only completely discovered once one is in the center of the project.

7、8. 纵向和横向剖面图 / 9. 构思草模 / 10-14. 三维模型视点分析 / 15. 夜景效果图 / 16. 南北轴线方向效果图

7-8. Coupes longitudinale et transversale / 9. Maquette d'étude conceptuelle / 10-14. Vues de la modélisation en 3D / 15. Vue perspective de nuit / 16. Vue perspective suivant l'axe nord-sud

7-8. Longitudinal and transversal sections / 9. Conceptual study model / 10-14. 3D model views / 15. Night bird's eye view / 16. Perspective view along the north-south axis

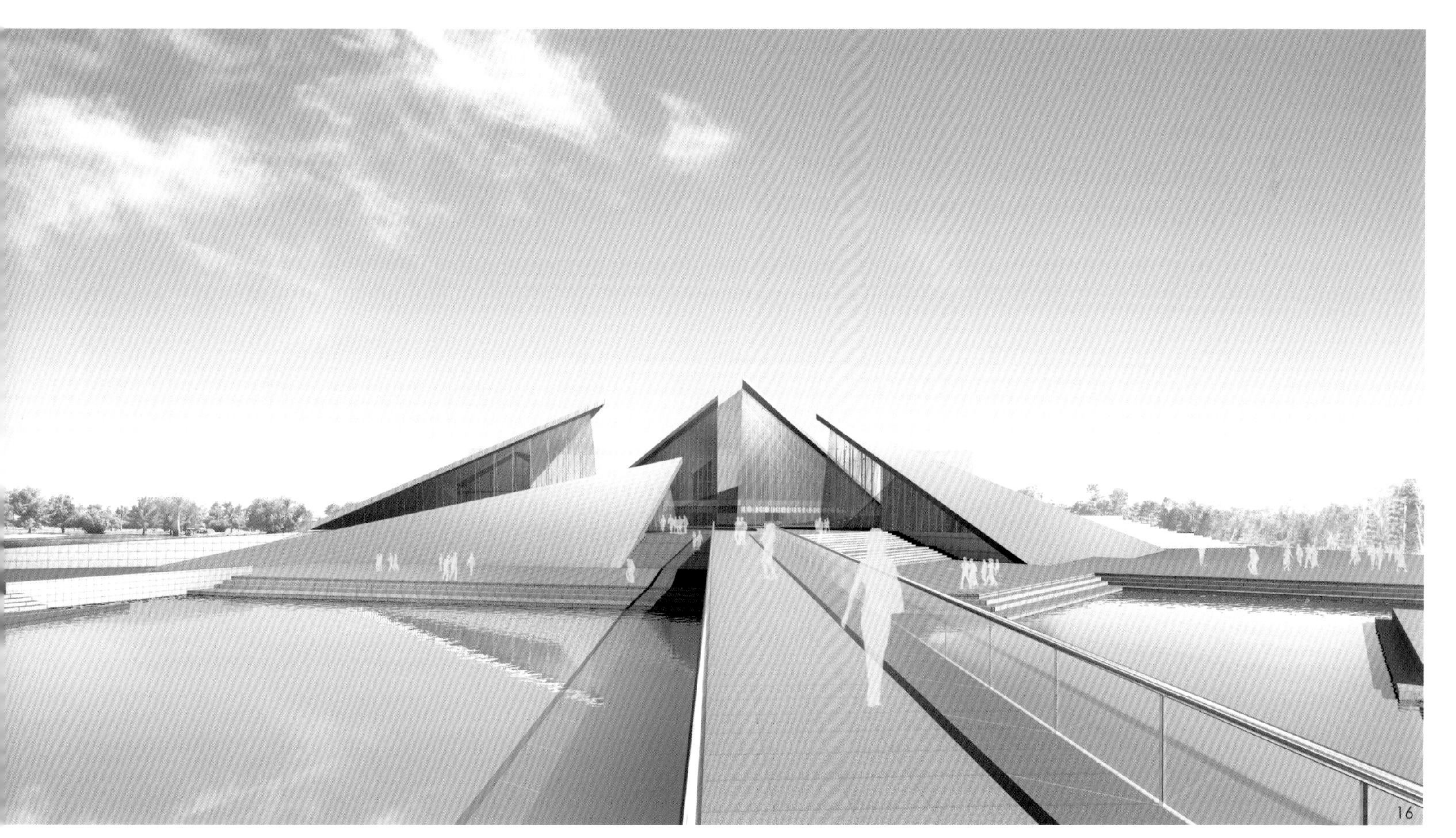

17

18

19

17、18&20. 平台实景照片 / 19. 内景照片

17-18&20. Vues photographiques de l'esplanade surélevée / 19. Vue photographique intérieure

17-18&20. Photographic views of the elevated square / 19. Photographic view of the interior space

武汉行政服务中心

武汉市民中心

Wuhan 武汉 - 2012

CENTRE ADMINISTRATIF ET MUSÉE D'URBANISME DE WUHAN

Administrative Center
and Urbanism Museum of Wuhan

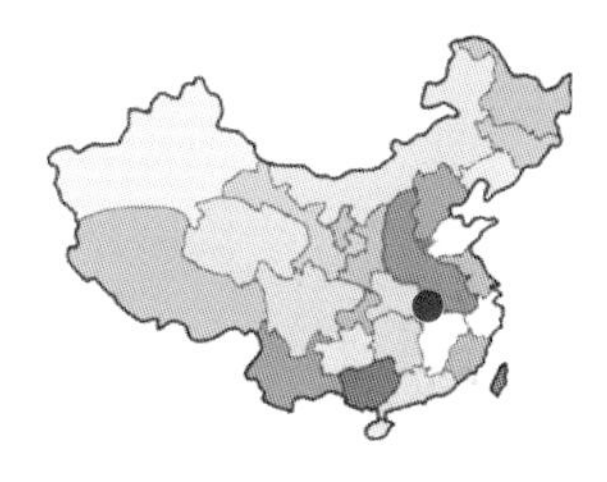

动态的城市入口

Dynamic Architecture Marks the Entrance to the City

Une architecture dynamique marque l'entrée de la ville

该项目的基地位于武汉市三环路立交桥一侧，是武汉市重要入口门户，将是武汉市重要的大型公共建筑之一。它的特殊位置决定了该建筑的动态性格，成为一个在行进中被观看的建筑，视点将从高架盘旋而下的过程中连续变换。为此，我们采用了盘旋上升的造型方式，在这块重要交通交汇之地形成连续而富有动感的视觉效果。起伏上升的屋顶还赋予建筑独特的第五立面，使之具有强烈的雕塑感和视觉冲击力，成为武汉的新地标。

建筑平面以围合的方式形成一个宽敞明亮的中庭，它像传统民居中的天井一般具有强烈的内聚力，成为家的象征。它是市民共享的客厅，是交流、休憩、参观、展示的重要场所。四面建筑的立面在红色建筑外表皮的覆盖下连续延展。红色金属网覆盖的立面从东部渐渐升起，转到北部及西部，红色金属表皮与白色实体叠加咬合。旋转的建筑体量最后在南部达到最高点并凌空升起，飞架在东侧较低的体量之上。盘旋的体量首尾相互交叠，形成气势磅礴的南部主入口空间，具有强烈的雕塑感，引导人们进入舒适的中庭。

行政政务中心与规划展示两大部分被合理地布置在中庭两侧，在使用上两部分功能具有相对独立性，却可以共用位于中庭地下一层的大型报告厅和宴会厅及职工餐厅等设施。同时设有L形下沉式广场，使之享有自然采光与安静的绿化景观。中庭是该建筑的灵魂，是公众活动的城市客厅，既要保证办事人流流线的通畅，又要提供休憩区域，具有座椅、书吧等设施。同时，划分出展示和举办活动的区域，具有多功能使用的可能性。

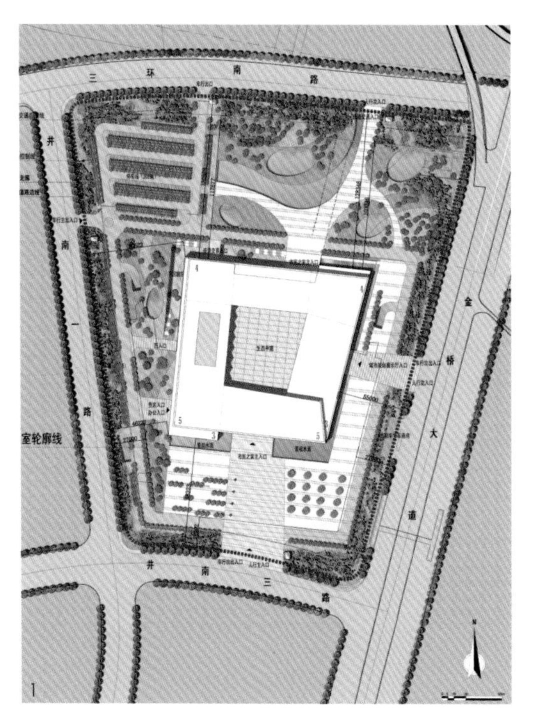

1

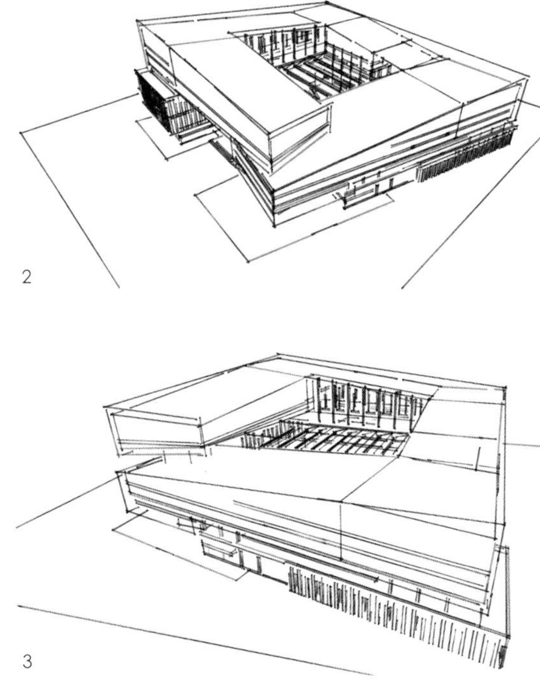

2

3

1. 总体平面图 / 2–5. 三维体量研究 / 6. 总体鸟瞰图 / 7. 城市主干道方向效果图

1. Plan de masse / 2-5. Maquette d'étude en 3D / 6. Vue perspective aérienne / 7. Vue photographique depuis l'avenue

1. Master plan / 2-5. 3D study model / 6. Bird's eye perspective view / 7. Photographic view from the avenue

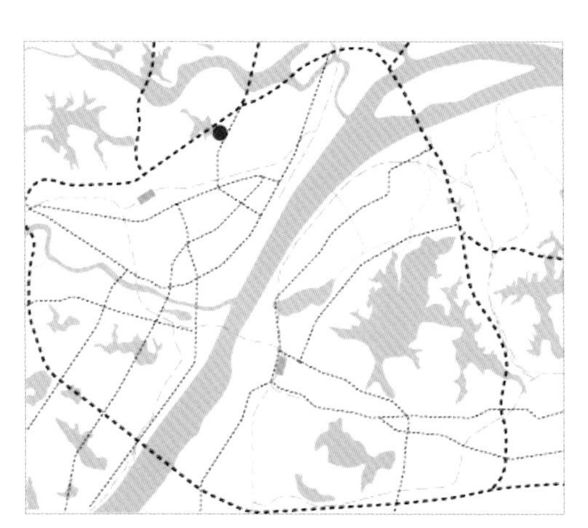

6

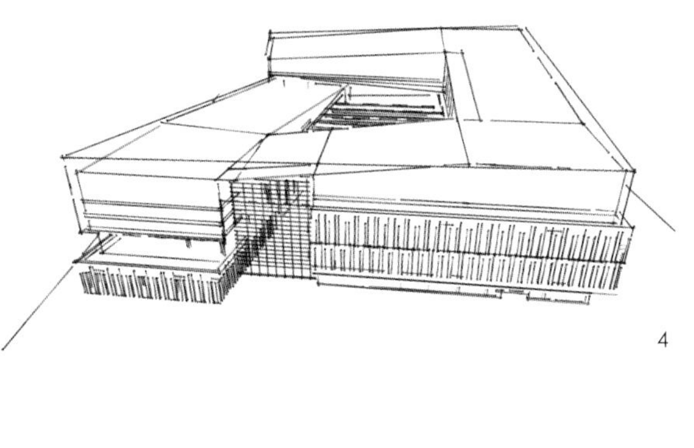

4

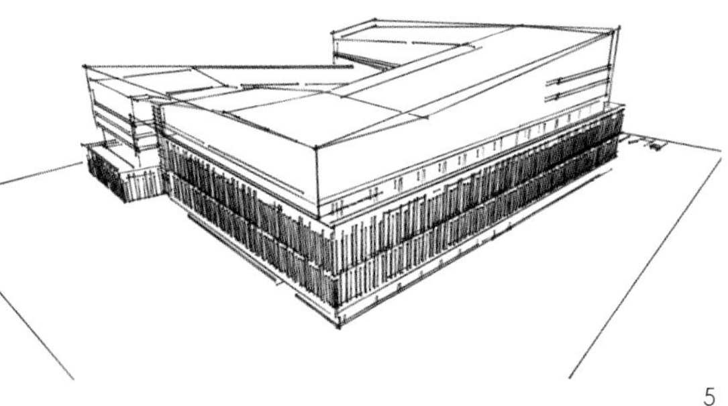

5

À la fois Centre d'Administration et Musée d'Urbanisme, cet édifice est l'un des cinq équipements publics majeurs programmés par la municipalité. Il est situé à l'entrée de la ville, bordant le périphérique, sur la route de l'aéroport. De par sa position et sa fonction, le projet devait être un bâtiment signal. Nous avons dessiné une forme qui monte en spirale, symbolisant le mouvement et le dynamisme de la ville.

Dans l'habitat traditionnel, une cour, accompagnée d'un puits de lumière, symbolise le cœur du foyer. Le plan de notre édifice, basé sur le carré avec une grande cour intérieure éclairée zénithalement, est une interprétation de l'habitat traditionnel. Nous voulions construire un « salon » pour les citoyens, à la fois lieu de rencontre, d'échange, de repos, d'exposition et de visite. L'architecture s'enroule autour de la cour. Elle est recouverte d'une peau en métal perforé de couleur rouge, montant progressivement de l'est vers le sud en son point le plus haut.

Centre d'Administration et Musée d'Urbanisme sont placés de part et d'autre de la cour de manière autonome. Ils partagent, outre la cour, la salle de conférence, la cantine ainsi que la salle de banquet situés en sous-sol et ouvrant sur des jardins en décaissé.

Both administrative center and urbanism museum, this building is one of five major public projects planned by the city. It is located at the entrance to the city, bordering the periphery, on the road to the airport. Because of its location and its function, the project had to be a signature building. We designed a form, mounting in a spiral that symbolizes the city's movement and dynamism.

In the traditional house, a courtyard with a light well symbolizes the heart of the home. Our building's plan, based on a square with a large interior courtyard lit from above, is an interpretation of the traditional home. We wanted to build a "living room" for residents, a place to meet, to exchange ideas, to rest, to see exhibits and to visit. The architecture wraps around the courtyard. It is clad with a perforated red metal skin and rises progressively from the east towards the south at its highest point.

The Administration Center and Urbanism Museum are autonomous and are located either side of the courtyard. Besides the courtyard, they share the lecture hall, the canteen and the banquet hall on the lower level which opens to recessed gardens.

7

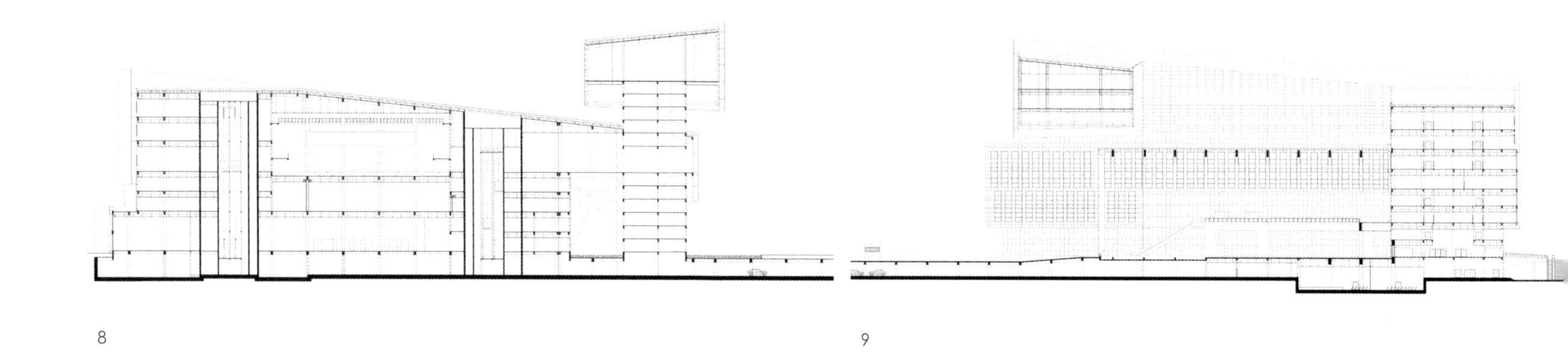

8

9

12

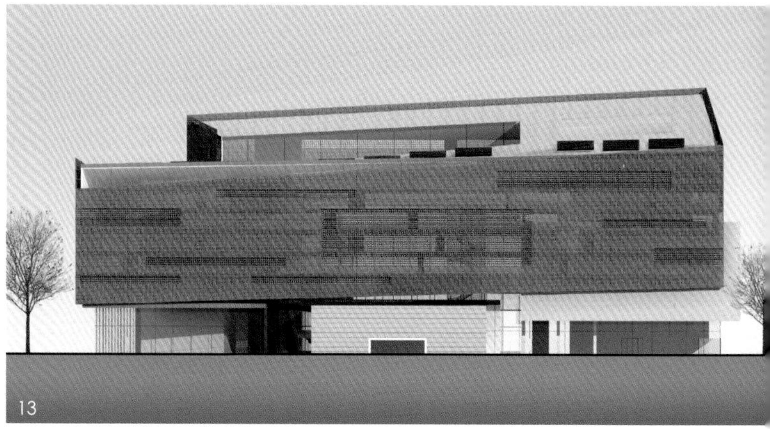

13

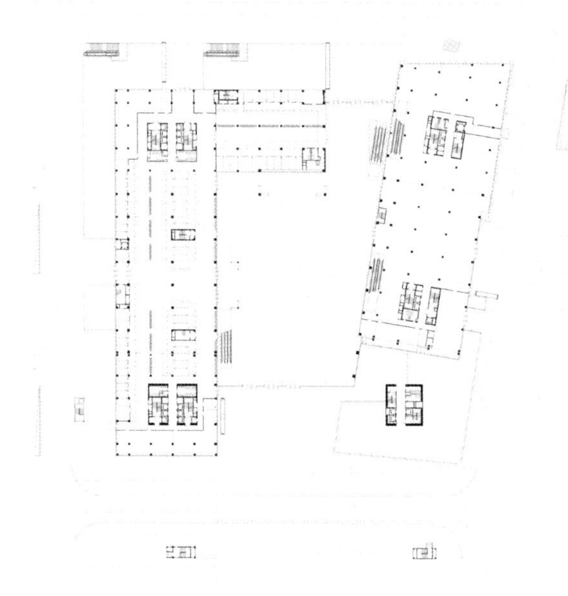

16

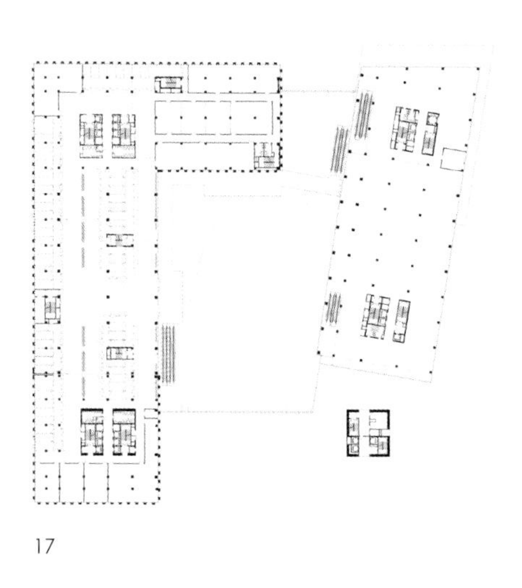

17

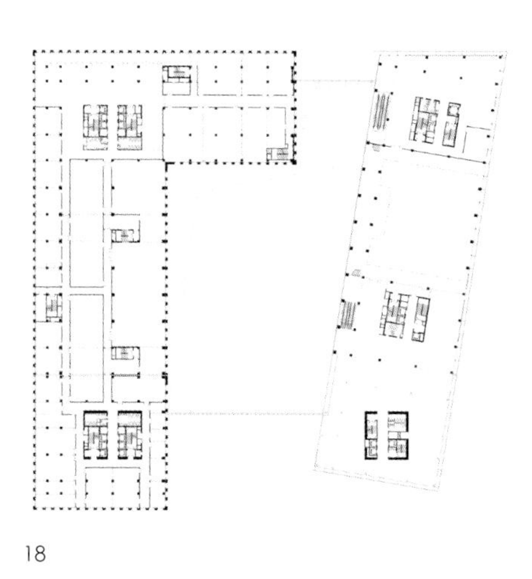

18

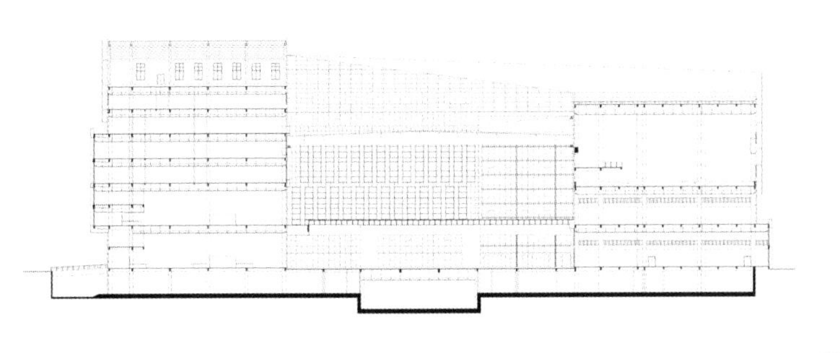

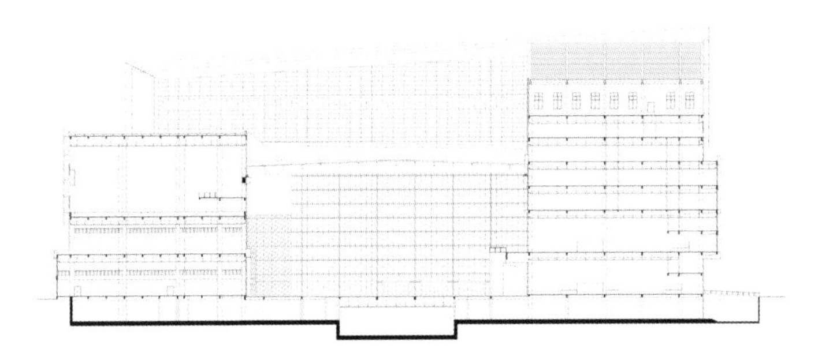

10

11

14

15

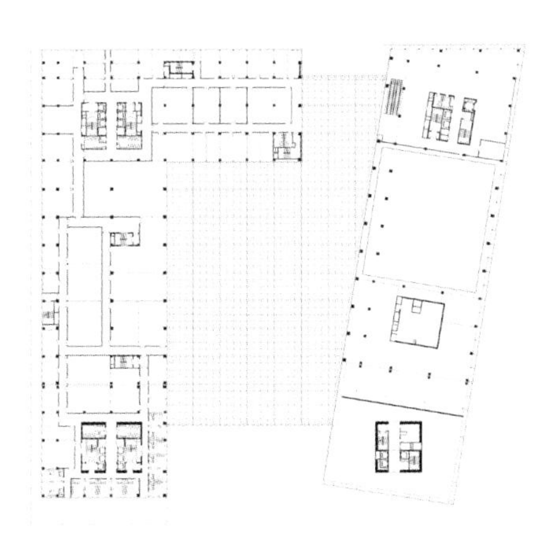

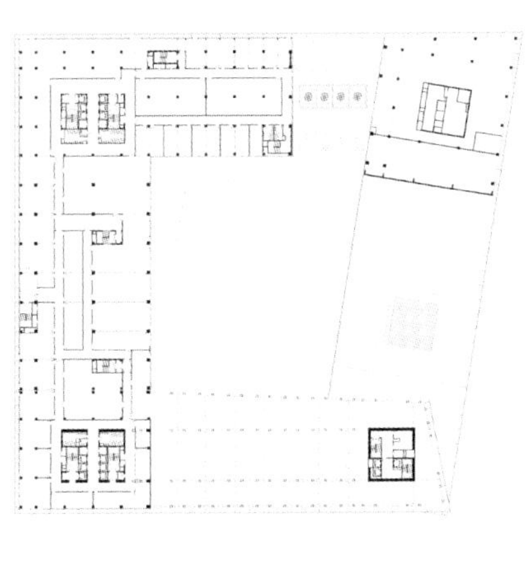

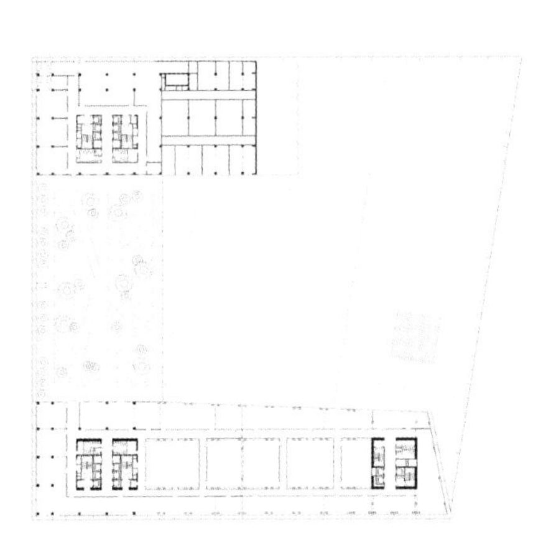

19

20

21

8-11. 剖面图 / 12-15. 南立面、北立面、东立面、西立面 / 16-21. 底层平面图和各层平面图

8-11. Coupes / 12-15. Élévations : sud, nord, est, ouest / 16-21. Plans : rez-de-chaussée et étages

8-11. Sections / 12-15. Elevations: south, north, east, west / 16-21. Plan views: ground floor and upper levels

这也是一栋生态节能的示范建筑，向东南敞开的半围合布局使夏季热空气经过景观水面的降温进入中庭，北面上部开有狭缝，形成很强的自然风压提升效果，从而塑造出一个自然通风的环境。倾斜的屋顶设有太阳能收集装置，外立面设置有不同密度的金属穿孔板维护体系，起到控制太阳辐射的作用。此项目还结合了其他多种生态技术的运用，使该建筑成为一栋名副其实、表里如一的节能示范楼。

我们根据一年四季的日照情况，将四周建筑投在中庭屋面的阴影范围叠加起来，从而确定出一部分常年暴露在阳光中的区域，在此区域的玻璃中设置太阳能收集片，既起到遮阳效果，又具有生态示范的作用。玻璃顶内部采用内遮阳百叶，使光线柔和舒适。

建筑下部采用石材等传统建材，上部建筑体则采用红色金属穿孔百叶塑造出螺旋上升的态势。红色金属穿孔板的细部设计是该建筑成败的关键，精心设计的图案是楚文化符号的现代抽象表现。金属板以一定的模数排列，并以两种密度来形成错动的对比关系。夜晚，该建筑通过特殊的灯光照明，成为熠熠生辉的城市地标。

22

23

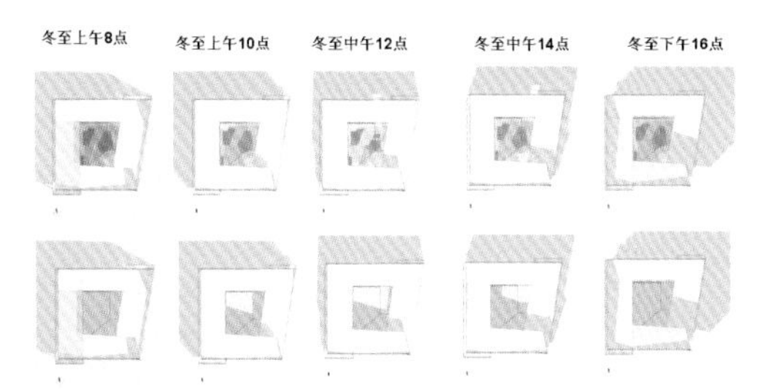

24

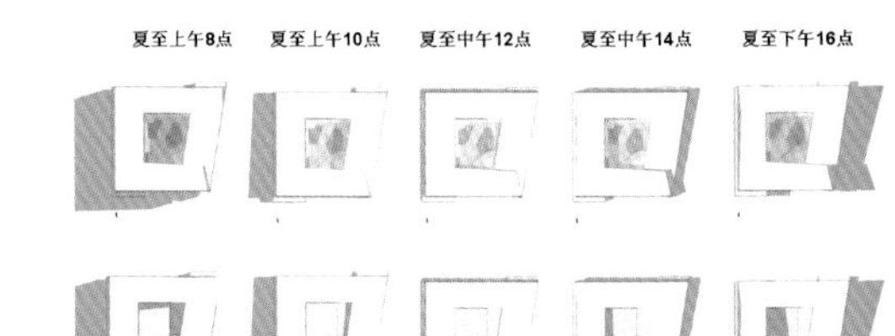

25

22. 南入口方向透视图 / 23. 北入口方向透视图 /
24、25. 夏季和冬季中庭日照分析

22. Vue perspective de l'entrée principale / 23. Vue perspective de l'entrée secondaire / 24-25. Études d'ensoleillement de la cour centrale en hiver et en été

22. Perspective view of the main entrance / 23. Perspective view of the secondary entrance / 24-25. Sun-light studies of the central court in winter and in summer

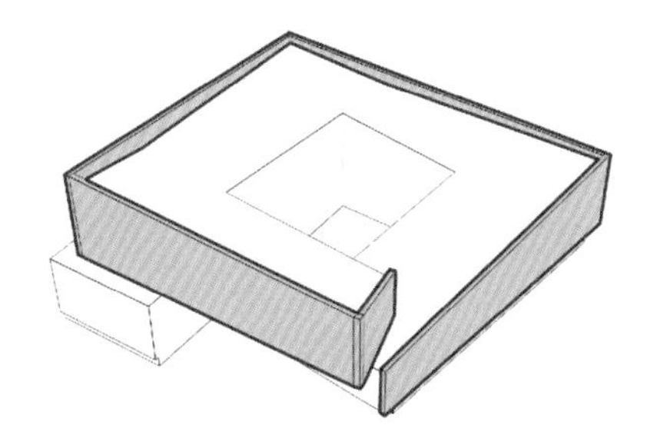

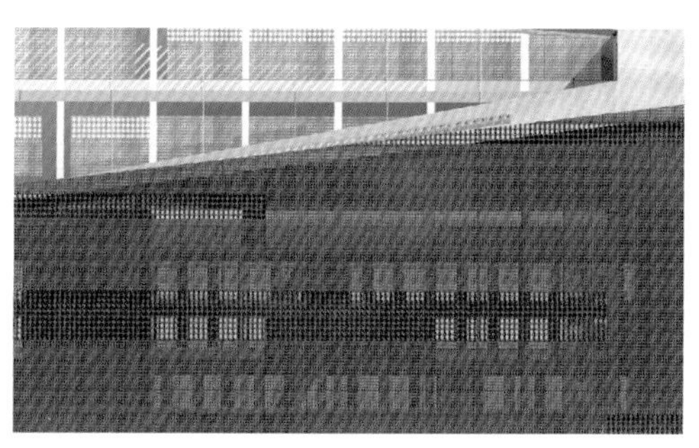

26

Ce bâtiment est conçu de façon écologique avec pour but d'obtenir la certification trois étoiles, critère HQE en Chine. La cour couverte est traversée par une circulation d'air naturel rafraîchit par des bassins. La verrière, protégée par des brise-soleil pivotants, donnera une ambiance feutrée. Cellules photovoltaïques en toiture, géothermie, ventilation naturelle, récupération des eaux de pluies sont autant d'éléments qui donneront à cet édifice un aspect écologique prépondérant.

La partie qui s'élève en spirale s'appuie sur un socle de pierre. Elle est composée de panneaux métalliques perforés de couleur rouge, dont le motif est inspiré de l'architecture locale.

The building was conceived in an ecological fashion with the aim of obtaining a three star certificate, a Chinese environmental award. The covered courtyard has natural air circulation using cooling basins. The glass roof, protected by revolving sunshades, provides a sheltered environment. Photovoltaique cells on the roof, geothermal heating, natural ventilation, and recycled rainwater are some of the elements which give the building an essentially ecological aspect.

The portion of the building which rises in a spiral rests on a stone base. It is composed of perforated red metal panels with a motif inspired by local architecture.

26. 红色金属穿孔板表皮 / 27. 各类型立面节点 / 28. 金属穿孔板图案设计 / 29. 金属穿孔板实样

26. Étude de la peau métallique perforée / 27. Détails types de façade / 28. Dessin du motif semi-transparent de la façade / 29. Vue photographique des panneaux réalisés

26. Study of the perforated metal skin / 27. Typical façade details / 28. Drawing of the semi-transparent metal skin motif / 29. Photographic view of the panels on site

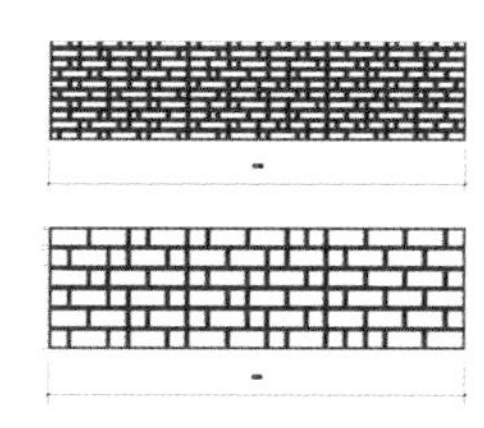

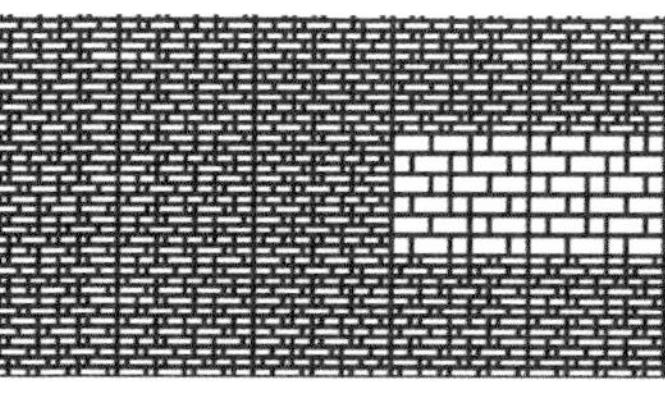

28

27

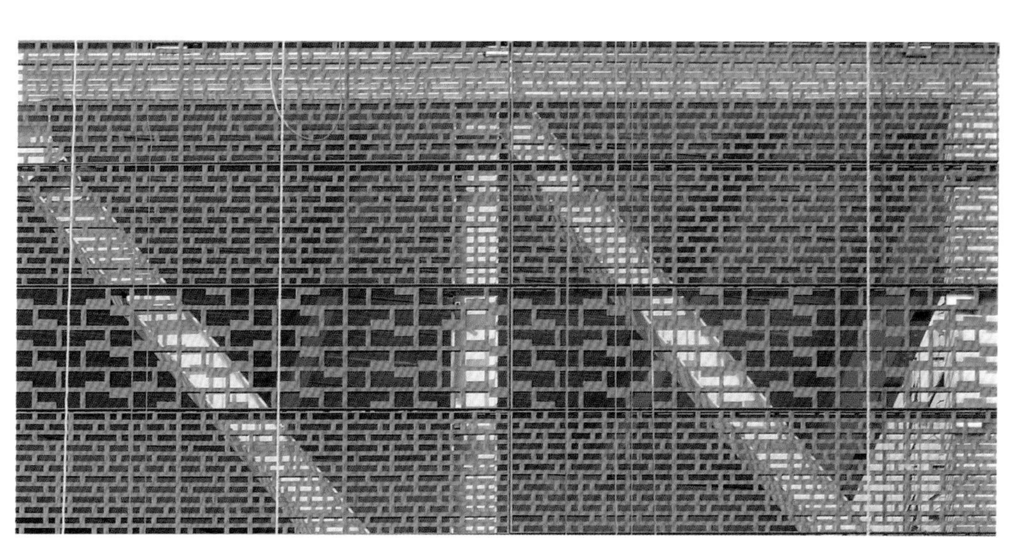

29

30. 沿金桥大道实景照片
30. Vue photographique depuis l'avenue de Jingqiao
30. Photographic view from Jingqiao avenue

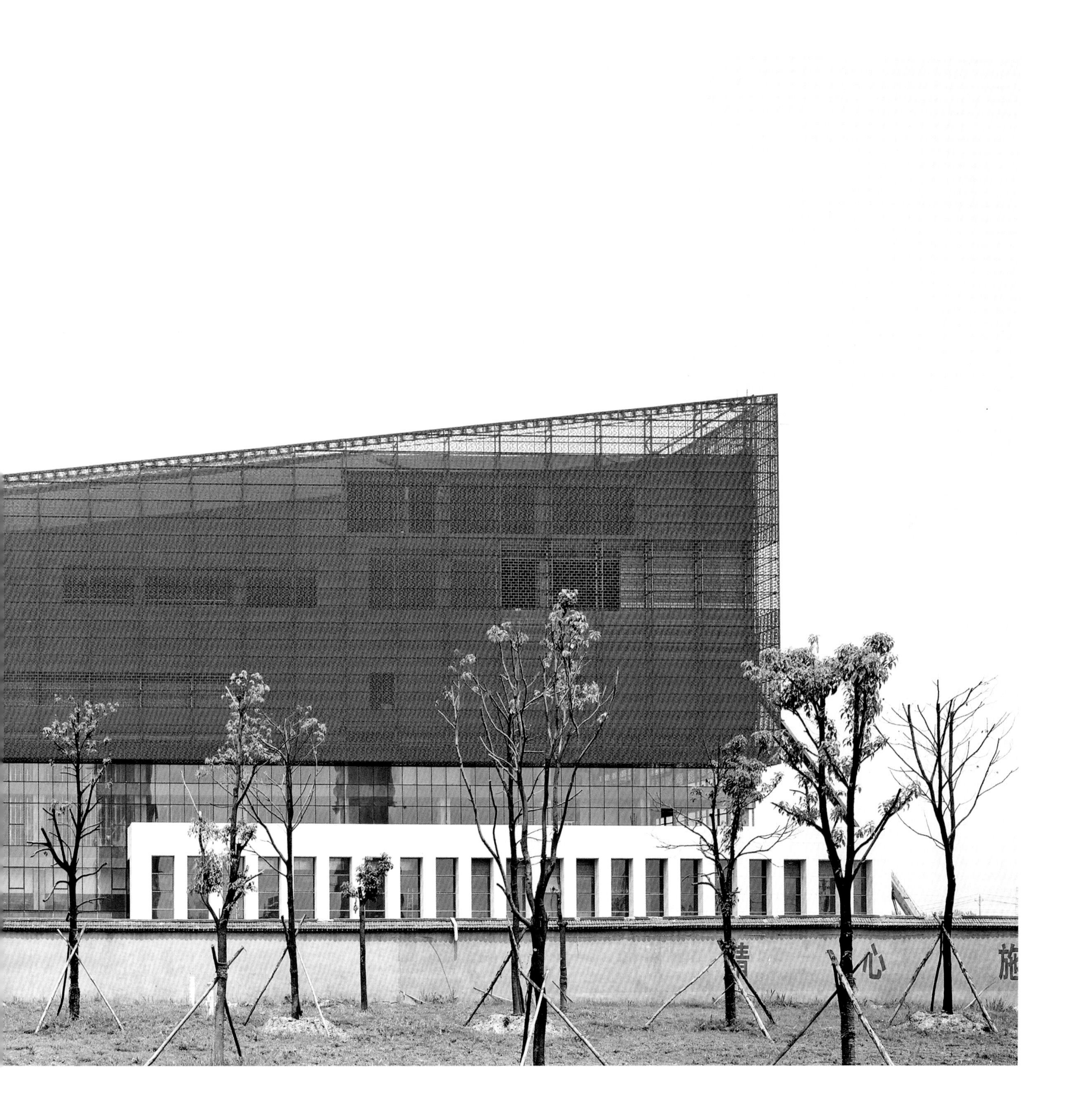
精 心 施

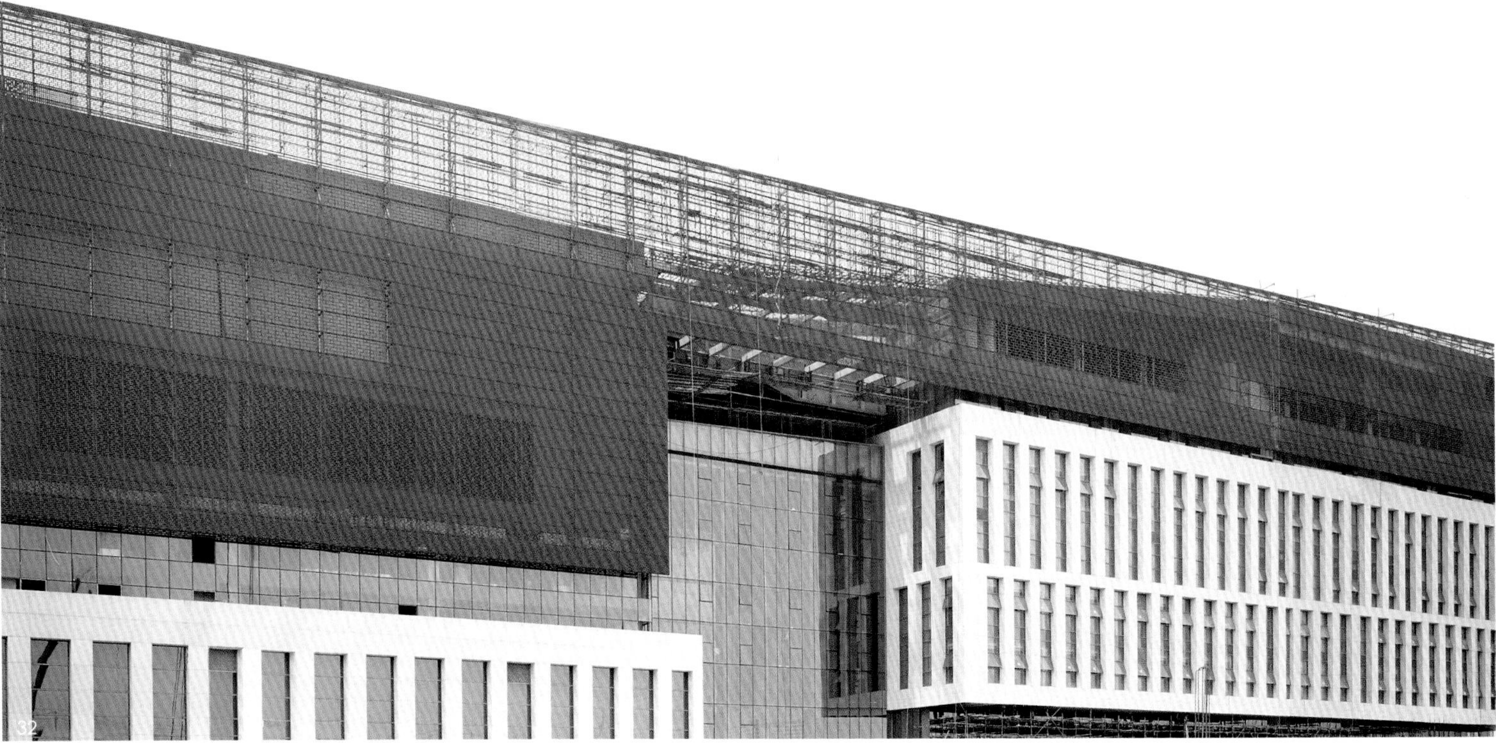

31. 东南方向近景照片 / 32. 北立面近景照片 / 33. 沿金桥大道近景照片

31. Vue photographique rapprochée depuis le sud-est / 32. Vue photographique rapprochée de la façade norde / 33. Vue photographique rapprochée depuis l'avenue de Jingqiao à l'est

31. Close Photographic view from south-east / 32. Close photographic view of the south façade / 33. Close photographic view from Jinqiao avenue in the east

33

世博庆典广场

Shanghai 上海 – 2010

PLACE DE LA CÉLÉBRATION DE L'EXPO 2010

Celebration Plaza for the Expo 2010

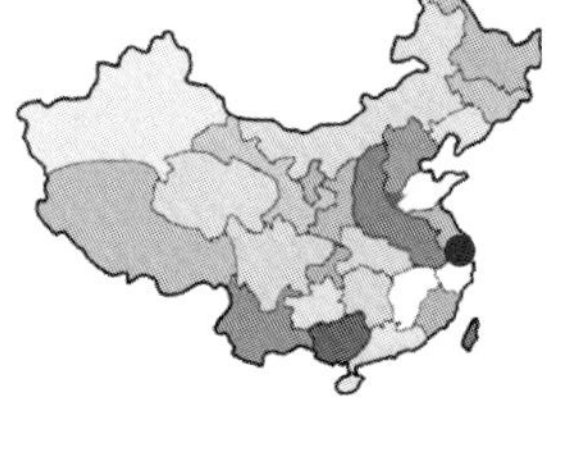

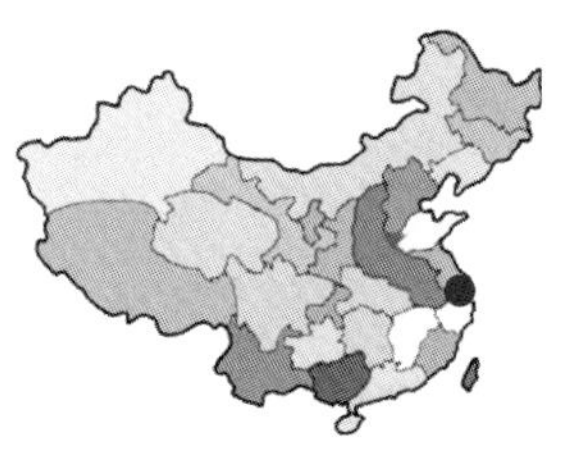

让黄浦江走上来

A Bit of the River within Everyone's Reach

L'eau du fleuve à la portée de tous

2010年上海世博庆典广场位于黄浦江之畔、浦东世博轴线尽端。东侧为演艺中心，西侧为世博公园、和兴仓库和世博中心，是世博期间重大公共活动的承载场所。

设计采用人性化的理念，以水镜为主要构思，使之成为既能举办大型活动又能为游人提供纳凉休憩的理想场所。简洁的构图使周边形态各异的建筑物在此得到统一和谐的联系。两侧树阵为游人提供遮荫小憩的地方，同时也界定了广场空间。水镜呈长方形，简洁大气，仿佛将黄浦江的距离更加拉近了。镜面倒影着变动的天候，产生幻影的效果。广场还可以定时喷出水雾，使人们在其中间嬉戏，凉爽而富有诗意。

在举行大型室外演出活动时，水镜可以瞬间消失，成为开阔的观演场所。这个设计使世博庆典广场成为一个有生命力的公共活动场所。

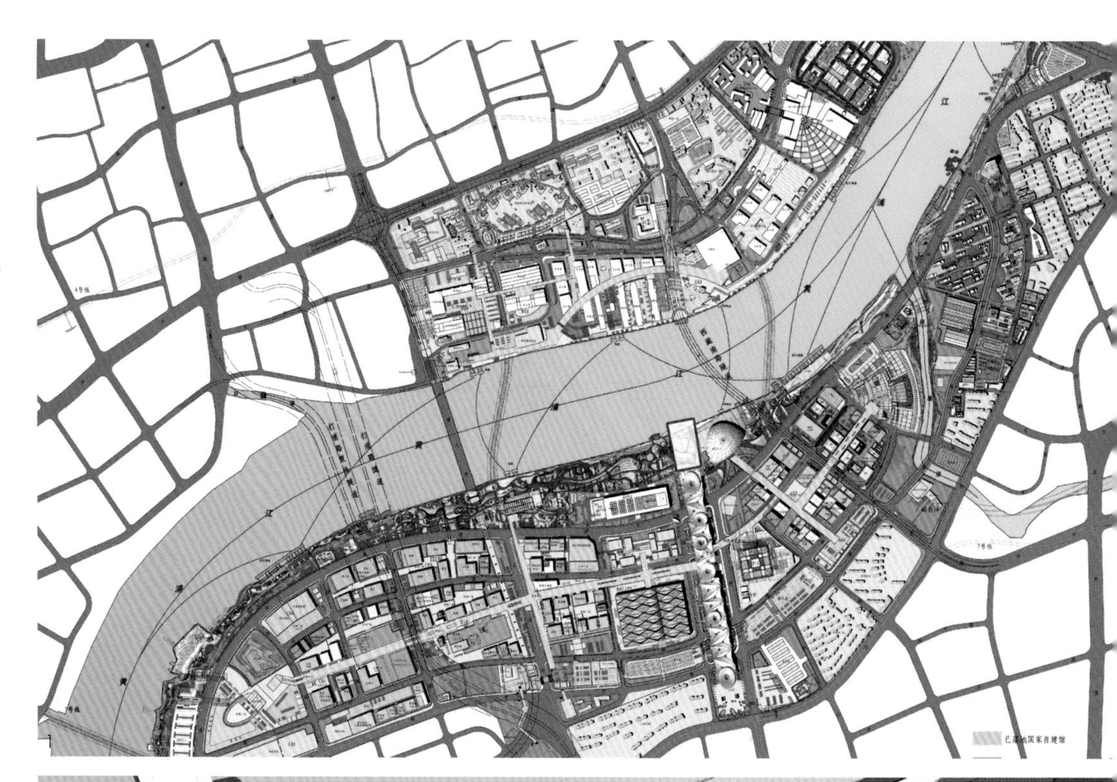

1

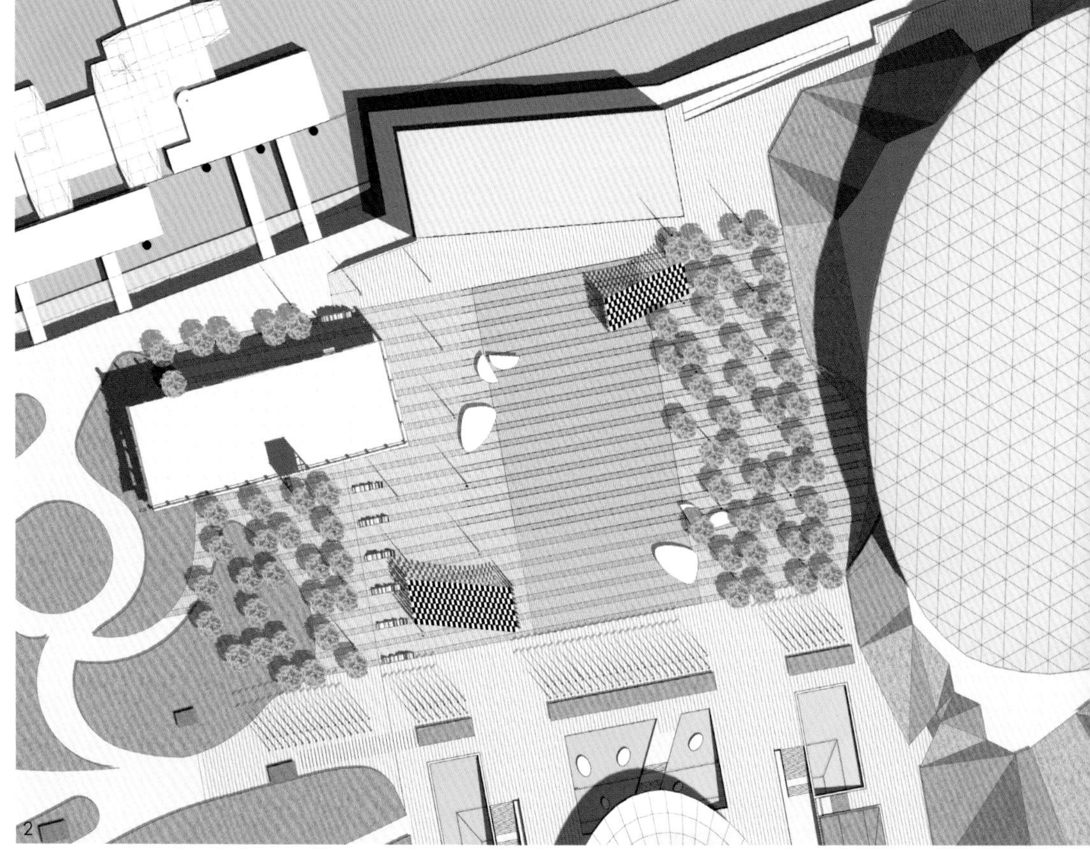

2

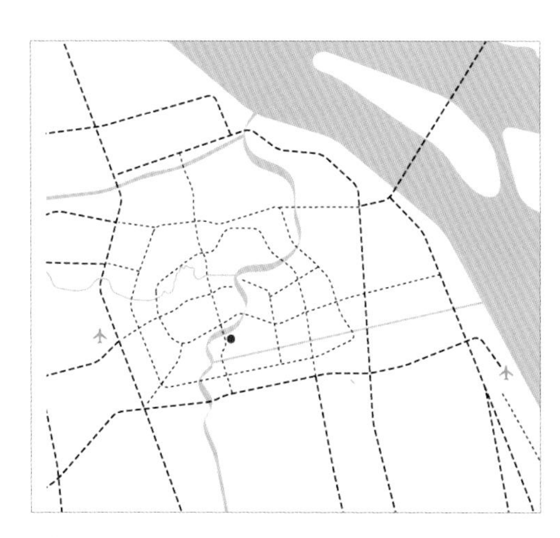

La Place de la Célébration se trouve au bord du fleuve Huangpu, à l'extrémité du grand axe piéton d'1 km, prolongement de l'entrée principale du site de l'Expo. Elle est bordée à l'est par un centre de spectacle et à l'ouest par un vaste jardin. Des rangées d'arbres ont été plantées sur ces deux côtés pour délimiter clairement l'espace et cadrer les vues sur le fleuve.

Cet espace public a été conçu pour accueillir des spectacles et de grands rassemblements en plein air durant les six mois de l'Expo. Lors des fêtes, une scène peut être montée au bord du fleuve, qui, avec la ville en fond, devient décor naturel. Entre les célébrations, la place devient alternativement un miroir d'eau, rectangle pur de 4000 m^2 qui reflète le ciel et les architectures du site environnant, et une fontaine rafraîchissante, grâce aux centaines de brumisateurs qui recouvrent la place. Le miroir d'eau, posé au centre de la place ainsi que les brumisateurs apportent une dimension à la fois poétique et ludique. En un instant, l'eau révèle ou cache, apparaît ou disparaît.

De ce fait, la Place de la Célébration est un lieu vivant, interactif et original. C'est un peu du fleuve que l'on met à la portée de tous.

Celebration Plaza lies along the Huangpu River at the end of the kilometer long pedestrian spine, an extension of the main entrance to the Expo site. The plaza is bordered by a performance center on the east and a vast garden on the west. Rows of trees were each planted either side of the plaza to clearly define the space and frame views to the river.

This public space was designed to accommodate performances and large open air gatherings during the six month Expo. During festivals, a stage could be erected at the edge of the river, which – with the city as a backdrop – became a natural stage set. Between celebrations, the plaza became either a reflecting pool, a sublime 4000 square meter rectangle reflecting the sky and the architecture of the surrounding site, or a refreshing fountain because of the hundreds of misters covering its surface. The reflecting pool was placed in the center of the plaza so that the misters would lend a poetic and playful aspect. In an instant, the pool is reveled or hidden, appears and disappears.

In these ways, Celebration Plaza is a lively, interactive and original place, a bit of the river made accessible to all.

1. 项目在世博会的位置 / 2. 总平面图 / 3. 鸟瞰透视图
1. Plan de situation du projet dans le site de l'Expo 2010 / 2. Plan de masse / 3. Vue perspective aérienne
1. Location in the Expo 2010 site / 2. Master plan / 3. Bird's eye perspective view

3

4. 广场喷雾实景照片 / 5、6. 广场水镜实景照片

4. Vue photographique de la place et sa brume rafraîchissante /
5-6. Vues photographiques du miroir d'eau

4. Photographic view of the square with refreshing fog /
5-6. Photographic views of the water mirror

5

6

上海出入境签证中心

Shanghai 上海 – 2010

CENTRE DES VISAS

Visa Centre

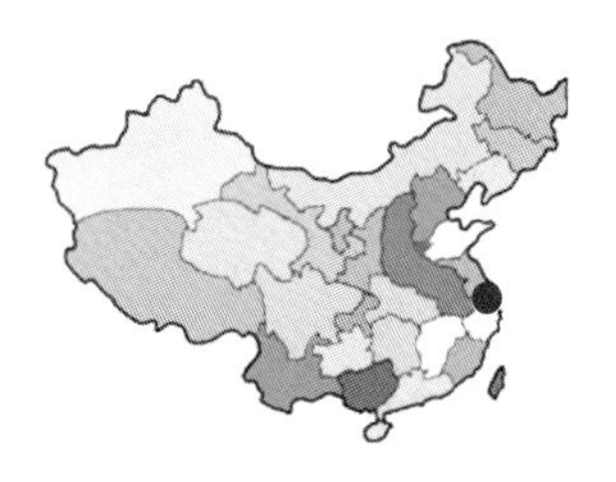

待航的远洋轮

A Ship Ready for Departure

Un navire prêt au départ

位于浦东世纪公园附近，上海市公安局签证中心拥有显要的城市位置，是中外人士办理出入境手续的场所，可以说是上海的一扇对外的窗口。

设计构思来源于待航的帆船，象征了旅行和对世界的向往。椭圆斜切的建筑造型让人联想到风帆和船桅，使整栋建筑带着一种有力的动感。在四周高层建筑的烘托下，该建筑以舒展的姿态和丰富的内部空间来强化它的公共特性。

根据功能要求，建筑分为两栋既联系又具有一定独立性的建筑体。前楼较低，为公众办证空间，后楼较高，为内部办公、会议以及贵宾接待等功能。两者彼此之间以一个狭长的共享中庭空间联系，柔和的玻璃顶光为环境带来舒适的感觉。在入口处将体量切开，直接进入宏伟壮观的中庭，连贯的自动扶梯可以到达各层开放式办证空间。建筑顶部斜面处嵌着一个可以俯瞰世纪公园全景的贵宾厅。

1

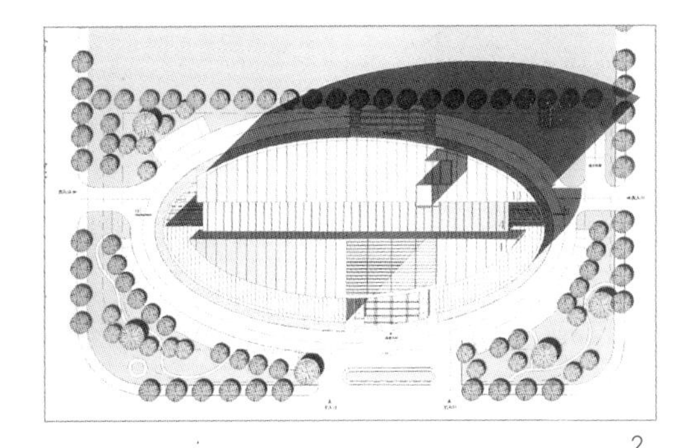

2

1、3. 外观实景照片 / 2. 总平面图

1&3. Vues photographiques extérieures / 2. Plan de masse

1&3. Exterior photographic views / 2. Master plan

Le terrain, bien placé dans Pudong, à deux pas de la mairie et du Parc du Siècle, est néanmoins entouré par des bâtiments imposants ou des tours. Il fallait donc trouver des moyens de rendre évident le caractère public de l'édifice et d'augmenter au maximum son emprise dans le site. Ce projet est destiné à accueillir toutes les personnes qui veulent obtenir des visas et jusqu'à 3500 personnes en même temps.

Ce passage obligé vers le monde extérieur s'est mué en « invitation au voyage », à l'exploration, d'où le concept de navire, encore amarré mais prêt à partir.

Le plan de l'édifice est ovale. En partie basse, le socle regroupe les espaces d'accueil sur trois niveaux, le quatrième étant réservé au restaurant d'entreprise et à une salle pouvant contenir 700 personnes. Il est traversé dans le sens de la longueur par une verrière de 120 mètres de long par 9 mètres de large. La lumière inonde les passerelles et les escaliers mécaniques qui descendent en cascade du niveau trois au rez-de-chaussée. La création d'une cour d'accès a permis d'étirer le bâtiment en longueur pour lui donner plus d'ampleur.

Pour la partie en retrait, la forme ovale du plan est extrudée et coupée en biais. La forme dynamique qui en résulte évoque une voile gonflée par le vent et une idée de mouvement. Bureaux et salles de réunion occupent ces espaces, ainsi qu'une salle d'accueil pour VIP qui émerge de la toiture et offre des vues sur le Parc du Siècle.

Two steps from City Hall and Century Park, the project site has a great location. Nevertheless, it is surrounded by imposing building or high-rise towers. We needed to find ways to make the building's public image and its presence on the site obvious. The project is to accommodate everyone who wants to obtain a visa and up to 3500 people at once.

The need to be open to the public evolved into an "invitation to travel", to explore, which inspired our concept of a ship at anchor ready to embark.

The building plan is oval in shape. The base of the building includes welcome space on three levels, the fourth being reserved for a business restaurant and a hall that can hold 700 people. A 120 meter long by 9 meter wide glass skylight runs the length of this portion of the building. Light floods the pedestrian bridge ways and the escalators which cascade from level three down to the ground floor. An entry court permitted us to expand the building lengthwise to give it more volume.

Mostly recessed, the oval form of the building plan is extruded and cut on an angle, creating a dynamic form evoking a sail full of wind and the idea of movement. Offices and meeting rooms occupy these spaces as well as a reception hall for VIPs which juts out of the roof structure and offers views over Century Park.

3

4

5

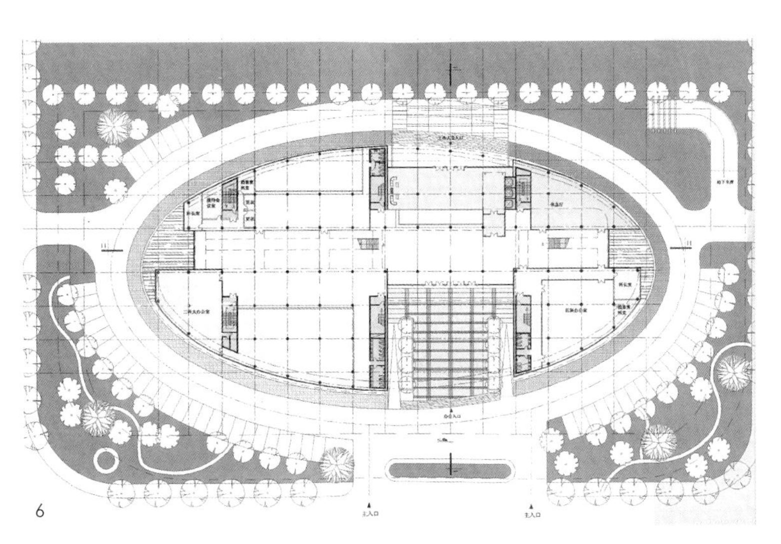

6

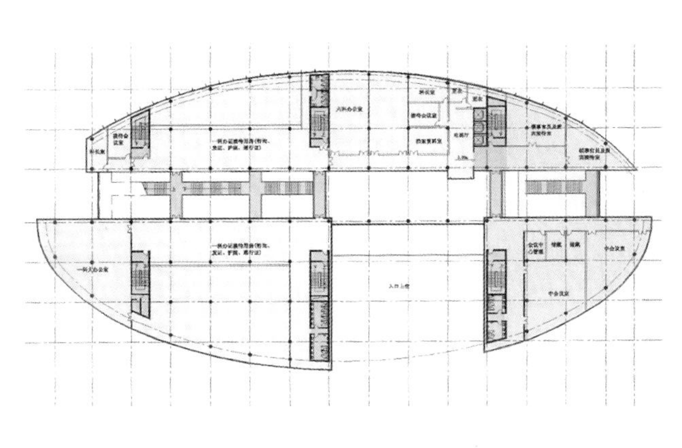

7

4. 入口空间照片 / 5. 中庭内景照片 / 6、7. 底层平面图及标准层平面图 / 8. 夜景照片
4. Vue photographique de l'entrée / 5. Vue photographique de l'atrium / 6-7. Plans : rez-de-chaussée et étage type / 8. Vue photographique de nuit
4. Photographic view of the entrance / 5. Photographic view of the Atrium / 6-7. Plans: ground floor and typical floor / 8. Night photographic view

8

苏州高新艺术中心

Suzhou 苏州 – 2009

CENTRE CULTUREL ET ARTISTIQUE

Culture and Art Center

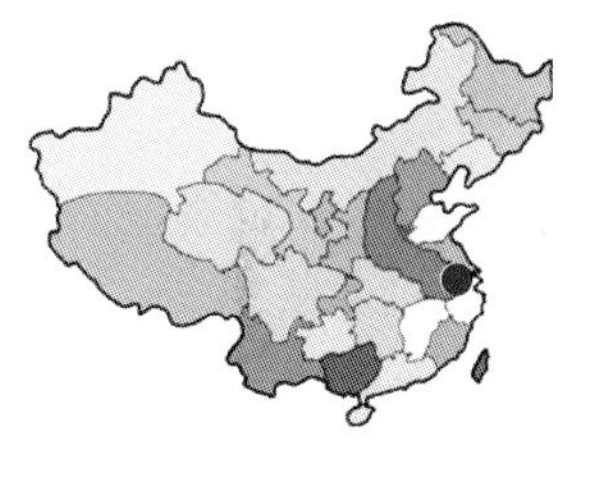

筑台登高，临风当歌，不亦乐乎

A Hanging Garden

Un jardin suspendu

项目地块位于苏州高新区景观湖畔，在规划的城市中轴线上，基地为不规则的三角形，需要布置一个演艺中心和一个文化中心，并且可以举行露天演出。

设计构思来源于苏州园林步移景异的空间效果，将建筑处理成一座景观建筑，曲折盘旋的景观步道将人们带到屋顶的餐厅，形成对湖面和城市轴线的眺望点。将两部分功能分别放置在两侧建筑体内，中间以平台联系，形成门式空间，成为室外演出的场所，同时也成为宁静的湖面和喧嚣的城市之间的过渡空间。

建筑犹如从基地生长出来，与周边的景观形成浑然一体的效果，为新区湖畔增添一处可以登高望远的景点。

1　　2

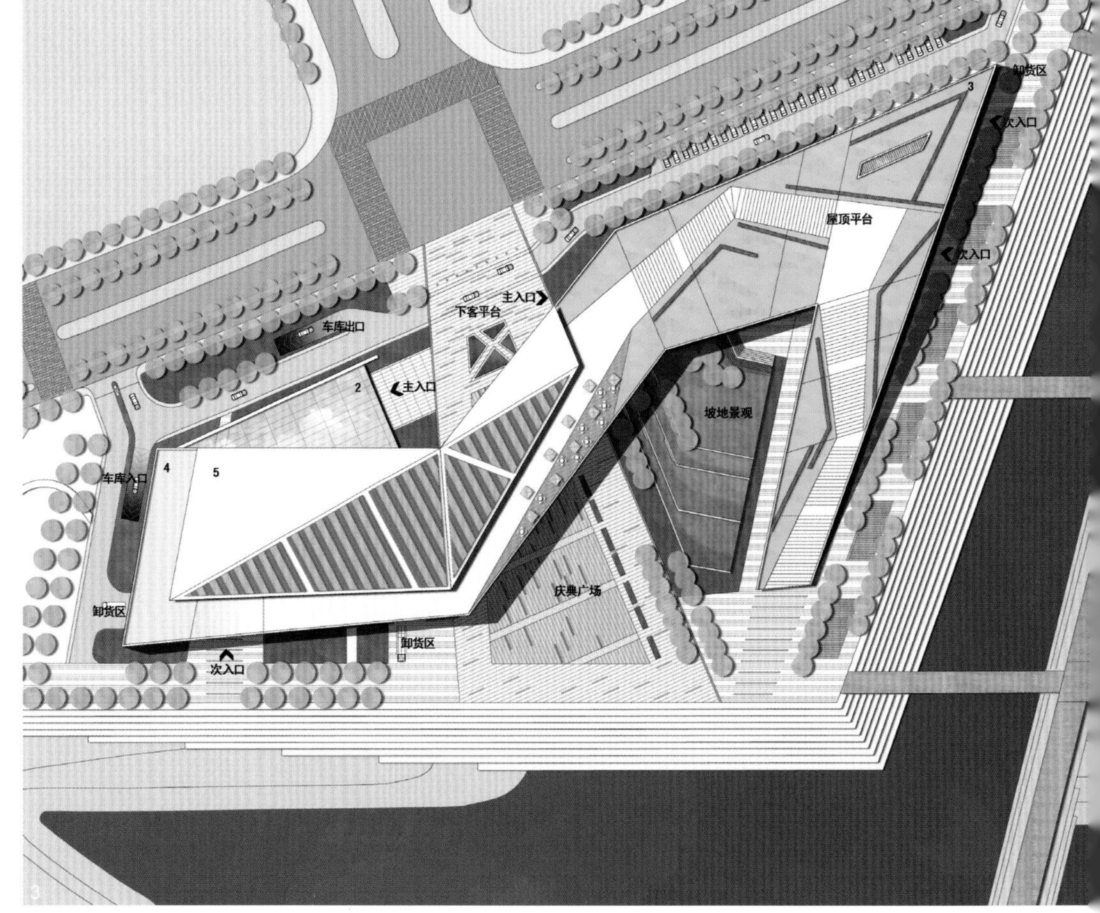

3

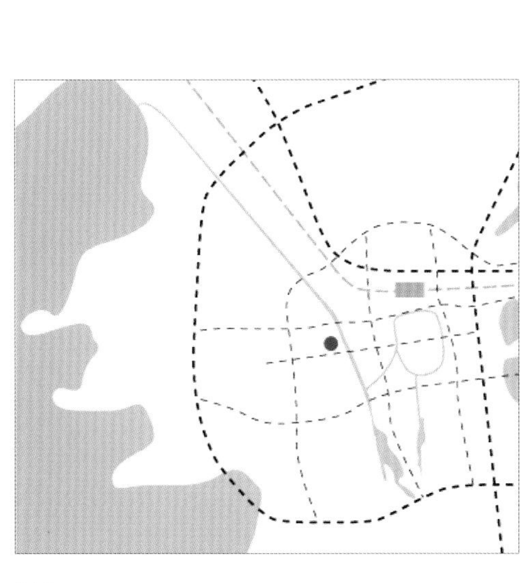

Le site de ce projet est situé au bord d'un lac au cœur d'un nouveau quartier technologique à Suzhou. Il est traversé par l'axe central de la composition urbaine qui structure le quartier. De forme triangulaire, il doit accueillir un centre culturel et un centre de spectacle, avec la possibilité d'organiser des évènements en plein air.

Le concept de l'édifice provient de l'effet spatial ressenti par le visiteur d'un jardin traditionnel de Suzhou : « bu yi jing yi » (à chaque pas un tableau). Nous avons traité le bâtiment comme un paysage. Un parcours en zigzag conduit le public jusqu'à la toiture et son restaurant, d'où l'on découvre des vues panoramiques sur le parc, le lac et sur la ville. Les deux parties du programme intègrent deux corps de bâtiment séparés par un large portique qui peut abriter des concerts en plein air. Ce portique prolonge visuellement l'axe central de la composition urbaine. Il est un seuil de transition entre la ville et le parc.

L'édifice se fond dans l'ensemble paysagé qui longe le lac et deviendra l'un des espaces publics majeurs de la ville.

The project site is on the edge of a lake at the heart of Suzhou's new high technology quarter and is crossed by the central axis shaping the urban form of the quarter. A triangular site, it is to accommodate a cultural and performance center with space for open air events.

The building concept originates in the sense of space experienced by a visitor to a traditional Suzhou garden, "bu yi jing yi" (a new picture with each step). We treated the building as a landscape. A zigzag pathway leads the public up to the roof and its restaurant where one discovers a panoramic view out over the park, the lake and the town. The two parts of the program include two main buildings separated by a large portico which can host open air concerts. Serving as a transition between town and park, the portico visually prolongs the central axis of the urban composition.

The building blends in the landscaped setting along the lake which will become one of the town's major public spaces.

1、2. 基地分析图 / 3. 总平面图 / 4. 整体鸟瞰图

1-2. Plans d'analyse du site / 3. Plan de masse / 4. Vue perspective aérienne générale

1-2. Site analysis plans / 3. Master plan / 4. General bird's eye perspective view

4

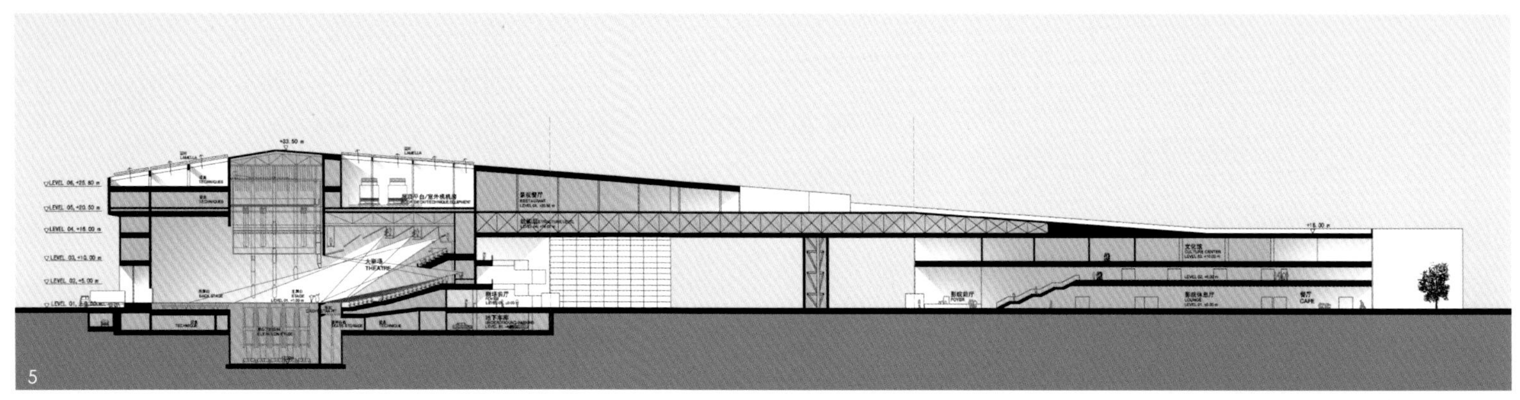
+33.50 m
LEVEL 06, +25.60 m
LEVEL 05, +20.50 m
LEVEL 04, +16.00 m
LEVEL 03, +10.00 m
LEVEL 02, +5.00 m
大剧场
THEATRE
观众前厅
FOYER
地下车库
宴会餐厅
RESTAURANT
+15.00 m
文化馆
CULTURE CENTER
影院前厅
FOYER
影院休息厅
LOUNGE
餐厅
CAFE

5

6

7

5. 纵向剖面图 / 6. 空中花园透视图 / 7. 入口大厅透视图 / 8. 夜景鸟瞰图
5. Coupe longitudinale / 6. Vue perspective depuis le jardin suspendu / 7. Vue perspective du hall d'entrée / 8. Vue perspective aérienne nocturne
5. Longitudinal section / 6. Perspective view from the suspended garden / 7. Perspective view of the entrance lobby / 8. Night bird's eye perspective view

3

城市更新 —— 保护和改造

RENOUVELLEMENTS URBAINS - PROTECTION ET RÉHABILITATION

Urban Renovation - Protection and Rehabilitation

往往是失去了才懂得珍惜，在中国，在大拆大建之后，人们开始寻找失落的记忆、精神的家园。随着对建筑文化遗产的保护意识的逐步提高，人们也开始关注对历史街区的整体保护和改造。近年来，陆续涌现一些老建筑和老街区改造的案例，人们在探索一条留住特色城市空间的道路，不仅要保护和修缮某些被列为优秀历史建筑，还要考虑如何处理这些建筑和周边的关系，使它们在空间和尺度上都有依存的载体。在上海，已经设立了13个历史风貌保护区，但是具体如何保护，如何面对改造中保留、改造和新建建筑之间的关系，使之不但不会失去原有的城市肌理和建筑类型，而且还会使之得到更新和升华，是一直在研究和探索的课题。

我们借鉴和引入欧洲尤其是法国的建筑遗产保护和改造方面的经验，讲究原有建筑的原真性，对其历史性进行保存，同时也大胆注入新的元素，以镶嵌、并置、叠加等手法，让新造的部分不沦为表面的形态，而是融入共同的空间来呼应历史，使新旧之间产生共鸣，从而“为建筑遗产吹入生命的气息”。同时，我们也对历史街区的空间结构体系进行保护。

我们有幸自始至终地参与了两个颇具代表意义的改造项目，一个是思南公馆项目，位于上海市中心原来法租界内的花园洋房区；另一个是位于上海北外滩的原来的国棉17厂，改建成为上海国际时尚中心。从这两个项目中，我们深刻地体会到改造设计的挑战性和重大意义。这两个项目既有相同性又有各自的特点，其共通之处在于这两个项目都是一整片街区的改造，具有丰富的城市空间和众多形态各异的建筑单体，改造计划使其成为功能复合的步行社区。

两个项目的不同点在于：思南公馆的老建筑为市中心闹中取静的高级居住建筑，而国棉17厂则为黄浦江畔的工业建筑遗产；其新的功能定位也有很大的差异，两个项目形成各自独特的风貌。

在这些改造项目中，我们总结出主要有三个层次上的研究和设计工作：

一是空间体系上的梳理，以旧建筑的位置和状态为基本骨架适当地为整体空间进行整理，因势利导添加新的建筑体量，使之形成完整且疏密有致的空间结构。这两个项目都呈现了由中心广场、步行主轴、花园、小广场、通廊等丰富的区内步行空间体系。

二是建筑本身的改造，一方面需要确立一种整体的建筑风格和基调，同时，每一栋建筑需要根据不同的种类、功能以及其在公共空间中的作用，来进行不同的处理，从而采取体现原貌、新旧结合或是新旧对比等手法。在这两个项目中，都有修旧如旧的老建筑，有与老建筑产生共融效果的局部更新，还有完全新加入的现代简洁的新建筑，以对比效果烘托出老建筑的特色。

三是功能的探索，每个改造项目都面临着如何找到新功能定位、如何根据现有空间格局和建筑状况进行合理布局的课题。这需要和业主及其他顾问单位的紧密合作，也要充分考虑老建筑的特点，使之成功地转型，成为新功能的载体。

改造工程的特殊性还在于：无论在设计中还是在施工中都会不断地有意外的发现，作为规划和建筑设计师，不仅要对设计风格和效果有明确的把握，而且也要与业主和其他配合单位一起不断地协调、不断地在现场进行修改和优化，这也是改造工程的难度和挑战所在。

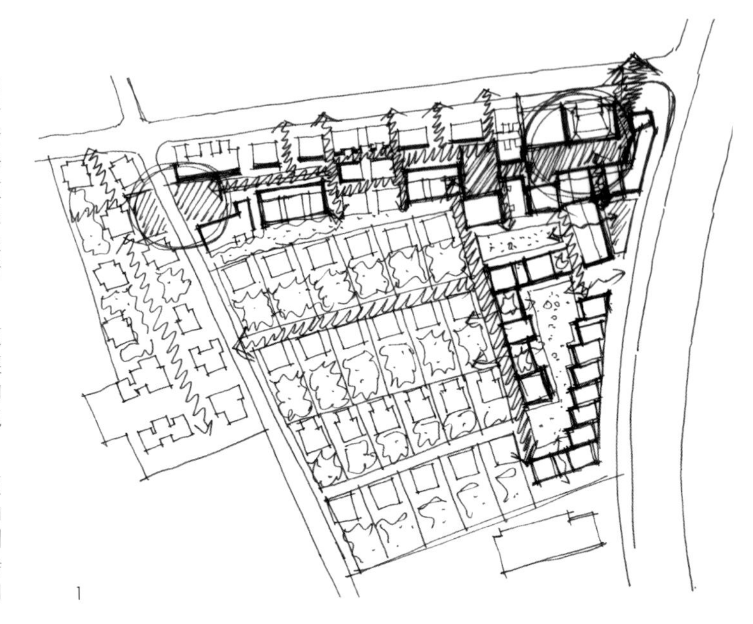

1

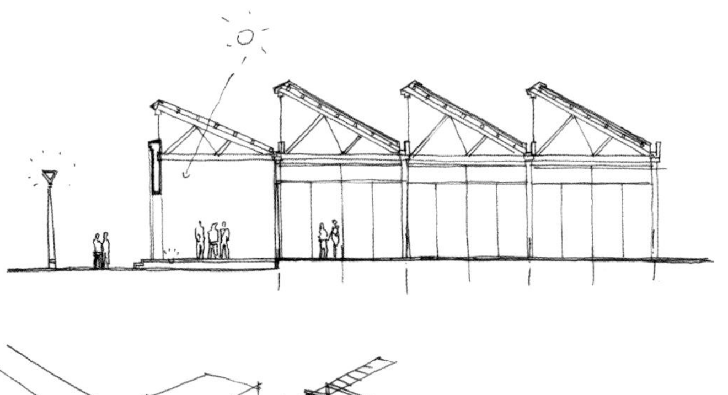

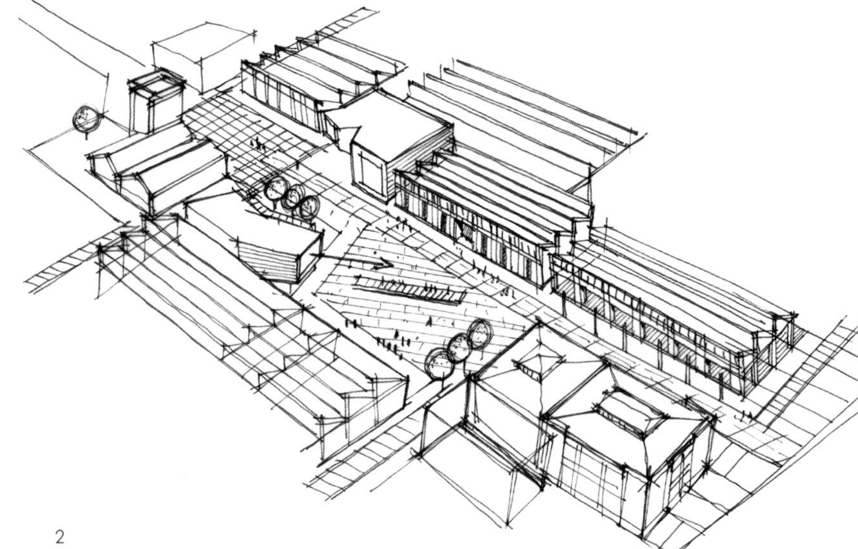

2

1. 上海思南公馆总平面草图 / 2. 上海国棉17厂改造(国际时尚中心)设计草图：厂房剖面和空间研究

1. Esquisse pour le plan masse du quartier de Sinan Mansions / 2. Esquisses pour la réhabilitation d’une usine de textile en Centre de la Mode de Shanghai : étude en coupe et étude de masse

1. Sketch for the master plan of Sinan Mansions / 2. Sketches for the rehabilitation of a textile factory for the Shanghai Fashion Center: section and massing studies

C'est souvent des premières destructions qu'est né le désir de conserver quelque chose de la mémoire et de l'esprit de la ville d'autrefois. La notion de protection du patrimoine se forme petit à petit en Chine. À Shanghai, 13 quartiers historiques sont classés. La recherche d'une méthode de protection de ces quartiers est en cours. Il faut restaurer et rénover les bâtiments classés mais aussi les inscrire dans des aménagements urbains adaptés. Comment traiter l'ancien tout en introduisant de nouveaux édifices et respectant le tissu urbain d'origine ?

Basé sur l'expérience de protection et de réhabilitation en Europe et notamment en France, nous cherchons à rendre en premier l'authenticité de l'architecture d'origine, à conserver son aspect historique. Ensuite vient l'incrustation, la juxtaposition ou la superposition de nouveaux éléments qui par contraste avec l'ancien apporte un nouveau souffle au site.

Nous avons été appelés à travailler sur deux opérations caractéristiques dans le domaine de la réhabilitation. La première, Sinan Mansions, est un quartier de villas dans l'ancienne concession française au cœur de Shanghai. La deuxième, l'usine de textile N°17, dans le quartier du Bund Nord, deviendra le nouveau Centre de la Mode de Shanghai. Ces projets ont certains points communs : il s'agit pour les deux d'un espace urbain à l'échelle du piéton, composé d'édifices et d'espaces riches. Ils sont appelés tous les deux à devenir des quartiers mixtes. Leurs différences : pour Sinan Mansions, il s'agit de résidences au cœur de la ville ; pour l'usine de textile, d'un patrimoine industriel au bord de la ville. Leurs programmations différentes en feront deux quartiers très distincts.

Les défis ont été relevés à trois niveaux :

- Le traitement d'ensemble de l'espace public. Basé sur la structure urbaine existante, il a fallût retirer certains édifices non protégés et en introduire de nouveaux afin d'obtenir un système d'espace hiérarchisé. Place centrale, axe piéton principal, jardins et passages couverts sont présents dans les deux projets.

- La réhabilitation des édifices eux-mêmes. À la fois il s'est agit de répertorier un ensemble de styles associés à une palette de matériaux de base mais aussi de traiter chaque bâtiment de façon spécifique selon son nouveau rôle et programme. Pour les deux projets nous avons restauré l'ancien à l'identique puis composé avec de nouveaux édifices.

- La recherche de la fonction. Tout projet de réhabilitation est confronté au défi concernant la fonction, à l'échelle de la ville, du quartier et des bâtiments eux-mêmes. Clients, équipes de marketing, architectes participent entre autres à définir un programme approprié.

Le propre d'un projet de réhabilitation à échelle urbaine est d'évoluer. Des surprises marquent chaque étape du projet que l'architecte doit adapter et faire évoluer tout en préservant la cohérence de l'ensemble.

Often, the desire to save something of the memory and the spirit of the old city is born with the first demolitions. The notion of protecting architectural heritage is taking shape little by little in China. In Shanghai, thirteen historic neighborhoods are now protected, and research on a method of protecting these neighborhoods is underway. The historic buildings have to be restored, renovated and also integrated into suitably adapted urban developments. How to deal with the old while introducing new structures and respecting the original urban fabric is the main question to be resolved.

Based on our protection and rehabilitation experience in Europe and especially in France, we tried to highlight the authenticity of the original architecture first by conserving its historic aspect. The integration, the juxtaposition, or the superposition of new elements which, in contrast to the historic, bring new life to the site, come next. We were asked to work on two typical rehabilitation projects.

The first is Sinan Mansions, a neighborhood of villas in the old French concession in the heart of Shanghai. The second, the number 17 textile factory located in the north Bund area, is slated to become the new Fashion Center of Shanghai. These projects have certain points in common: In both cases, these are pedestrian-scale urban places, composed of richly imbued buildings and spaces. Both will become mixed use neighborhoods. Their differences are: Sinan Mansions are residences in the heart of town; the textile factory is part of the industrial heritage on the edge of town. Their programs will define very distinct quarters.

The challenges were on three levels:

- The overall treatment of the public space: Based on the existing urban structure, some non-historic buildings had to be removed and new ones introduced in order to create a hierarchical system of open spaces. Main square, principle pedestrian axis, gardens, and covered passages are present in both projects.

- The renovation of the buildings themselves. We had to establish an array of styles associated with a basic palette of materials but also treat each building in a specific manner according to its new role and program. For both projects, we restored the old to its original form and created a composition comprising new buildings.

- Research on a new use. Every rehabilitation project is faced with the challenge of defining the building function from a city-wide perspective, from the point of view of the quarter, and in terms of the building's itself. Clients, marketing teams and architects among others participate in defining an appropriate building program.

A feature particular to an urban-scale rehabilitation project is that it evolves. Surprises mark each stage of the project which the architect must then adapt and transfom while preserving the overall coherence of the whole.

思南公馆

Shanghai 上海 – 2010

QUARTIER SINAN MANSIONS

Sinan Mansions

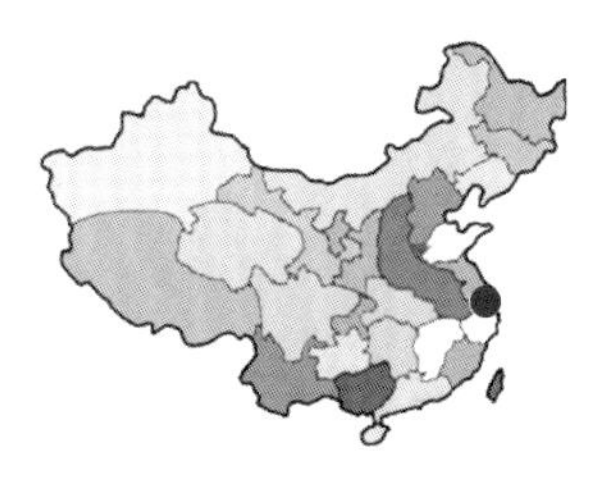

梧桐树下的法国情结

Under the Plane Trees

Sous les platanes

上海思南公馆项目位于上海核心的复兴中路、思南路地区，占地面积约为5.1公顷，与复兴公园隔街相望。本地区是衡山路/复兴路历史文化风貌区的重要组成部分。基地中的现有建筑以独立式的别墅为主，大多建于1920年-1930年间，许多在中国近现代史中地位显赫、影响深远的名流要人，如周恩来、柳亚子等都曾在其中居住。当时这里隶属于法租界，建筑多为法式别墅风格，结合上海地域特点和其他欧式建筑特色。这些经历岁月风霜的老洋房掩映在浓密的梧桐树荫下，呈现出上海一种特有的文化特质。

本项目的设计宗旨在保护各类近代优秀建筑的基础上，通过环境整治、功能置换及生活设施改善等方式保护和提升这一地区的人文、历史内涵与风貌，赋予旧建筑新的生命力，使其成为具有海派文化风韵、以居住为主的高级综合社区。

整个设计的布局以旧建筑的位置和状态为基本骨架，因势利导添新的建筑体量，形成四大功能区。近复兴路与重庆南路交汇处，面对复兴公园，为时尚休闲商业区，这里集中了餐饮购物休闲等功能，成为上海新的景点。沿复兴中路的洋房可改建成文化风尚商住区，底层可以是咖啡店、艺术画廊、文学沙龙等活动场所，楼上则为文化公寓等。思南路东西两侧的21栋独立式花园别墅经过精心修缮后成为独一无二的精品酒店，维持了原来静谧的环境气氛。位于重庆南路西侧和现有洋房区之间的区域是现代风格的高级住宅。这些公寓围合着内部共享的绿化庭院，形成一组既相对独立、拥有亲切邻里空间，又与整个区域气氛协调的宁静生活区。

该基地在漫长的岁月中形成了丰富的空间肌理结构，在现有空间结构的基础上加以适当地整合和重组，使整个景观丰富而统一，形成不同种类和尺度的空间，其开放性各异，错落有致互相贯通。在复兴中路重庆南路交汇口是重要的入口广场，新旧建筑互相呼应，引导人流进入步行区域。新建筑围绕着保护建筑形成主要的内广场，以通透的玻璃与浑厚的旧建筑形成鲜明的对比，特别设计的梧桐树影印刷玻璃带来一丝海派情怀。架空的骑楼使这个广场与重庆南路一侧的三角小广场有一定的联系而不受高架的干扰。该组建筑的外侧以简洁的灰色和红色体量经过丰富的组合，形成错动的节奏韵律，塑造醒目的城市形象。从内广场向西行是一条温馨的步行街，空间收放交错，塑造出若干个相对独立又统一的空间，一直延伸到思南路的次入口广场。步行街南侧是新建的商业住宅综合建筑，通过退台式的体量并加入木材元素，与对面的老洋房建筑达成体量上的协调。

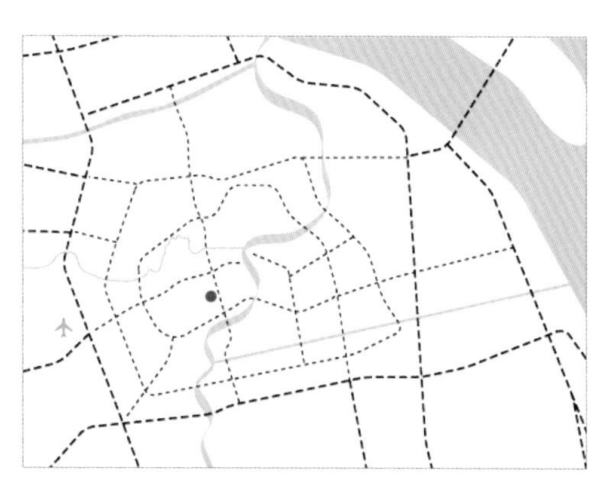

1

Ce projet se trouve au centre de Shanghai, dans ce qui était autrefois la concession française. Face au Parc Fuxing, le site de 5,1 hectares est bordé d'un côté par la rue Fuxing Zhong Lu, ancienne Route Lafayette et de l'autre par la rue Sinan, qui correspond à la rue Massenet d'alors. Ce quartier fait parti des 13 quartiers protégé de la ville de Shanghai. Il est occupé par des bâtiments datant des années 1915 à 1940, de style européen, quelquefois mêlés à un style chinois propre à la ville de Shanghai. Certaines personnalités y ont vécu, comme Zhou Enlai, le chanteur d'Opéra Mei Langfang ou l'écrivain Liu Yazi. Au travers des années, ces villas sous l'ombrage des platanes ont imprégné le quartier d'une ambiance particulière liée à la culture shanghaienne.

Le but du projet est de réaménager l'ensemble du site et de rénover les bâtiments existants pour créer un quartier mixte, à la fois culturel, de loisir, commercial et résidentiel. Parmi les 42 bâtiments préservés nous avons introduit de nouveaux édifices pour former un quartier en 4 parties :

- Un pôle dense de commerces et de loisir, avec restaurants, boutiques et cafés, à l'intersection de la rue Fuxing Zhong Lu avec rue Chongqing Nan Lu.

- Une rue piétonne, parallèle à la rue Fuxing Zhong Lu. Elle est parsemée de galeries, de cafés et de lieux à vocation culturelle.

- Un ensemble de 15 villas avec leurs jardins, à l'intérieur du quartier. Elles sont aménagées en espace hôtelier.

- Un projet neuf de logements groupés. Situé entre la rue Chongqing Nan Lu et les villas protégées, les nouvelles résidences s'organisent autour d'un jardin.

Le tissu urbain riche, formé au cours du siècle passé, a été réaménagé de façon à obtenir des espaces connectés et hiérarchisés. La place d'entrée au site se trouve au carrefour le plus en vue, à l'angle des rues Chongqing Nan Lu et Fuxing Zhong Lu. L'architecture contemporaine contraste par sa sobriété avec celle, très décorée des bâtiments anciens datant de 1915. Composition de volumes gris ou rouges, éléments signalétiques à échelle urbaine, le neuf protège l'ancien, comme un bijou dans son écrin. Il l'isole aussi des nuisances sonores du boulevard.

Depuis la place, la rue piétonne conduit vers la rue Sinan Lu. Des espaces dilatés ou rétrécis révèlent les façades sud – les façades les plus travaillées – des anciennes villas. En vis-à-vis, des bâtiments neufs viennent ponctuer la rue. Rez-de-chaussée transparent, corps principal fait de boîtes de couleur bois et partie supérieure en retrait adaptent le bâti à l'échelle des villas et du site.

This project is in the center of Shanghai in what was the French Concession. Facing Fuxing Park, the 5.1 hectare site is bordered by Fuxing Zhong Lu, formerly Lafayette Road, on one side and Sinan Road, corresponding to Massenet Street, on the other. This neighborhood is one of the 13 protected by the city of Shanghai. It contains European style buildings dating from 1915-1940, sometimes mixed with a building style particular to Shanghai. Famous people have lived here, such as Zhou Enlai, the opera singer Mei Langfang or the writer Liu Yazi. Over the years, these villas under the Plane trees have lent the neighborhood an atmosphere that is particularly tied to the culture of Shanghai.

The project goal is to redevelop the whole site and to renovate the existing buildings to create a mixed use neighborhood, at once cultural, with leisure time activities, commercial and residential. Among the 42 protected buildings, we introduced new structures to create a 4-part quarter:

- A dense commercial and leisure center, with restaurants, boutiques and cafes at the intersection of Fuxing Zhong Lu and Chongqing Nan Lu Roads;

- A pedestrian street, parallel to Fuxing Zhong Lu Road, lined with galleries, cafes and cultural spaces;

- An ensemble of 15 villas with gardens at the interior of the neighborhood. They are laid out in a hotel-like space;

- A new project of grouped residences. Located between Chongqing Nan Lu Road and the protected villas, the new residences are organized around a garden.

The rich urban fabric, shaped over the last century, has been redesigned to achieve a hierarchy of connected spaces. The site's entry plaza is located at the most visible intersection, the corner of Chongqing Nan Lu and Fuxing Zhong Lu Roads. The contemporary architecture contrasts in its sobriety with the highly decorated older buildings dating from 1915. Composed of grey or red volumes, signal elements, the new protects the old like a jewel in its setting. The new structures also shelter the old from the noise of the street.

The pedestrian street leads from the plaza towards Sinan Lu Road. Its spaces expand or shrink revealing the south facing facades, the most elaborate, of the old buildings. Facing them, the new buildings serve to punctuate or mark the street. With a transparent ground floor, the main core composed of red cedar "boxes", and the upper floors stepped back, the newly built is adapted to the scale of the villas and the site.

1. 总平面图 / 2. 改造后的老洋房 / 3. 1940年基地地籍图，摘自《上海市行号路图录》，福利营业股份有限公司出版 / 4. 区域功能分析图 / 5、6. 改造前的建筑状况

1. Plan de masse / 2. Vue photographique d'une villa après réhabilitation / 3. Plan du quartier dans le cadastre de 1940 extrait du « Catalogue des rues de Shanghai » publié par la Société de Commerce Libre / 4. Plan d'organisation du programme du quartier / 5-6. Photos des édifices avant rénovation

1. Master plan / 2. Photographic view of a villa after renovation / 3. 1940 cadastral Plan from "Shanghai Street Directory" published by The Free Trading Co. LTD. / 4. Programatic plan of the quarter / 5-6. Pictures of the building before renovation

7. 改造后联体洋房照片 / 8. 重庆南路入口照片 / 9-11. 中心广场周边建筑平面图

7. Vue photographique de villas jumellées après rénovation / 8. Vue photographique depuis la rue Chongqing Nan Lu /
9-11. Plans du groupe d'édifices autour de la place principale

7. Photographic view of twin villas after renovation / 8. Photographic view from Chongqing Nan Lu Road /
9-11. Plans of the buildings surrounding the main square

7

8

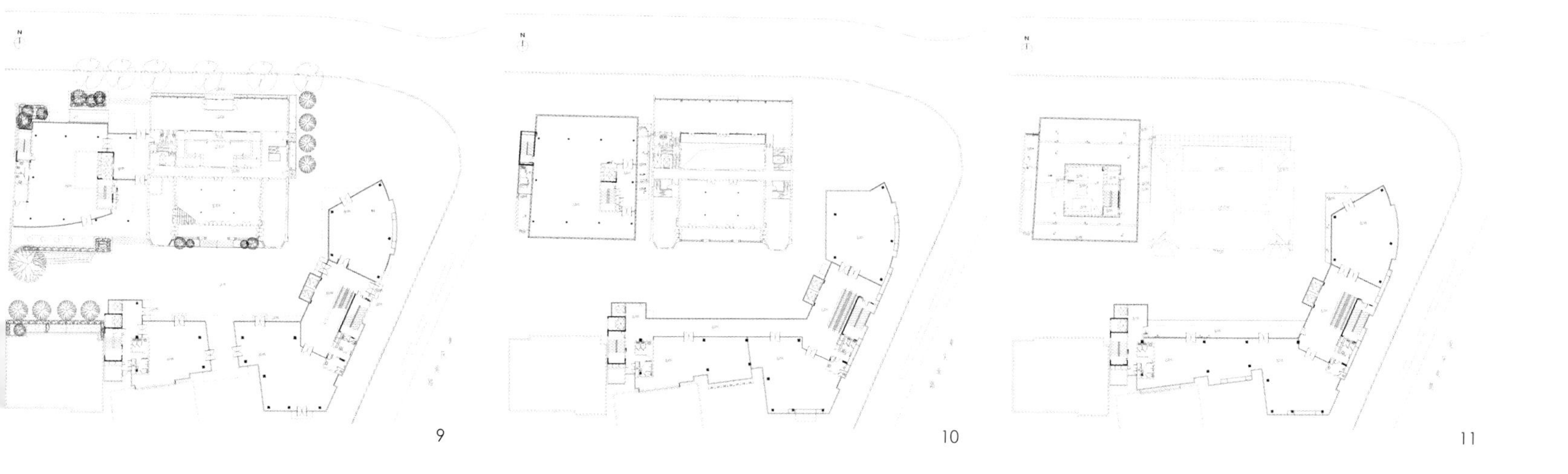
9 10 11

12. 复兴公园转角照片 / 13. 中心广场照片
12. Vue photographique de l'angle de la rue Fuxing Zhong Lu face au parc / 13. Vue photographique de la place principale du quartier
12. Photographic view showing the corner of Fuxing Zhong Lu Road facing the Park / 13. Photographic view of the quarter's main square

13

SINA GARDEN
晶浦會 · 思南名苑
晶浦會
MANSION
35
晶浦會
思南公館
35
MANSION
26F

14. 步行街实景照片 / 15-17. 沿复兴中路实景照片

14. Vue photographique depuis la rue piétonne / 15-17. Vues photographiques depuis la rue Fuxing Zhong Lu

14. Photographic view from the pedestrian street / 15-17. Photographic views from Fuxing Zhong Lu Road

区域内居住建筑，既要与相邻的老洋房形成和谐的效果，又是现代和时尚的。在立面处理上，与老洋房基本色调相协调，以灰黄、暗红、明灰、木色为主色调，而在肌理效果上有多种变化，粗面、横纹等。体量处理上，通过高低错落的变化，阳台檐口水平线条与垂直交通进行穿插组合，形成丰富的空间关系，从而减弱体积感，以尊重周边老洋房的体量关系。

景观处理上，硬质绿化相结合，步行道、小广场以花岗石方块以扇形方式拼砌，有欧洲古城之浪漫，但表面处理细腻平整，注入现代气息。

在这片充满着20世纪初经典建筑语言的地方，新旧建筑互相辉映，古今结合、中西合璧，在梧桐绿荫下，掩映着精致的海派生活。

18. 花园洋房公寓楼效果图 / 19. 沿重庆南路公寓楼效果图 / 20. 公寓楼内院方向鸟瞰图 / 21-24. 公寓楼平面图 / 25、26. 公寓楼立面图: 沿内庭园和沿花园

18. Vue perspective des logements côté jardins / 19. Vue perspective des logements côté rue / 20. Perspective aérienne des logements donnant sur la cour intérieure / 21-24. Plans des logements entre cour et jardins / 25-26. Élévations des logements : côté cour et côté jardins

18. Perspective view of the residences facing the gardens / 19. Perspective view of the residences facing the street / 20. Bird's eye view of the residences facing the courtyard / 21-24. Plans of the residences situated between courtyard and gardens / 25-26. Elevations of the residences: from the courtyard and from the gardens

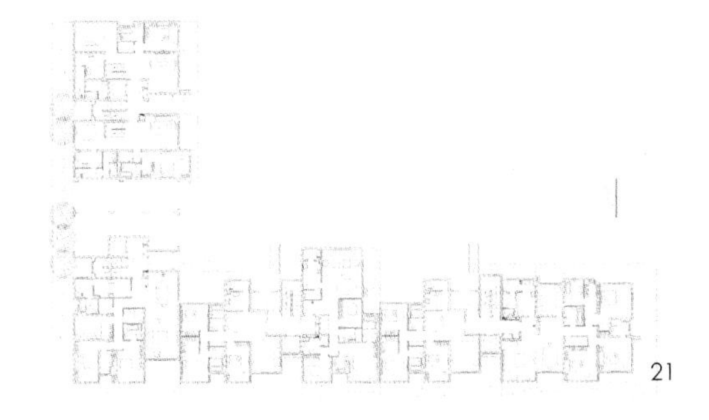

21

Les édifices résidentiels du quartier de style moderne cherchent à s'intégrer dans le tissu existant par leurs masses et par la couleur et les textures de leurs murs. Les volumes ont été découpés, décalés de façon a créer des silhouettes qui dialoguent avec les masses des villas. Une palette de couleurs a été établie, extraite des couleurs des anciennes villas : gris chaud, rouge brique, couleur bois. Pour la texture des murs, les surfaces sont variées, mêlant la pierre, la brique plate ou en relief et l'enduit.

La place et la rue piétonne sont recouvertes de pavés de granit décrivant des vagues, accentuant le sentiment de fluidité de la circulation. L'hôtel est devenu un ensemble de pavillons dans un parc parsemé de fontaines. Les jardins des résidences ont eux été traités de façon à la fois diverse et structurée. Ces trois caractères paysagés différents sont réunis par l'emploi de mêmes matériaux.

Le quartier de Sinan Lu, échantillon d'architectures du début du 20ème siècle à Shanghai, est aujourd'hui accessible grâce à ses espaces publics. La nouvelle architecture qui le ponctue est dans la lignée de ce dialogue entre le passé et le présent, des cultures chinoises et occidentales qui se croisent à Shanghai depuis plus d'un siècle.

The modern style residential buildings of the neighborhood integrate themselves into the existing fabric by their mass, their color and the texture of their walls. Volumes are cut away, set back so as to create shapes that speak to the form of the existing villas. A color palette was established, drawn from the colors of the old villas: Dark intense grey, brick red, the color of red cedar For the texture of the walls, the surfaces are varied, mixing stone, either flat or raised brick, and plaster.

The plaza and the pedestrian street are paved in granite laid out like waves, emphasizing the fluidity of the circulation. The "hotel" becomes an ensemble of pavilions in a park sprinkled with fountains. The residential gardens have been treated in a varied and structured manner. These three different landscape types are unified by the use of the same materials.

The Sinan Lu neighborhood, an example of early 20th century architecture in Shanghai, is accessible today thanks to its public spaces. The new architecture which punctuates it is in line with the heritage of dialogue between the past and present, between Chinese and Western cultures, that has taken place in Shanghai for more than a century.

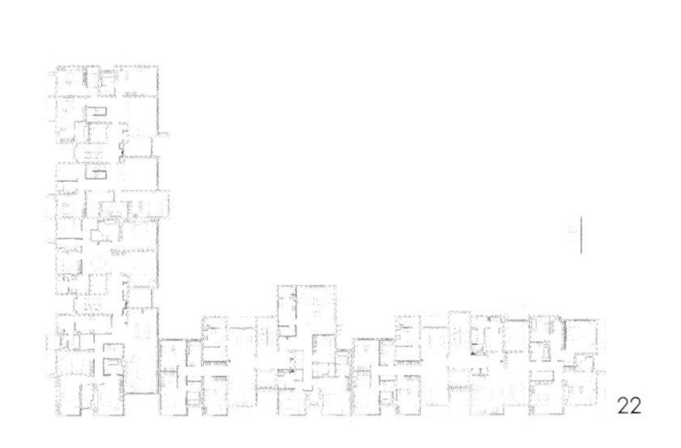

22

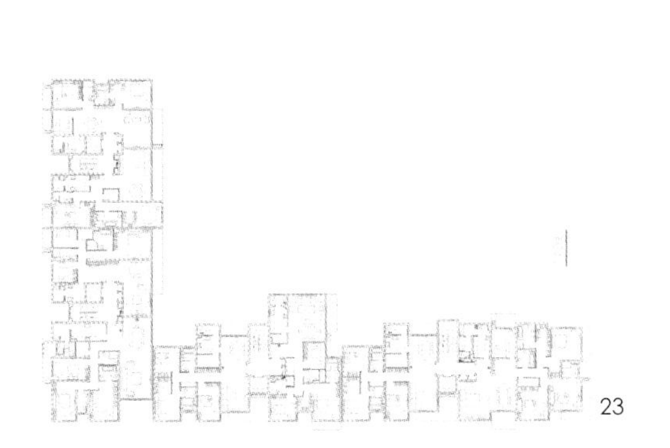

23

25

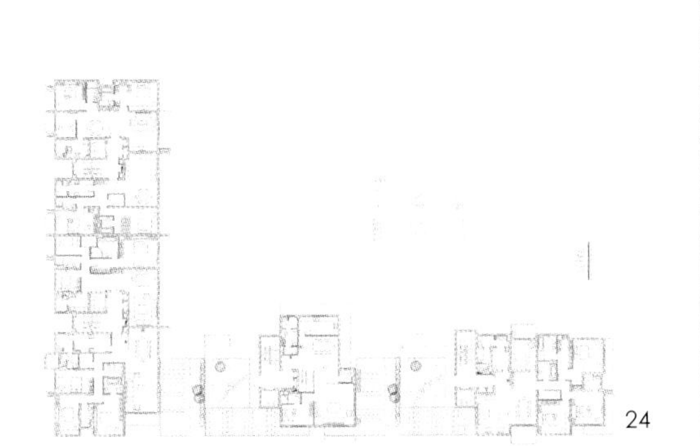

24

26

27、28. 花园洋房公寓楼实景照片 / 29. 内庭园侧公寓楼实景照片

27-28. Vues photographiques des logements côté jardins / 29. Vue photographique des logements côté cour

27-28. Photographic views of the residences facing the gardens / 29. Photographic view of the residences facing the courtyard

29

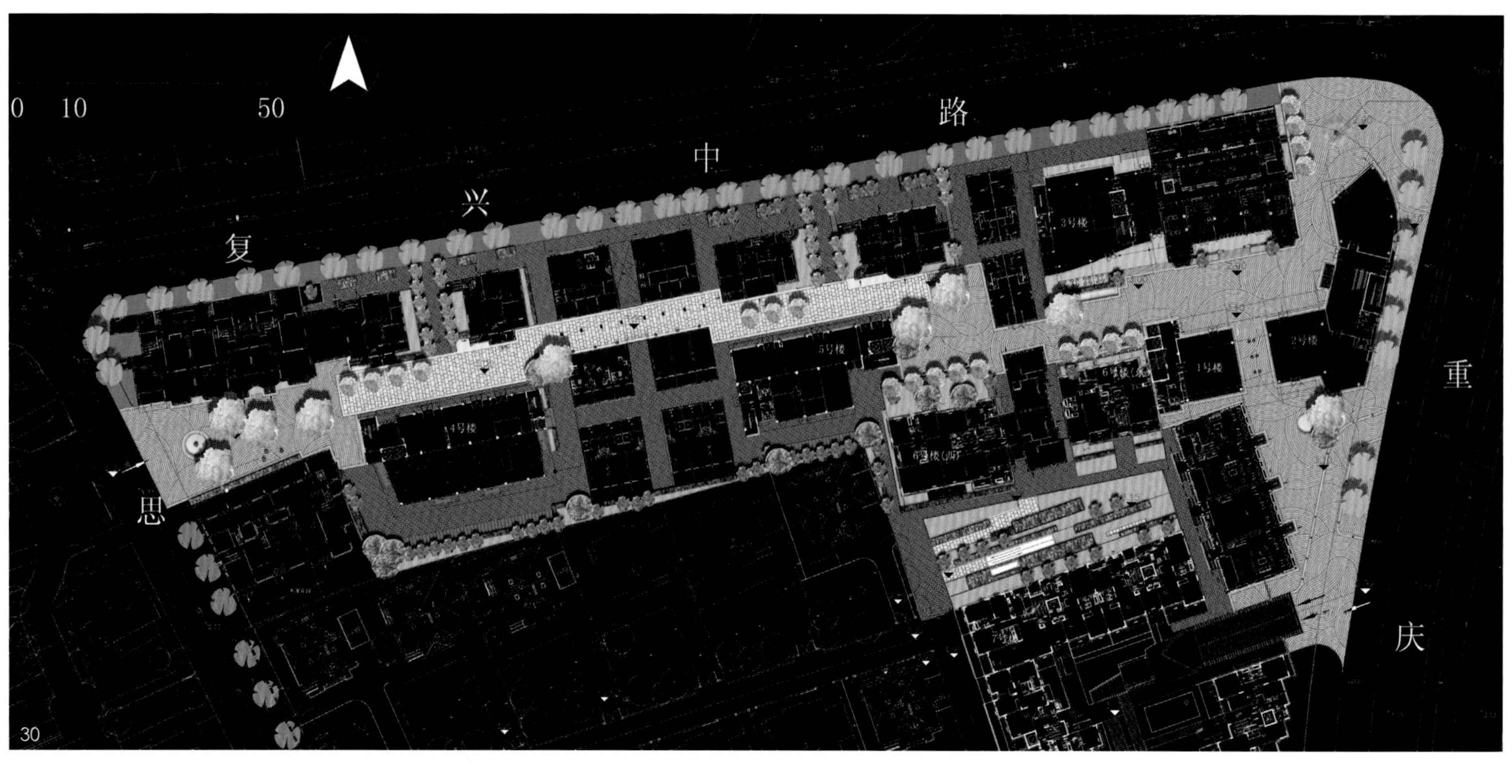

30

31

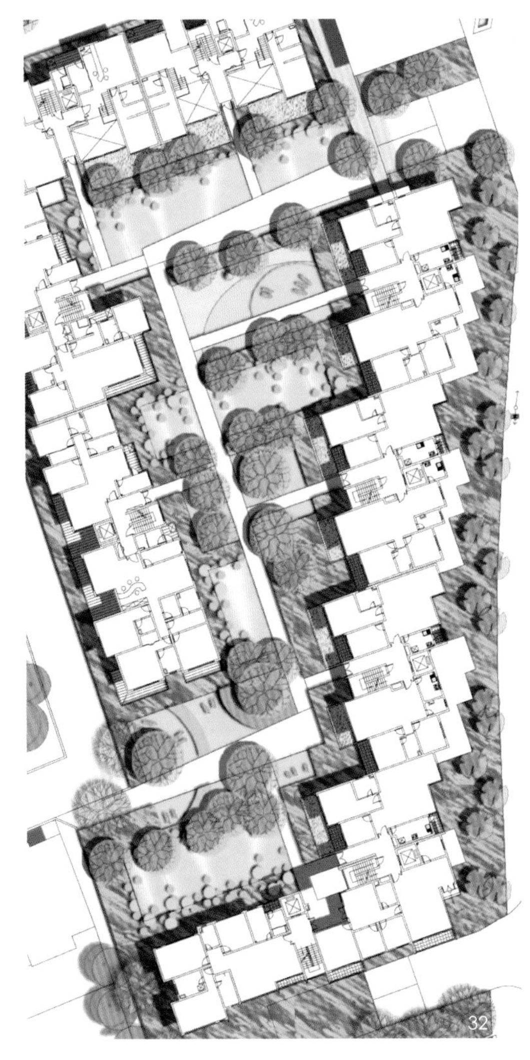

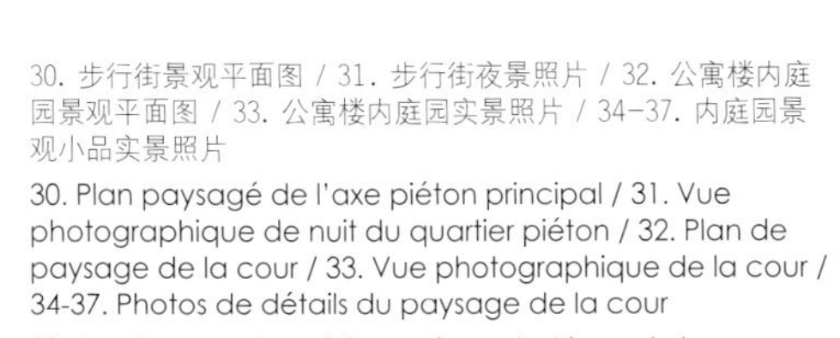

30. 步行街景观平面图 / 31. 步行街夜景照片 / 32. 公寓楼内庭园景观平面图 / 33. 公寓楼内庭园实景照片 / 34-37. 内庭园景观小品实景照片

30. Plan paysagé de l'axe piéton principal / 31. Vue photographique de nuit du quartier piéton / 32. Plan de paysage de la cour / 33. Vue photographique de la cour / 34-37. Photos de détails du paysage de la cour

30. Landscape plan of the main pedestrian axis / 31. Evening photographic view of the pedestrian quarter / 32. Landscape plan of the courtyard / 33. Photographic view of the courtyard / 34-37. Detail photos of the courtyard's landscape

上海国际时尚中心

Shanghai 上海 – 2011

CENTRE DE LA MODE DE SHANGHAI

Shanghai Fashion Center

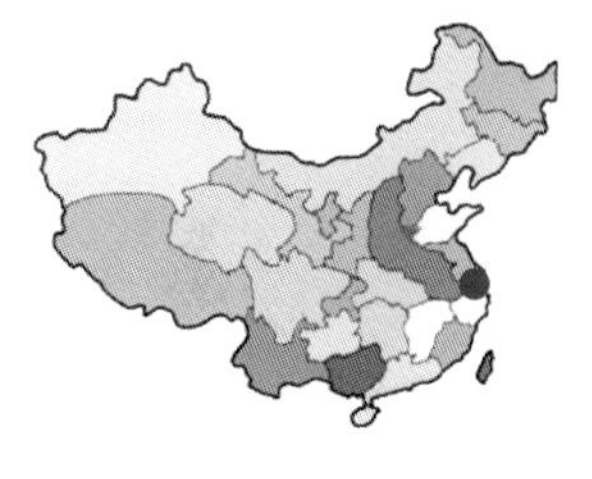

浦江畔的新传奇

On the Banks of the Huangpu

Sur les rives du Huangpu

国棉17厂位于上海市杨浦区的杨树浦路，紧邻黄浦江的北岸，前身为裕丰纺织株式会社，初建于1912年。工厂搬迁后，厂区留下了一批20世纪二三十年代兴建的重要历史保护建筑,不仅印证了国棉17厂的发展与变迁，也记录了一些特定时期的重大历史事件。基地一些建筑做为上海市级三类及四类历史保护建筑，具有重要的历史和文化价值。

上海决心成为世界"第六时尚之都"，本项目定位为与国际时尚业界互动对接的地标性载体和营运承载基地，即"上海国际时尚中心"。根据在整个园区的空间特点，将六大功能进行合理布局：时尚秀场位于近杨树浦路入口重要位置，体现园区鲜明的定位和特色，其多功能秀场为亚洲最大。时尚会所也位于园区入口处，是重要的接待场所。以时尚为主题的购物中心占地最大，位于园区中部区域。餐饮娱乐主要位于滨江沿线的多层厂房区域，充分享受一线观景优势，成为特色餐饮的主题。时尚办公在近杨树浦路的一侧，交通便捷。在北厂区将分期开发酒店式公寓，为整个园区带来生活气氛，并配备有一栋改建成可容纳800个停车位的多层车库。

取和舍——公共空间的梳理

首先有选择、有取舍地清理现有的建筑群，从而梳理出区域内部公共空间体系。基地内原建筑覆盖率极高，充斥着各阶段临时搭建的棚屋。我们对1912年-1935年建造的砖木与钢屋架结构厂房予以全部保留。并对现状建筑进行了一一比较和考查，最终确定了需要对非保护建筑进行拆除的部分，以形成主要轴线、中心广场、小广场和巷道等有序列有层次的空间。在南厂区，形成了从杨树浦路到黄浦江边的一条主要步行轴线，由这条轴线贯穿了功能和性质不同的三个广场，依次是入口广场、中心时尚广场、滨江休闲广场。每个广场都是一处开敞的多功能的聚会空间，都至少有一处具有特色的建筑相伴，起到标志性的点睛作用。与每个广场垂直相连的是小型的步行巷道或小广场，共同构成公共空间网络。

广场和步行轴在铺地上运用了红砖和石材相间的手法，和厂房有节奏的立面形成呼应。灯具的选用也讲究工业的简洁和沉稳色彩。而江边平台则大面积采用木材铺地，这里的灯具选择更加浪漫的流线型，而且色彩明快，烘托滨水的气氛。在入口广场和通向江边的通道一侧，打开局部锯齿形厂房的立面，形成半室外的风雨廊，并铺有镶嵌有原来工业钢板的木质地面，塑造出别有风味的交流和步行空间。

1

2

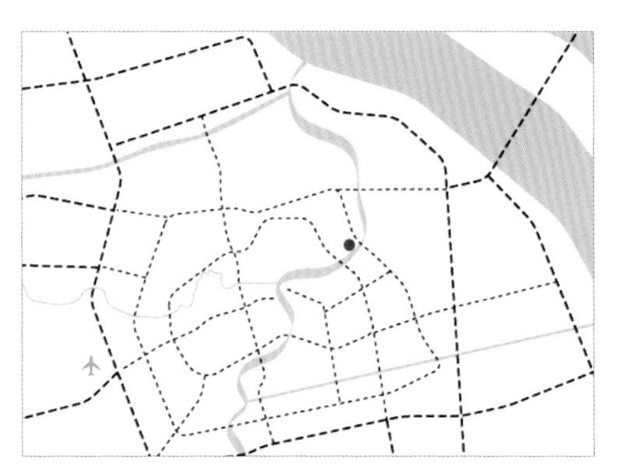

1. 总平面图 / 2. 沿黄浦江夜景效果图 / 3. 改造前航拍照片 / 4. 改造前沿江俯瞰照片 / 5. 改造前水塔照片

1. Plan de masse / 2. Perspective nocturne depuis le fleuve Huangpu / 3. Photo satellite du site avant la réhabilitation / 4. Photo aérienne de l'existant / 5. Photo du château d'eau avant la réhabilitation

1. Master plan / 2. Evening perspective view from the Huangpu River / 3. Satellite picture of the site before rehabilitation / 4. Aerial photo of the site before renovation / 5. Photo of the water tower before rehabilitation

L'usine de textile N° 17 se trouve au bord du fleuve Huangpu, dans l'arrondissement de Yangpu, dans le prolongement du quartier du Bund Nord. Ayant cessé la production il y a peu, le site de l'usine est occupé par des bâtiments dont la plupart font parti du patrimoine industriel protégé de la ville de Shanghai. Datant pour les plus anciens de 1920, ils ont été les témoins de la révolution industrielle qu'a connue Shanghai devenue capitale du textile de par sa position à l'embouchure du fleuve Yangtsé.

Aujourd'hui Shanghai veut devenir la 6ème capitale de la Mode. Le Centre de la Mode de Shanghai est destiné à promouvoir les échanges professionnels dans le domaine de la mode et à accueillir les designers, les écoles de mode, ainsi qu'un vaste public. Un programme mixte a été établi et intégré dans ce site compris entre la rue Yangshupu Lu et le fleuve Huangpu. Un centre de défilé de mode se trouve proche de l'entrée sur la rue. En face se trouve le club-house avec ses salles de réception. Un complexe commercial sur le thème de la mode se trouve au centre du quartier, tandis que les restaurants et les loisirs s'étalent le long du fleuve. Des bureaux dédiés aux activités liées à la mode ont leur propre entrée sur la rue Yangshupu Lu. En face, de l'autre côté de la rue, un bâtiment existant est destiné à accueillir un parking de 800 places et un nouvel édifice sera construit pour abriter des résidences-hôtelières.

Garder ou enlever – transformer l'espace public

Les bâtiments les plus anciens avaient été « bousculés » dans le temps. Vérues, excroissances de toutes sortes plus des additions de nombreux petits édifices masquaient en grande partie l'architecture originale de l'usine. Une analyse détaillée de chacun des bâtiments nous a permis de restituer la partie appartenant officiellement au patrimoine et de décider pour le reste ce qui devait être ou non préservé. Ceci en parallèle avec un travail sur le plan masse et les espaces publics. Le projet est devenu une grande rue piétonne desservant des espaces séquentiels et hiérarchisés conduisant de la rue Yangshupu Lu jusqu'au fleuve Huangpu. La place de l'entrée, la place centrale et la place au bord du fleuve ponctuent le trajet, chacune étant un lieu de rencontre et d'échanges dans un cadre architectural caractérisé. Des rues latérales relient toutes les parties du projet à ces places.

Au sol, une composition rythmée de brique rouge et de pierre souligne le caractère répétitif des façades. Le long du fleuve, un mur anti-inondations centenaires de 3 mètres de haut est intégré au paysage grâce à un jardin en pente. Des rampes amènent à un ponton de bois longeant le fleuve. Le mobilier urbain est de style clair et moderne, lié au thème de l'eau. Une fontaine en cascades placée dans l'axe piéton principal annonce le fleuve au visiteur. À côté de la place d'entrée, et sur la rue piétonne qui emmène vers le fleuve, les espaces extérieurs couverts par les structures anciennes des sheds ont un sol recouverts de bois incrusté d'éléments métalliques récupérés.

Textile factory number 17 is located along the Huangpu River in the Yangpu neighborhood, a prolongation of the North Bund quarter. Having stopped production not long ago, the factory site is occupied by buildings most of which are part of Shanghai's protected industrial heritage of Shanghai. The oldest date from 1920 and were witness to Shanghai's industrial revolution as textile capital due to its location at the mouth of the Yangtse River.

Today Shanghai aims to become the world's sixth fashion capital. The Shanghai Fashion Center is intended to promote professional exchanges, and to welcome designers, fashion schools as well as a large public. A mixed use program was established and integrated into the site, between Yangshupu Lu Raod and the Huangpu River. A fashion show center is near the street entrance. Across from it is a club house with reception halls. A shopping center with a fashion theme is in the center of the quarter, while restaurants and leisure activity spaces line the river edge. Fashion industry offices have their own entrance on Yangshupu Lu Road. On the other side of the street, an existing building is destined to accommodate 800 parking spaces, and a new building will be constructed containing residential hotels.

Keep or Demolish – Transforming Public Space

The oldest buildings have had it rough over time. All kinds of protrusions, plus numerous little additions largely marked the original architecture of the factory. A detailed analysis of each of the buildings allowed us to reestablish what officially belonging to the architectural heritage and to decide what of the rest should be preserved. At the same time, we worked on a master plan and the public spaces. The project became a large pedestrian street serving sequential and hierarchical spaces, leading from Yangshupu Lu Raod to the Huangpu River. The entry plaza, the central square and the river edge space punctuate the linear experience, each space being a place for meetings and exchange in a special architectural environment. Lateral streets link all parts of the project to these spaces.

The ground plane is a rhythmical composition of red brick and stone underlining the repetitive character of the facades. Along the river, a three meter high 100 year flood wall is integrated into the landscape by a sloped garden. Ramps lead to a raised wooden walkway along the river. The street furniture is of a simple and modern style tied to the water theme. A cascading fountain placed on the main pedestrian axis "announces" the river to the visitor. Next to the entry plaza and on the pedestrian street leading to the river, the outdoor spaces covered with historic shed roofs are themselves paved with wood incrusted with recuperated metal elements.

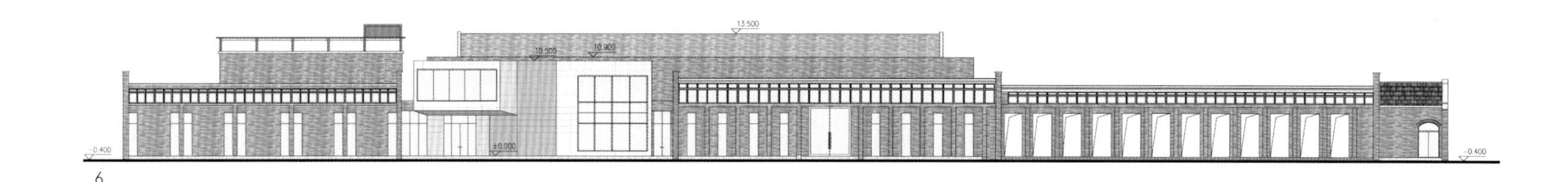
6

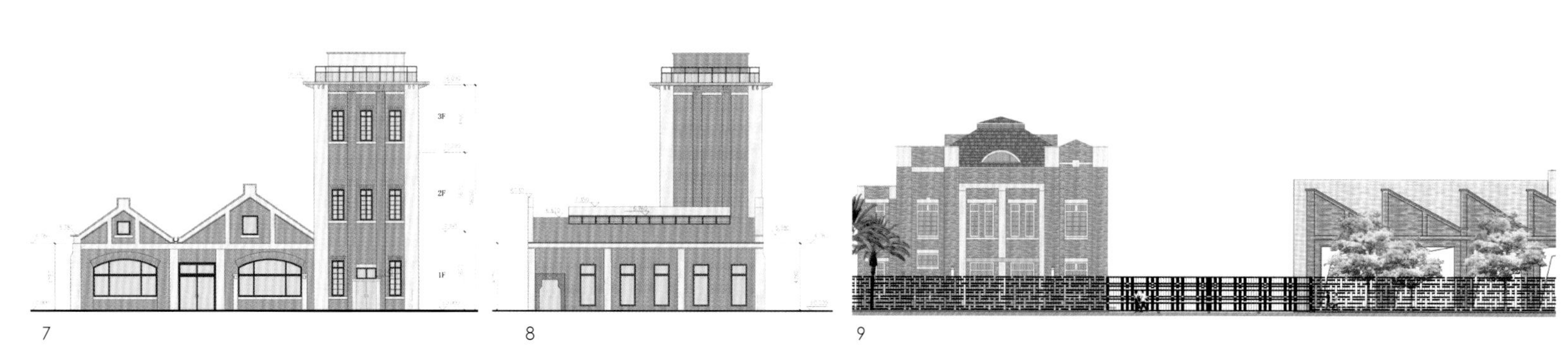
7

8

9

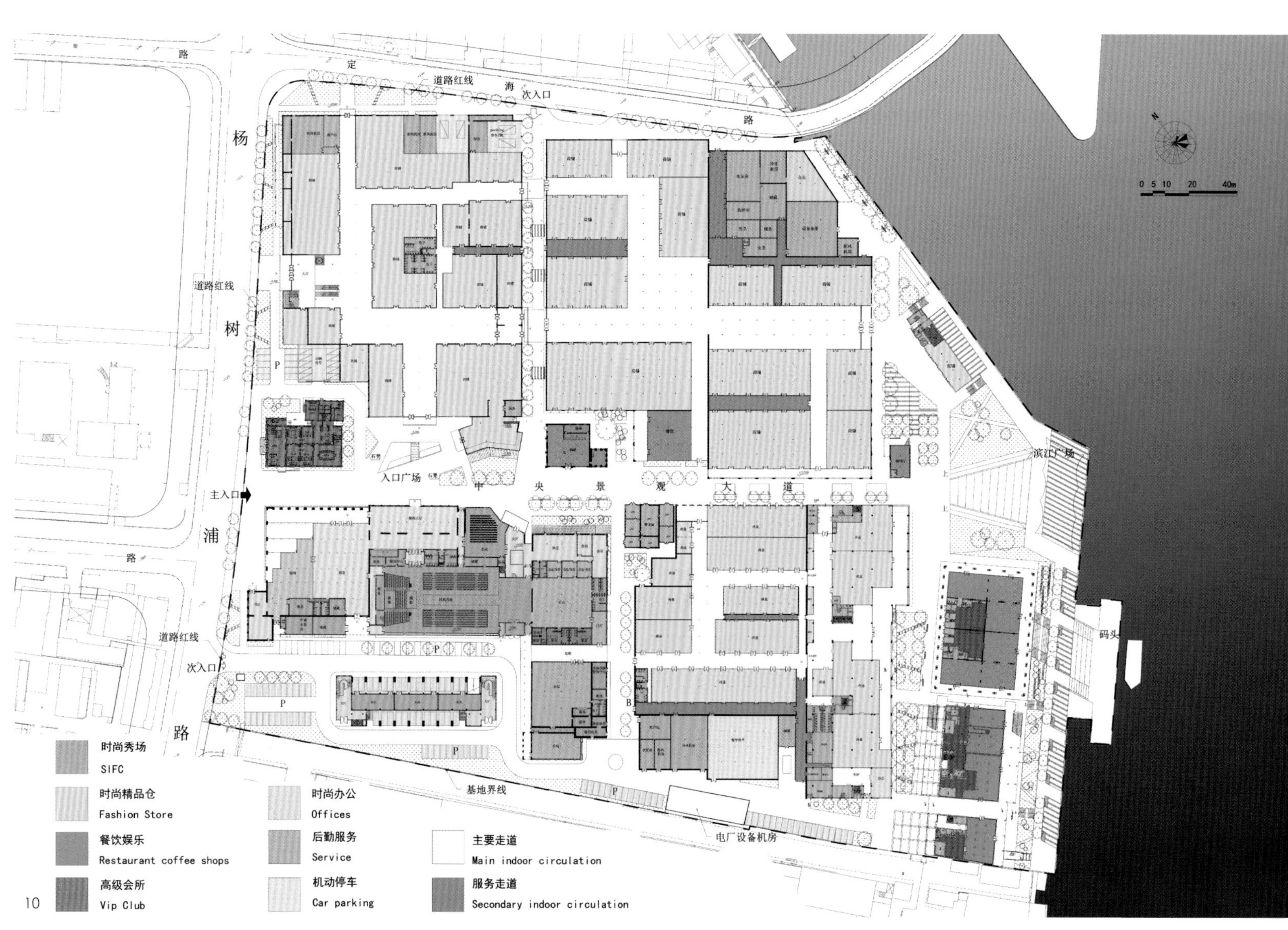
定
海
路
道路红线
次入口
杨
树
浦
路
主入口
入口广场
中
央
景
观
大
道
滨江广场
码头
基地界线
电厂设备机房
0 5 10 20 40m
时尚秀场
SIFC
时尚精品仓
Fashion Store
餐饮娱乐
Restaurant coffee shops
高级会所
Vip Club
时尚办公
Offices
后勤服务
Service
机动停车
Car parking
主要走道
Main indoor circulation
服务走道
Secondary indoor circulation
10

6. 时尚中心主要立面图 / 7、8. 水塔立面图 / 9. 沿街主入口立面图 / 10. 底层功能平面图 / 11. 中心广场鸟瞰图 / 12. 从道路往江边鸟瞰图

6. Façade principale du Centre de la Mode / 7-8. Façades du château d'eau / 9. Façade de l'entrée du quartier sur la rue / 10. Plan du rez-de-chaussée avec programme / 11. Vue perspective aérienne de la place principale / 12. Vue perspective aérienne depuis la rue vers le fleuve Huangpu

6. Main façade of the Fashion Center / 7-8. Water tower elevations / 9. Site's entrance elevation from the street / 10. Ground floor programatic Plan / 11. Bird's eye perspective view of the main square / 12. Bird's eye perspective view from the street towards the Huangpu River

11

12

新和旧——改造程度的把握

整个基地拥有12栋保留建筑和两栋新建建筑，总建筑面积达到14万平方米。面对如此庞杂的建筑群，需要确立一种整体建筑的风格和基调，这种基调必须体现原工业建筑的风貌。同时，每一栋建筑需要用不同的逻辑和手法来处理，在大的基调中寻求变化，注重处理方式的多样化。根据不同的种类、不同的功能，还有其在公共空间中的作用，将建筑的改造分为几种层次：体现原貌、新旧结合、新旧对比。

- 体现原貌

基地内占地面积最广的是一排排的单层锯齿形厂房，红瓦屋顶，红砖为外立面填充，内部有木屋架或钢屋架两种，形成连续的北向采光窗带，形成基地主要的建筑类型，具有浓郁的工业建筑的特色。在这里，我们决定尽量体现这种简朴但颇有气势的工业气氛，以修复和修旧如旧为主要手法，充分体现原貌。还有，原厂区办公楼、水塔等个别装饰比较细腻讲究、体现1930年代中西合璧建筑风格的单体建筑，其修复也尽量体现原貌。

在具体实施的过程中，每个细节都有一定的挑战性，比如，原来的墙体损坏程度有所不同，必须根据需要每一处的情况来确定是用文物保护修理方式修补，还是加贴仿旧面砖，或局部重砌等手法。为了体现建筑的工业美，内部空间应该充分展露原来延绵不断的屋架结构。每品木屋架都被小心翼翼地卸下，进行修补和加固，经特殊处理后再原位安装上去。改建后的建筑必须满足节能要求，不仅需要再加设屋顶保温，原来的木窗和钢窗也是必须替换的，这些新的双层玻璃窗，在外观上需要满足与原立面的比例关系，并在色彩上进行细致的协调。这些体现原貌的处理方式为整体园区打下了一个协调而具有个性的基调，单层红色砖墙、红色陶瓦、灰蓝门窗，充分体现20世纪30年代工业建筑的特征。

- 新旧结合

而在一些特别重要的公共空间，我们采用更多新旧结合的手法。在整体风格尊重原貌的基础上，恰如其分地加入新的元素，使新和旧有机地结合在一起，以新的元素衬托出旧建筑的精华。

在入口广场处，为了起到引导人流进入园区、在杨树浦路形成入口的作用，我们大胆地将该处的锯齿形厂房处理成半室外空间，连续的柱廊和玻璃顶加上木质地面，形成一处明亮宽敞、舒适温馨的室外活动场所。与之相衔接的是展示空间和秀场入口空间，在举办活动时，这个半室外空间成为风雨无阻的交流场所，同时使锯齿形厂房的结构美达到完整的体现和时尚的提升。在延伸向江边的步行轴线一侧，为了丰富步行环境，我们将锯齿形厂房的一跨改成骑楼形式，并铺砌木质地板，成为舒适的半室外廊道。

13

14

Neuf et ancien – le contrôle de la réhabilitation

Une douzaine de bâtiments préservés, deux nouveaux insérés, 140 000 m² de surface utile : pour un projet aussi vaste il convient de trouver un équilibre entre l'ensemble et chaque partie. Considérer l'échelle des places mais aussi celle du fleuve, large de 400 mètres. En ce qui concerne l'architecture nous avons suivi trois principes : la restauration à l'identique, la combinaison du neuf et de l'ancien, le contraste entre le neuf et l'ancien.

– La restauration à l'identique

La majeure partie du site est couverte de bâtiments en shed de briques rouges et tuiles marron. Nous avons restauré et conservé au maximum les charpentes de bois et de métal typiques de l'architecture industrielle des années 1920 et 1930. Ces charpentes donnent le caractère au site et nous les avons toujours révélées le mieux possible dans les espaces publics intérieurs et extérieurs. Pour les bureaux de l'usine et le château d'eau nous avons restitué l'état d'origine de la façon la plus fidèle possible.

– La combinaison du neuf et de l'ancien

Le traitement de la place de l'entrée magnifie la structure de l'ancien édifice, mélange de bois et de métal, datant des années vingt. Les murs on été percés de façon à créer un espace semi-ouvert, extérieur mais couvert. Les tuiles ont été remplacées par du verre et le sol est en bois. L'ensemble, chaleureux, dessert à la fois le hall d'entrée – ancien et préservé – du Centre de la Mode, des espaces d'expositions et de réceptions. La galerie couverte le long de la rue piétonne permet grâce au même traitement de découvrir une charpente des années trente métallique en parfait état.

La salle des défilés est un espace noir de 9 mètres de haut, 26 mètres de large et 60 mètres de long. L'entrée de cet espace se trouve dans l'ancien bâtiment. L'intérieur minimaliste permet une grande flexibilité dans l'usage. Les fenêtres existantes ont été prolongées jusqu'au sol. Charpentes et murs sont peints en blanc. La porte principale coulissante est recouverte d'un motif de tissage en métal sombre.

New and Old – Management of the Rehabilitation

A dozen buildings restored, two new ones inserted, 140,000 square meters of useable space: For such a vast project, we had to find equilibrium between the whole and its parts, we had to consider the scale of the spaces created as well as that of the river, 400 meters in width. As for the architecture, we followed three principles: Restoration to the original, combination of new and historic, and the contrast between the new and the old.

– Restoration to the Original Form

The major part of the site is covered with red brick shed buildings with brown tiles. We restored and saved the maximum of the wood and metal framework typical of the industrial architecture of the 1920's and 1930's. This framework gives character to the site, and we have revealed it as much as possible in the interior and exterior public spaces. As for the factory offices and the water tower, we restored them to the original state as faithfully as possible.

– Combining the New and the Old

The design treatment of the entry plaza enhances the structure of the old building, a mix of wood and metal dating from the twenties. The walls were pierced so as to create a semi-open space, outdoors but covered. The tiles were replaced with glass, and the ground surface is wood. This warm ensemble accesses the restored historic entry hall of the fashion Center as well as the exhibit and reception areas. From the covered gallery along the pedestrian street, the same design treatment allows people to discover a metal framework from the 1930's that is in perfect condition.

The fashion show hall is a black space nine meters high, 26 meters wide and 60 meters long. Its entry is in the old building. The minimalist interior allows for a great flexibility in use. The existing windows were lengthened to the ground. The roof framing and the walls are painted white. The main sliding door is covered with a motif of dark woven metal.

13. 主入口半室外接待空间实景照片 / 14. 从主入口往江边方向实景照片

13. Vue photographique de l'espace couvert près de l'entrée / 14. Vue photographique de l'axe piéton depuis l'entrée vers le fleuve Huangpu

13. Photographic view of the covered public space at the gate / 14. Photographic view of the pedestrian axis from the gate to the Huangpu River

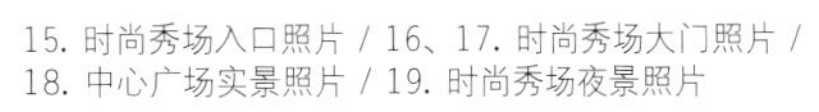

15. 时尚秀场入口照片 / 16、17. 时尚秀场大门照片 / 18. 中心广场实景照片 / 19. 时尚秀场夜景照片

15. Vue photographique de l'entrée de la salle des défilés / 16-17. Photos de la porte principale de la salle des défilés / 18. Vue photographique de la place principale / 19. Photo de nuit de la salle des défilés

15. Photographic view of of the entrance to fashion show hall / 16-17. Photos of the door of the fashion show hall / 18. Photographic view of the main square / 19. Evening photo of the fashion show hall

18

19

20. 时尚秀场休息前厅内景照片 / 21. 半室外廊道实景照片 / 22. 通往江边的半室外廊道实景照片 / 23. 修复后的老厂房金属屋架

20. Photo du foyer de la salle des défilés / 21. Photo de la galerie couverte / 22. Photo de la galerie couverte menant vers le fleuve / 23. Détail de structure en métal après restauration

20. Photo of the foyer of the fashion show hall / 21. Photo of the gallery / 22. Photo of the gallery leading to the river / 23. Metal structure detail after renovation

24. 秀场后台实景照片 / 25–27. 正在使用中的时尚秀场

24. Photo de l'arrière scène de la salle des défilés / 25-27. Photos de la salle des défilés en cours d'utilisation

24. Photo of the backstage in the fashion show hall / 25-27. Photos of the fashion show space during use

多功能秀场是一个9米高、26米宽、68米长的大空间，外观处理上通过后退、沿用锯齿屋顶等手法，使之完全融合在整体建筑群中。而秀场入口保留原来的建筑空间和立面，细长的落地窗赋予这个立面时尚的气质。同时镶嵌了一扇精心设计、尺度高大、可以完全拉开的时尚大门，其图案来自织物的纹理，以暗色铜片编织，简约而富有肌理。这种金属编织效果，被定义成本项目所专有的符号元素，也体现在园区围墙设计上。室内设计突出工业美，修复后的屋架和砖墙都被刷成白色，显露原有的肌理质感又清新时尚，空间简约而具有灵活布置的可能性。

- 新旧对比

在整个园区基调都相对统一的基础上，往往需要一些点睛的新建筑，与旧建筑形成对比并且互相烘托。在中心广场上，设计有一个深灰色立体派的新建筑，悬挑的屏幕和强烈的虚实对比，在一侧单层的红色砖墙的厂房立面的烘托下，形成点与面的构图关系，使人们从入口广场进入园区直接可以感受到时尚的气息。在它的斜对面也设置了一栋灰色的现代建筑，两者之间形成一种互相对话的关系，伴随着人们沿着步行空间走向滨江平台。

临滨江广场的一栋多层厂房是园区体量最大的一栋建筑，而且位于步行轴线一侧，从时尚广场就可以看到其侧影。从江面上看来，这栋建筑更是具有显著的地位，是一个打造标志性景观节点的理想承载体。我们运用金属网对建筑的上部进行了包裹，形成丰富褶皱，在形态上将建筑转化成了一个城市雕塑。夜晚它更似一个剔透的抽象灯笼，无论从江面还是从中心广场都可以感受到这个景观高潮的震撼力。在其他滨江建筑的改造上，考虑第五立面的需要，我们用仿木的水平百叶构建将整体建筑予以包装，同时打开墙体，形成内部通透的环境。

作为一个工业遗产改造工程，需要在时间中不断调整其功能和使用方式。设计保存了工业建筑可灵活布局的大空间的特色，为未来的运营和发展提供了多样化的选择。设计的目标也在于使之既可以接待公共性的大型时尚活动，又可以与多样化的商业活动相结合，比如上海国际时装周、模特大赛、品牌发布会或时装学校作品联展等。这些活动也可以在室外场地，如中心广场或滨江广场举办。

从国棉17厂到上海国际时尚中心，从功能定位、园区规划到建筑保护和改造、到景观设计、室内设计、标示设计，乃至营运管理，每个环节都是它成功再生的重要部分。改造工程的特殊性在于在设计中和施工中会不断有意外的发现，作为规划和建筑设计师，一方面要对设计风格和效果有明确的把握，而且也要与业主和其他配合单位一起，不断地协调，不断地在现场进行修改和优化，这也是改造工程的难度和挑战所在。

28

29

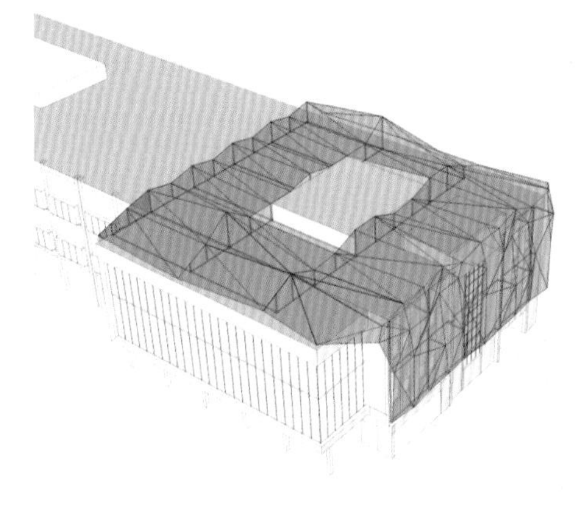

30

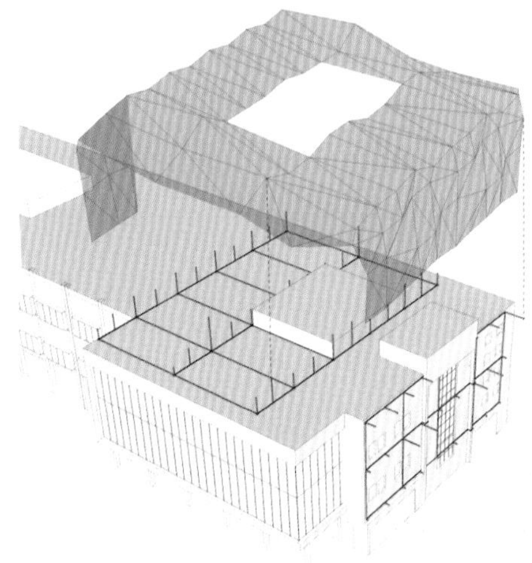

31

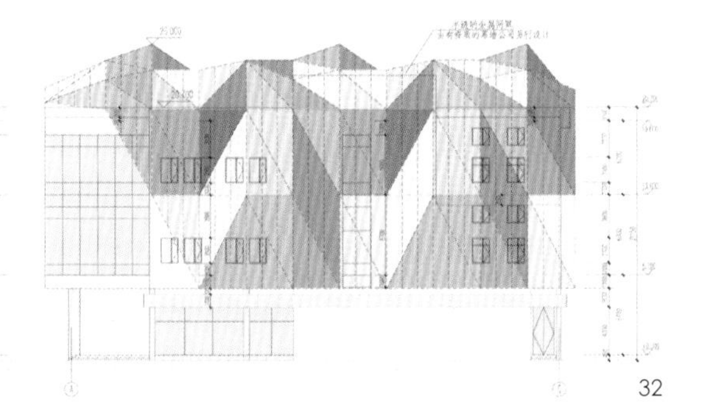

32

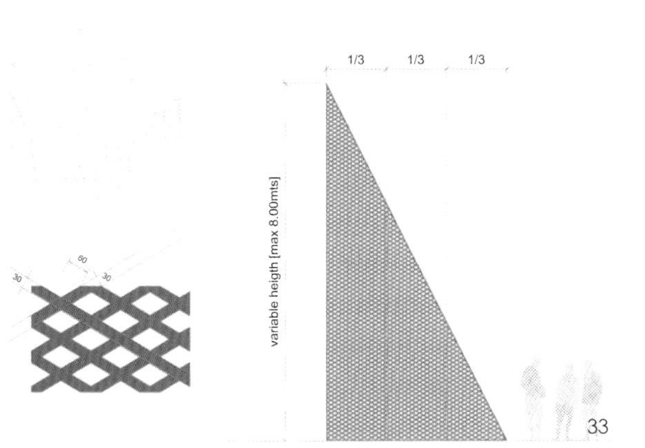

33

– Le contraste entre le neuf et l'ancien

Au bord de la place centrale, face à l'entrée sur le site depuis Yangshupu Road, un nouvel édifice en métal sombre et en verre projette un écran led sur la place centrale. Plus loin, recouvert de panneaux de couleur béton, un autre établit un dialogue avec le premier. Leurs masses dynamiques et en biais contrastent avec la rigidité du plan de l'usine.

Près du fleuve, le bâtiment existant le plus haut du site a été partiellement drapé d'un « tissu » métallique semi transparent. Devenu « sculpture urbaine », le bâtiment est un signal à l'échelle du fleuve et des alentours. Il se transforme en lanterne dans la nuit. Un autre édifice a proximité a été recouvert de jalousies de couleurs pour former une boîte semi transparente dont la toiture, visible, évoque un paysage de champs cultivés.

La particularité d'un travail de réhabilitation à cette échelle est qu'à tout moment il peut y avoir des surprises. Il faut être réactif. Il faut aussi savoir faire évoluer le projet. Activités en intérieur ou à l'extérieur liées à la « semaine de la mode », concours de modèles, promotions de marques, expositions artistiques ou des écoles de mode, espaces de création dédiés aux designers, restauration, loisirs, bureaux et commerces : le Centre de la Mode de Shanghai offre aujourd'hui une grande variété de possibilités. Le programme s'est affiné avec le temps et avec la découverte progressive du potentiel de l'ensemble des espaces du site.

Un travail sur la cohérence entre le programme, le plan masse, l'architecture, le paysage, les intérieurs et la signalétique durant chaque phase de décision a été indispensable à la réussite de l'ensemble.

– Contrast between the New and the Old

On the edge of the central plaza, opposite the entry to the site from Yangshupu Road, a new dark metal and glass building projects a LED screen onto the plaza. Farther on, another building, covered with concrete colored panels, establishes a dialog with the first. Their dynamic, angled massing contrasts with the rigidity of the factory layout.

Near the river, the tallest existing building on the site was partially draped with a semi-transparent metal "cloth." Now an urban sculpture, the building is a signal in scale with the river and the surroundings. It is transformed into a lantern at night. Another nearby building was covered with colored blinds to create a semi-transparent box whose visible roof recalls a landscape of cultivated fields.

Particular to rehabilitation on this scale are the surprises that can crop up at any moment. You have to react. You also have to know how to make the project evolve. Inside or outdoor activities connected with fashion week, to model competitions, to promoting brands, artistic or fashion school exhibits, designer's showrooms, restaurants, space devoted to leisure time, offices and shops: The Shanghai Fashion Center now offers a great variety of possibilities. The program was refined over time and with the progressive discovery of the full potential of the site's ensemble of spaces.

Working on the overall coherence between the program, the master plan, the architecture, the landscape, the interiors, and the signage throughout each phase of decision-making was indispensable to the success of the whole.

28. 改造后沿江建筑实景照片 / 29. 改造后厂房实景照片 / 30–33. 金属穿孔网设计图

28. Vue photographique d'un bâtiment après sa réhabilitation / 29. Vue photographique des édifices réhabilités / 30-33. Dessins de l'enveloppe métallique du bâtiment rénové

28. Photographic view of a building after rehabilitation / 29. Photographic view of the rehabilitated buildings / 30-33. Drawings of the metal skin of the renovated building

34

34. 金属穿孔网细部实景照片 / 35. 从复兴岛看金属穿孔网实景照片

34. Vue photographique de détail de l'enveloppe métallique / 35. Vue photographique de l'enveloppe depuis l'île de Fuxing

34. Detail photographic view of the metal skin / 35. Photographic view of the metal skin from the Fuxing Island

36、37. 沿江景观实景照片 / 38. 改造后沿江仓库实景照片 / 39. 百叶覆盖的沿江仓库实景照片 / 40、41. 百叶细部照片

36-37. Vues photographiques du paysage de la berge / 38. Vue photographique des anciens entrepôts réhabilités / 39. Vue photographique de l'enveloppe réalisée sur un ancien entrepôt / 40-41. Photos de détails de l'enveloppe

36-37. Photographic views of the riverbank landscape / 38. Photographic view of the rehabilitated warehouses / 39. Photographic view of a semi-transparent cover of a former warehouse / 40-41. Detail photos of the cover

42、43. 沿江景观剖面图：游艇码头和叠水喷泉 / 44. 主要沿江平台实景照片 / 45. 景观总平面图 / 46. 步行主轴到达江边的实景照片

42-43. Coupes sur la berge : le port de plaisance et la terrasse avec la fontaine en cascade / **44.** Vue photographique de la terrasse principale / **45.** Plan du paysage / **46.** Vue photographique de l'arrivée de l'axe principal sur le fleuve

42-43. Sections of the riverbank: the Yachting harbor and the terrace with its cascading fountain / 44. Photographic view of the main terrace / 45. Landscape plan / 46. Photographic view of the termination of the pedestrian axis at the river

道路红线
树
浦
主入口
入口广场
中 央 景 观 大 道
基地界线
滨江广场
码头
1#
2#
3#
4#
5#
6#
8#
9#
10#
11#
12#
13#
14#
P
45

46

47. 沿黄浦江实景照片
47. Vue photographique depuis le fleuve Huangpu
47. Photographic view from the Huangpu River

4

办公及商业综合体 —— 实用性和艺术性

COMPLEXE BUREAUX ET COMMERCES - ENTRE FORME ET FONCTION

Offices and Business Complexes - Between Form and Function

作为建筑设计者，常要面对的设计项目是与人们日常生活息息相关的建筑类型，比如写字楼、商业中心、公寓、酒店等，而且这些功能往往结合在一起，形成城市综合体，成为城市生活的重要载体。我们在设计这类建筑时，会受到许多方面的限制。一方面需要满足多种功能的要求，一方面需要结合开发商的经济目标，同时还要让每个建筑都有自己的艺术特色，这是一件有难度的事，但也是很有挑战的工作。一旦可以很好地在各种需求中找到平衡点，同样也能创作出让人震撼的作品。

在瑞证大厦的设计中，业主强调其经济性，希望得到面积最大化的标准层平面，并且造型尽量简单方正。而该建筑坐落在上海浦东世纪大道的显著位置，我们希望给它笔挺俊秀的效果，并具有一定的标志性造型。为此，我们在过宽的侧立面上进行划分并给予一定的角度，划分线延伸到建筑顶部，形成三角面并略微向天空倾斜，得到如水晶体般的折射效果。这样的处理，在平面使用和造价上都在业主可接受的范围内，同时也赋予该建筑一定的艺术效果。

而在临港滴水湖畔的办公楼设计中，我们遇到了原来城市设计中约定的非常细致的制约，包括立面线条、底层形式等。我们巧妙地运用黑白两种立面材料，塑造出体量的穿插、叠加、悬挑等效果，使建筑在浩渺的湖边呈现醒目的效果。

在廊坊万达项目中，沿着城市广场的三栋办公楼和一栋酒店将成为城市新的地标，我们将这四栋建筑结合在一起进行造型，通过体量上适当的切割和立面色块错动的手法，使之产生犹如一道起伏的山脉的雕塑效果。

武汉蔡家嘴是一个集办公、酒店、商业、居住为一体的综合建筑群，而且临近东湖，拥有不可多得的景观资源，也正因如此，需要充分考虑看与被看的关系，为东湖地区锦上添花。我们设计了一组按螺旋平面排列并且逐渐升高的建筑群，形成一条盘旋上升的天际线。以半围合的方式向东湖方向敞开景观和视线，形成对东湖最大程度上的尊重，并且得到一组富有秩序的标志性建筑群。

北京CBD核心区400米超高层大楼位于景观轴线尽端，将统领整个商务区建筑群，而且在长安街亦可见到其高耸的侧影。为此，我们寻找一个既庄重宏伟又时尚新颖富有动感的造型，其构思来自方尖碑，向上收分的造型使之拥有稳固而优美的体型，在黄金分割的高度立面产生折皱，呈放射状向上和向下延伸，似乎将天和地牵在一起。同时，体量在侧面顶部分裂成晶体状，内部是辉煌的空中沙龙，遥望着长安街和故宫。

这些建筑和建筑群都是在尽可能的范围里，将最初的构思体现在造型的艺术手法里，并且达到功能上的、使用上的和经济上的平衡，塑造出各自的特征形态。

1

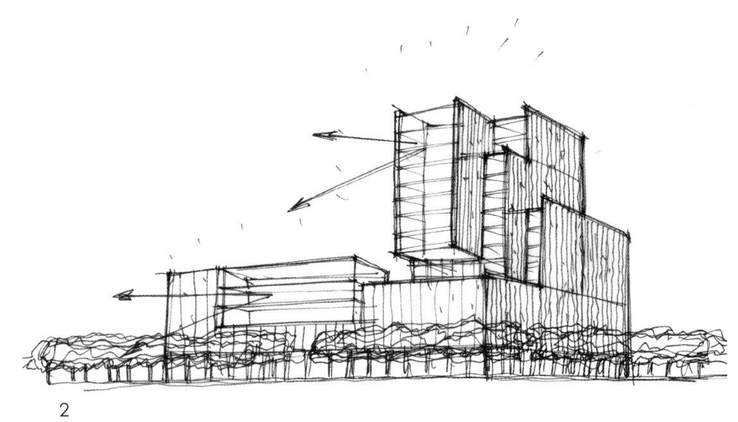

2

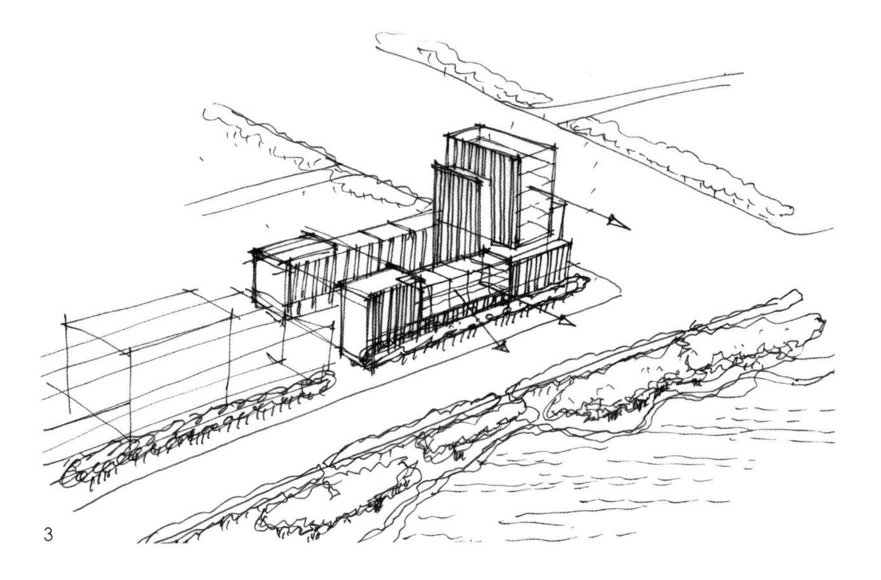

3

1. 上海瑞证大厦设计草图 / 2、3. 上海临港办公楼设计草图 / 4. 廊坊万达广场设计草图 / 5. 武汉蔡家嘴项目设计草图

1. Esquisse pour la tour Ruizheng à Shanghai / 2.-3. Esquisse pour le complexe de bureaux et de commerces de Linggang / 4. Esquisse pour Wanda Plaza à Langfang / 5. Esquisse pour le complexe Caijiazui à Wuhan

1. Sketch for Ruizheng Tower in Shanghai / 2-3. Sketch for a the office and retail complex in Linggang / 4. Sketch for Wanda Plaza in Langfang / 5. Sketch for the Caijiazui complex in Wuhan

La programmation d'un projet d'architecture en Chine donne souvent lieu à une mixité de par l'étendue même du projet : bureaux, commerces, appartements et hôtel forment un ensemble dynamique et vivant, avec des contraintes s'inscrivant dans un cadre économique rigoureux. C'est par une réponse originale et appropriée au programme, aux contraintes et aux potentialités liées au site que l'on obtient un projet satisfaisant, avec une identité propre.

Pour la Tour Ruizhen, située le long de l'Avenue du Siècle à Shanghai, il nous a été demandé un plan type de grande surface et de forme simple. Nous avons inscrit un angle dans la façade du bâtiment pour répondre aux angles de vue sur l'avenue qui fait un coude à cet endroit. L'aspect cristallin de l'édifice trouve un aboutissement en partie haute, un triangle de verre réfléchissant le ciel.

À Lingang, au nord du lac, le projet est une interprétation la plus pure possible, et jusqu'à l'abstrait, de règlements stricts. Un module et une façade en noir et blanc mettent en relief la composition des volumes. De grandes parois vitrées orientent les vues sur le lac.

Pour Langfang Wanda, le projet borde un parc sur toute sa longueur. Les trois tours de bureaux et l'hôtel sont alignés, formant un front bâti que nous avons traité de façon uniforme à l'échelle urbaine, comme une falaise de verre.

Le projet de Caijiazui à Wuhan regroupe hôtel, bureaux et commerces sur un terrain triangulaire à proximité du lac Donghu. Vue du lac, la silhouette du projet monte en spirale jusqu'à la tour de bureaux, située à l'angle le plus en vue du site.

La tour Z15 du quartier d'affaires (CBD) de Beijing, située au bout d'un axe paysagé majestueux, est un obélisque épuré dont les diagonales réunissent la terre au ciel. Les façades latérales se divisent en volumes contenant des « sky lobbies » ouvrant des vues vers la Cité Interdite.

Toutes ces architectures sont des réponses à une recherche d'identité ou de caractère dans des contextes urbains, programmatiques et économiques particuliers.

Programming of an architectural project in China often involves a mix of uses just by the very size of the project: Offices, shops, apartments and a hotel form a dynamic and lively ensemble with contraints dictated by a strict economic framework. It's through an original and appropriate response to the program, to the constraints and potentials of the site, that a satisfactory project with a unique identity can be achieved.

For the Ruizhen Tower, located on Century Avenue in Shanghai, we were asked to do a typical large building with a simple form. We included an angle in the building façade as a response to the view corridors onto the avenue which turns at that point. The crystalline look of the building terminates at the top, like a glass triangle reflecting the sky.

In Lingang, north of the lake, the project is the purest possible interpretation, almost abstract, of the strict regulations. A basic module and a black and white façade make the composition of the volumes stand out. Large glass walls orient views to the lake.

For Langfang's Wanda plaza, the length of the project borders a park. The three office towers and the hotel are lined up forming a built front that we designed on an urban scale in a uniform manner like a glass escarpment or cliff.

The Caijiazui project in Wuhan incorporates a hotel, offices and shops on a triangular site near Lake Donghu. As seen from the lake, the project's silhouette spirals up to the office tower, located at the most visible point of the site. Its lateral facades are divided into volumes containing "sky lobbies" with views of the Forbidden City.

The Z15 tower in the Beijing CBD, located at the end of a majestic landscaped axis, is a streamlined obelisk whose diagonal lines unite earth and sky. The lateral facades are divided into volumes including "sky lobbies," opening views to the Forbidden City.

These architecture projects are responses to a search for identity or character in specific urban, programmatic and economic contexts.

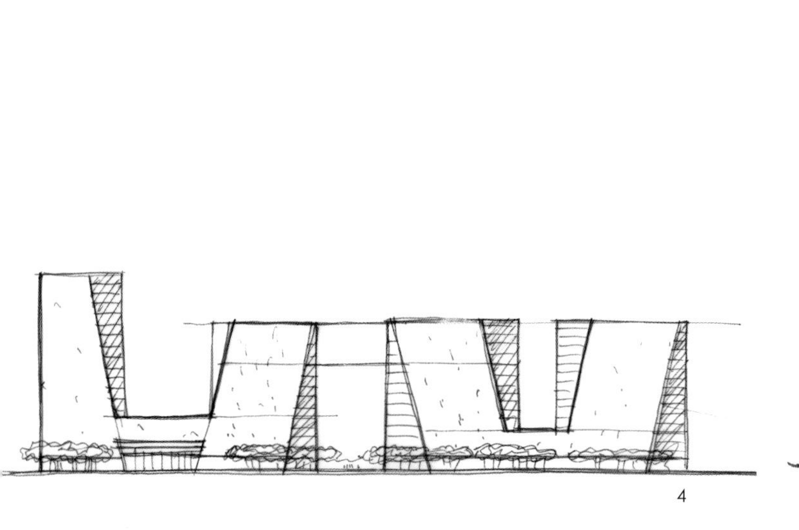

4

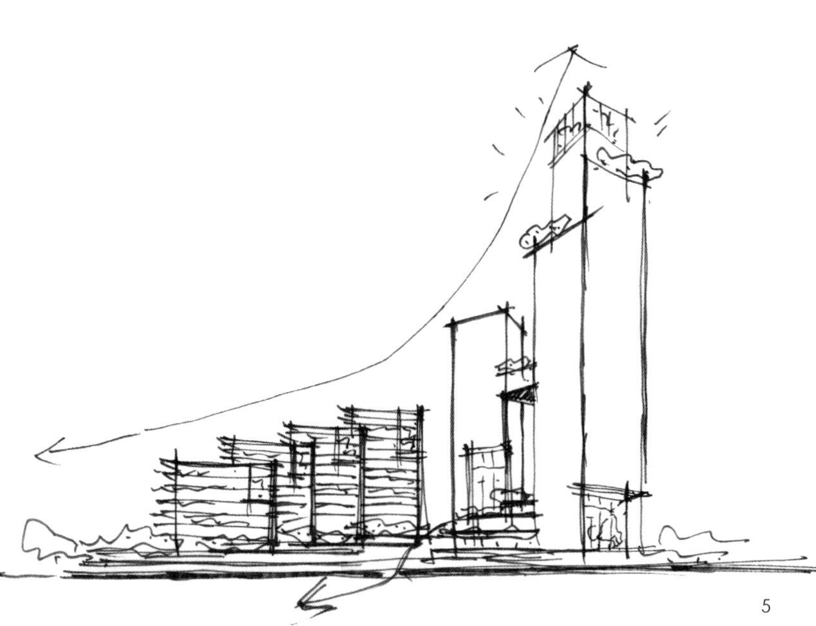

5

瑞证大厦

Shanghai 上海 – 2012

TOUR RUIZHENG

Ruizheng Tower

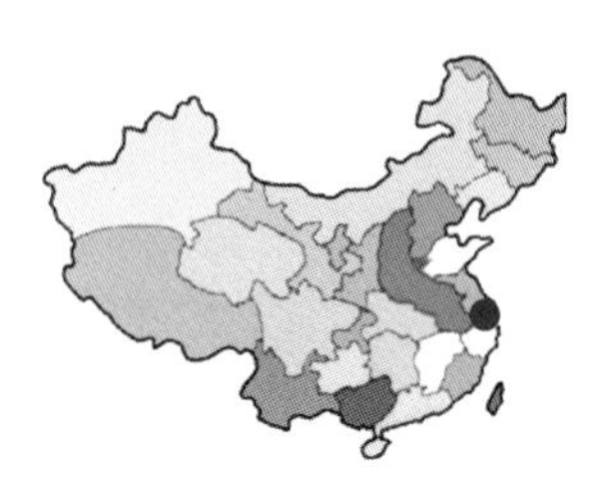

天然晶体

A Crystalline Form

Un volume cristallin

本项目位于浦东世纪大道转折处，使其在视觉上具有极为显著的重要性。业主希望该建筑造型简洁，标准层可以达到1800平方米的面积。在满足这种功能性要求的同时，我们在建筑体量上进行了巧妙的切割处理，使其对世纪大道的转角予以呼应，并通过对侧立面划分来加强狭窄的南立面的重要性。面对世纪大道的南立面被处理非常通透的呼吸式皮肤，可以自然通风。东立面和西立面设置垂直的遮阳条。建筑东西立面顶部的三角形区域向天空倾斜，反射变换的天光，在夜晚形成通亮的标志。其中，西立面的下部以同样的手法将一个三角区域转折挑出，形成宽大深邃的的入口雨篷。整个设计运用这些切割和折叠等造型手法，塑造出一个坚实而富有动感的建筑体。

1. 从世纪广场看大厦和周边建筑 / 2. 夜景效果图 / 3. 总平面图 / 4. 侧入口实景照片

1. Vue photographique depuis l'Avenue du Siècle / 2. Vue perspective de nuit / 3. Plan de masse / 4. Vue photographique de l'entrée latérale

1. Photographic view from Century Avenue / 2. Night perspective view / 3. Master plan / 4. Photographic view of the side entrance

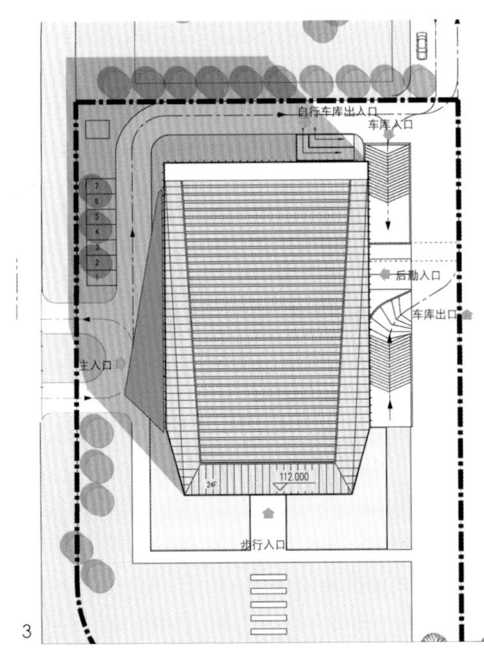

3

Le site est particulièrement bien placé, au bord de l'Avenue du Siècle à Pudong, Shanghai. Le client avait certains souhaits pour ce bâtiment : qu'il soit simple, fonctionnel, avec un étage courant de 1 800 m². Nous avons introduit des découpes dans le volume de la tour pour répondre aux angles de vues sur l'avenue et hiérarchiser, en la morcelant, la façade. La plus vitrée, la façade sud, correspond aux espaces qui donnent directement sur l'avenue. Elle est formée d'une double peau de verre naturellement ventilée. Les façades est et ouest sont, elles, parcourues de brise-soleil verticaux. En partie haute la façade se plie vers le ciel pour former un triangle de verre, signal qui devient lumineux la nuit, tandis qu'en partie basse elle se déplie pour former un large auvent. Plis et découpes donnent à cette tour un aspect à la fois compact et dynamique.

The building's site is particularly well located, next to Century Avenue in Pudong, Shanghai. The client had definite wishes for the building: That it be simple, functional and have a standard floor size of 1 800 square meters. We proposed cut outs in the bulk of the tower to respond to the view corridors to the Avenue and to break up the mass of the façade. The south façade with the most glazing relates to the spaces which are directly on the Avenue. The south façade is composed of a double glass skin which has natural air circulation. The east and west faces are covered with vertical sunshades. The upper section of these façade folds towards the sky, forming a glass triangle and an illuminated symbol at night, while the lower section bends to form a large canopy. By use of the folded and cut out forms, the tower seems both compact and dynamic.

4

5、7. 大厦实景照片 / 6. 大厦顶部处理轴测图 / 8–10. 立面细部照片

5&7. Vues photographiques de la tour / 6. Axonométries du traitement du sommet de la tour / 8-10. Photos des détails de la façade

5&7. Photographic views of the tower / 6. Axonometrical view of the top of the tower / 8-10. Detail photo of the curtain wall

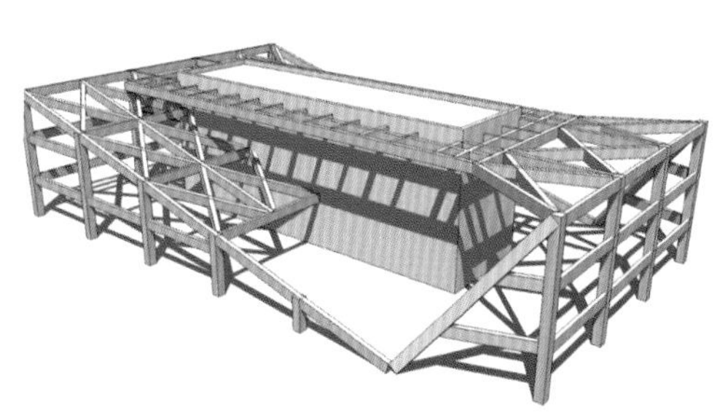

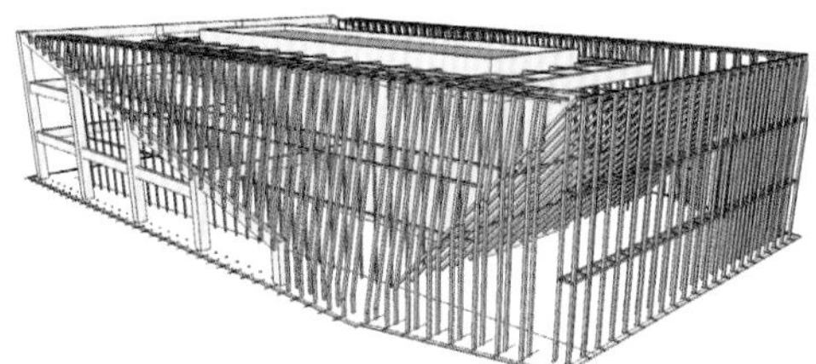

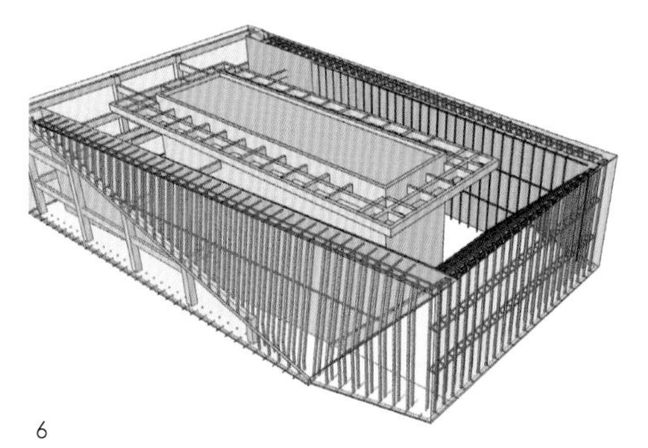

5

6

7

8 9 10

办公综合大楼

Lingang 临港 – 2012

COMPLEXE DE BUREAUX ET COMMERCES

Business and Commercial Complex

一种简约的语言

A Purified Vocabulary

Un langage épuré

该项目位于与洋山深水港一桥之隔的临港新城，坐落在直径2.5公里的圆形滴水湖畔、进入城市的中轴线的一侧。整组建筑为高低错落的体量，形成一个半围合街坊。其中，65米高的方形塔楼成为制高点，在城市主轴上起到标志作用。裙房一侧面向浩渺的滴水湖，一侧面向安静的内院。该地块拥有严格的城市设计控制条件，我们将这些本来颇具束缚的条约演化成规律的模数体系，从而形成一种极为简约的垂直线条的建筑语言。同时，我们运用黑白两种色彩的立面材料，塑造出既抽象又富有雕塑感的体量组合，犹如交织的音乐。在面湖的外立面上设有一长方形通透的玻璃面，是观赏湖景的最佳场所。

在这长江三角洲入海的浩瀚冲积洲上，天空总是弥漫着薄雾，该建筑以其简约的线条醒目地屹立在滴水湖畔。

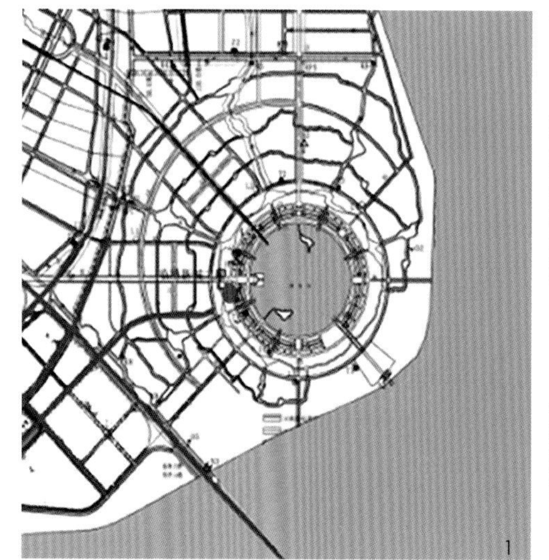
1

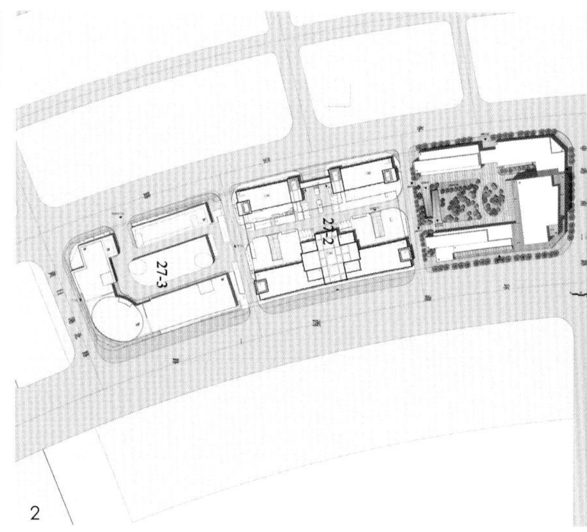

2

1. 基地位置图 / 2. 总平面图 / 3. 建筑鸟瞰图 / 4-7. 底层及各层平面图 / 8-11. 立面图

1. Plan de situation / 2. Plan de masse / 3. Vue perspective aérienne / 4-7. Plans du rez-de-chaussée et des étages / 8-11. Élévations

1. Situation plan / 2. Master plan / 3. Bird's eye perspective view / 4-7. Ground floor and upper levels plans / 8-11. Elevations

3

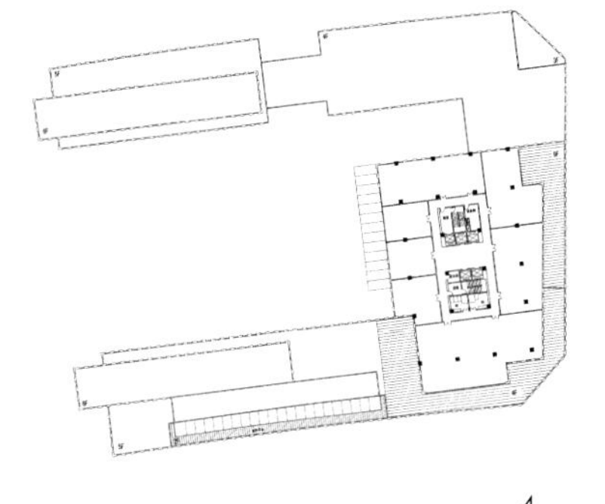

4

Le projet est situé dans la ville nouvelle de Lingang, créée en même temps que le nouveau port en eaux profondes de Shanghai. Il se place à l'intersection de l'avenue principale et d'un lac circulaire de 2,5 km de diamètre... Une tour de 65 m de haut domine des volumes qui d'un côté donnent sur une cour et de l'autre sur le lac. Les règles liées à l'urbanisme et à l'architecture sont définies de manières strictes. Nous avons utilisé ces règles et les dimensions qu'elles requièrent de façon répétitive dans tout le projet en empruntant un module de base. En simplifiant à l'extrême le style du bâtiment en lignes verticales et en utilisant le contraste entre le blanc et le noir des matériaux, nous avons voulu obtenir une composition à la fois abstraite et sculpturale de l'architecture, comme une musique. De larges pans vitrés orientent les vues sur le lac.

Situé dans une ville le plus souvent couverte de nuages clairs poussés par le vent, ce projet aux lignes épurées se détache sur un fond naturel toujours changeant.

The project is located in the new town of Lingang, created at the same time as the new deep water port of Shanghai. Lying at the intersection of the main avenue and a circular lake 2.5 kilometers in diameter, the 65-meter high tower dominates spaces fronting on a courtyard on one side and the lake on the other. Urbanism and architecture rules are very strictly defined here. We used the regulations and the required dimensions in a repetitive manner throughout the project, following a basic module. By simplifying the vertical lines of the building style to the extreme, by using contrasting black and white materials, we sought to create an architectural composition that is at once abstract and sculptural, like music. Large glazed panels offer views of the lake.

Located in a city most often covered by light-colored, wind-tossed clouds, the simple lines of the building stand out against an ever changing natural backdrop.

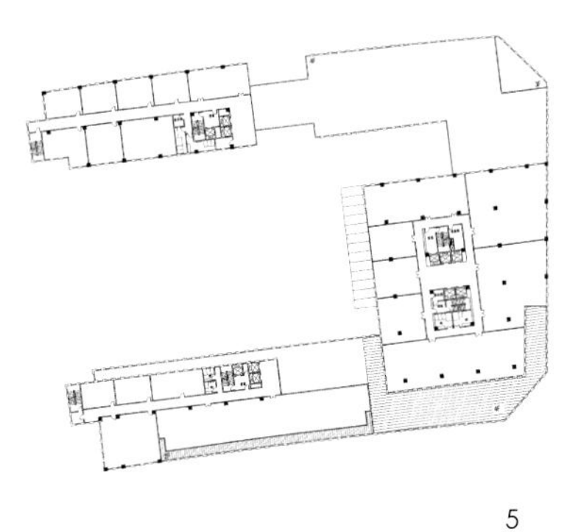

5

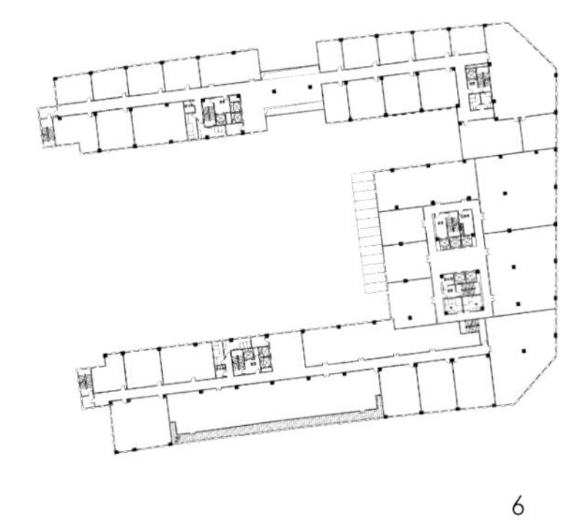

6

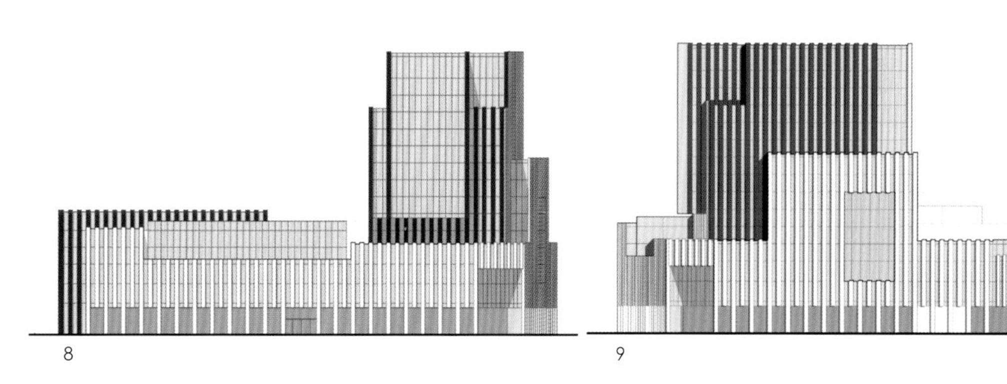

8

9

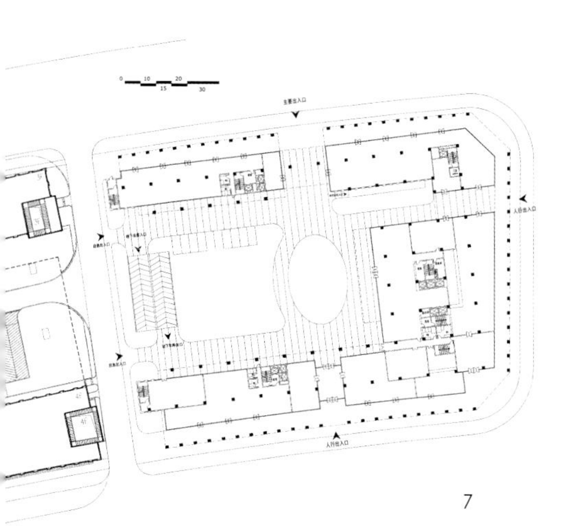

7

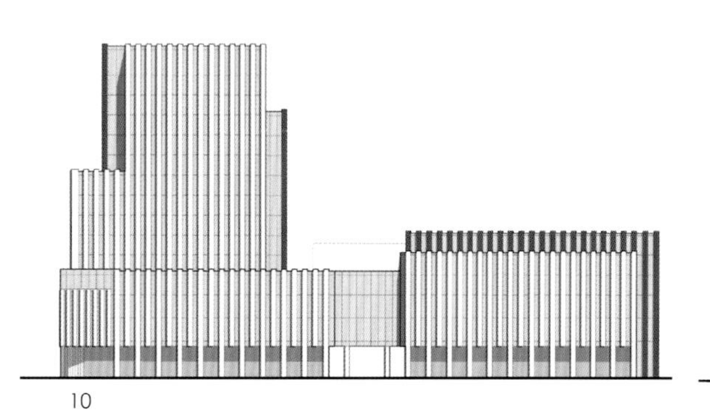

10

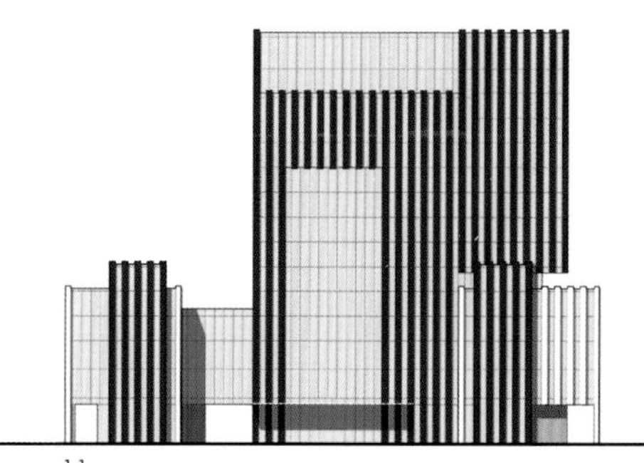

11

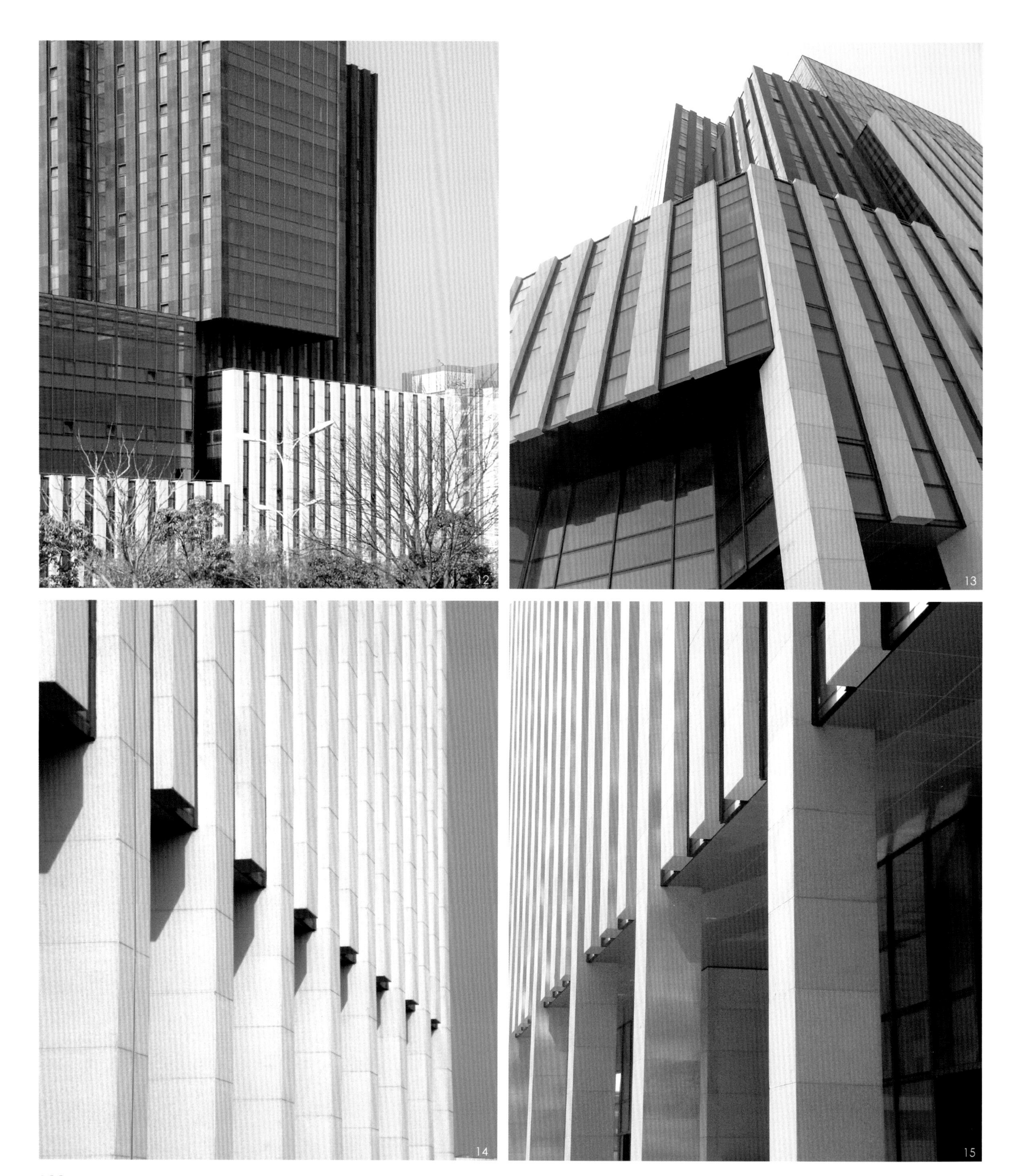
12
13
14
15

12、13. 立面效果实景照片 / 14、15. 柱廊实景照片 / 16. 道路转角实景照片

12-13. Vues photographiques de la composition de la façade / 14-15. Vues photographiques de la colonnade / 16. Vue photographique depuis l'intersection

12-13. Photographic views of the building's façade elements / 14-15. Photographic views of the colonnade / 16. Photographic view from the intersection

万达广场
Langfang 廊坊 – 2011

WANDA PLAZA

Wanda Plaza

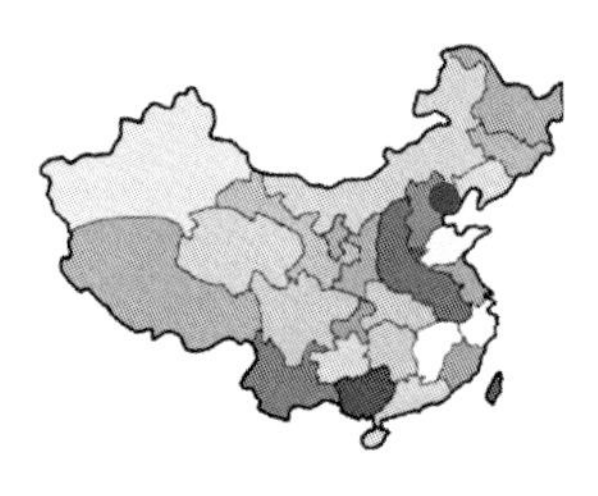

一个玻璃的山脉
A Palisade of Glass
Une falaise de verre

本项目基地面对着廊坊市中心重要的城市广场，我们希望在体量上和材质上体现它特殊的形象。为了使这个拥有不同的功能体建筑群拥有完整的形象，我们运用一种统一的建筑语言：将体量连接在一起并在转角进行倾斜的削切。在面对城市广场的立面被设计成随机分布、活泼错动的色块体，使之逾越建筑的实体成为切割的雕塑体。

为此，我们选用了同一色系里的六种玻璃，通过巧妙的组合，使整个立面呈现出完整和丰富的视觉效果。而在被切割的斜面则采用全通透的玻璃，以加强造型的力度。这样的手法使整体建筑群在城市的尺度上塑造了其标志性形象。

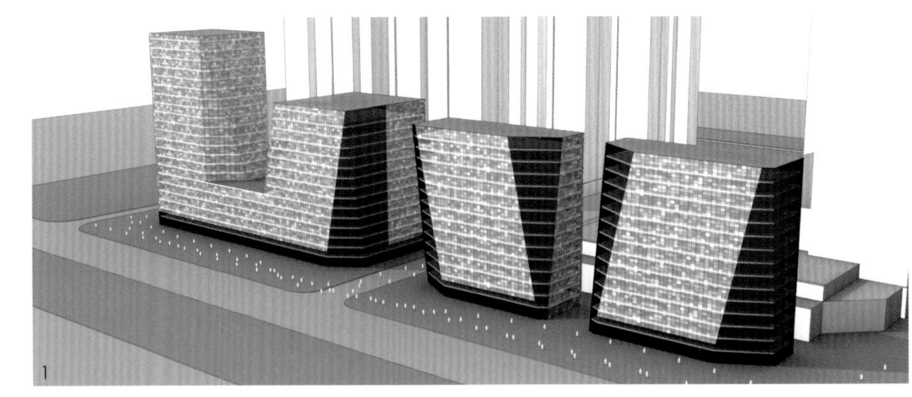

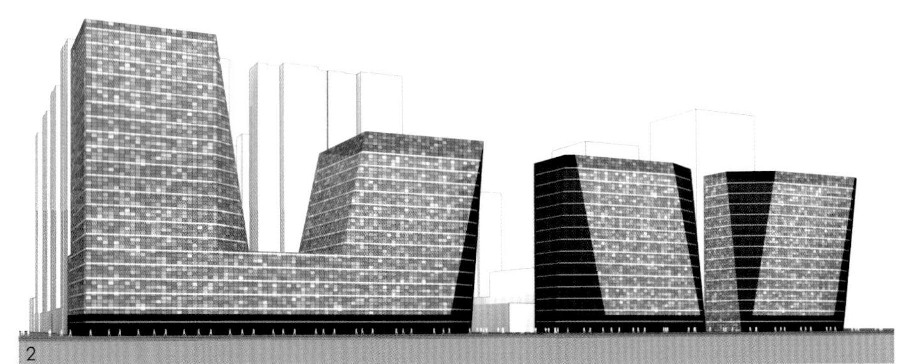

1、2. 体量研究图 / 3. 建筑鸟瞰图 / 4. 交叉路口实景照片

1-2. Études volumétriques / 3. Vue perspective aérienne / 4. Vue photographique depuis le carrefour

1-2. Volumetric studies / 3. Bird's eye perspective view / 4. Photographic view from the intersection

Le projet se situe à l'intersection de deux larges boulevards sur lesquels il présente de longues et imposantes façades. Il est perçu de loin. C'est par un travail sur la silhouette et sur la peau que nous avons voulu caractériser le projet.

Pour trouver une unité aux différentes parties du programme nous avons décliné un langage architectural commun : les volumes sont reliés entre eux et découpés en biais, comme érodés, aux emplacements stratégiques. Ils sont aussi recouverts d'une peau de verre dont le jeu aléatoire vibre avec les couleurs et la lumière du ciel. Un système de panneaux préfabriqués composé de six verres différemment combinés permet d'obtenir une surface à la fois uniforme et variée. Les parties coupées en biais sont formées d'un verre simple et transparent. La composition d'ensemble donne au projet l'aspect sculptural d'une falaise de verre à l'échelle du site.

The project is located at the intersection of two wide boulevards lined with long imposing façades. The building can be seen from afar. Its silhouette and skin create its character.

To create unity throughout the different parts of the program, we defined a common architectural language: the building volumes are interrelated and cut on an angle, as if eroded, in strategic locations. They are sheathed in a glass skin which visually vibrates with the random play of the colors and light of the sky. A system of prefabricated panels composed of six differentially-combined glazing allowed us to obtain a surface that is both uniform and varied. The angled portions are made of simple, transparent glass. The overall composition gives the project the sculptural aspect of a glass escarpment in scale with the site.

4

5

5、6. 沿大道实景照片 / 7. 沿大道立面

5-6. Vues photographiques depuis l'avenue /
7. Élévation sur l'avenue

5-6. Photographic views from the avenue /
7. Elevation of the avenue

蔡家咀地块
Wuhan 武汉 – 2011

COMPLEXE CAIJIAZUI

Caijiazui Complex

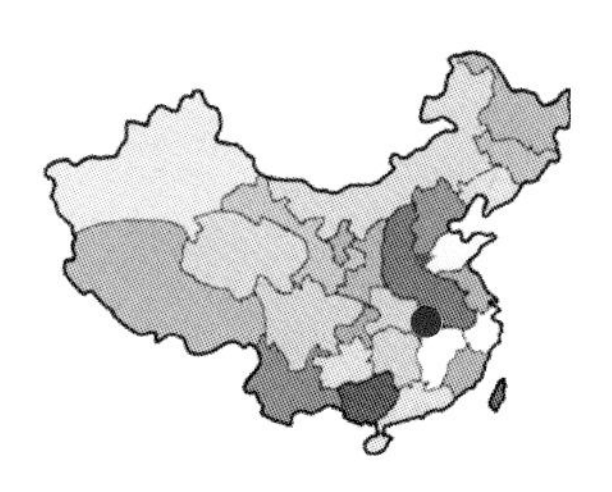

层层叠翠，盘旋生长
Terraces, a Spiral
Des terrasses, une spirale

本项目位于武汉东湖路路段的转折处，占据视觉焦点的重要地位，东临东湖广阔浩瀚的水面，是滨湖天际线的主要控制点。基地形状为三角形，南北高差约5米，平面采用螺旋形伸展的布局方式，在三角形基地中找到一种强烈的几何秩序。按照该秩序依次布置高度不同的建筑体，从东湖路南端开始，四组艺术家公寓沿基地边界由南向北盘旋叠起，逐渐向基地内部升高，最后在东湖路和乐业路交汇处形成制高点。

在三角基地的交点布置有一高一低的双塔，高塔为240米的5A级酒店办公楼，低塔为154米的酒店式公寓，双塔在100米至117米处有4层空中沙龙连接，好似双塔手牵手，富有强烈的雕塑感，并形成一个视觉取景框，正好在东湖路的转折点形成视觉延续。基地内公建和公寓共同形成半围合的布局，使景观和视线向东湖敞开。

临乐业路与东湖路的交叉口上设置下沉式庭院，与地铁出入口及人行通道出入口结合，将地下人流尽快的引导到地面上。沿东湖路由建筑围合出一个大型的下沉式广场，将超高层裙房与艺术家公寓、地铁和地下通道通过商业结合在一起，同时在庭院一端布置居住区会所及物业等配套设施，既满足居住的私密性又极大地提高了居住空间的质量。

在景观设计上，我们充分结合基地东侧东湖的景观特色，围绕水景与绿化空间来规划。景观设计以层层梯田的形式巧妙地解决了高差的问题，同时这种规律的构图给人强烈的节奏感。各平台之间用坡道连接，加以树阵点缀，形成端庄大气、高雅精致的标志性入口景观。

下沉式庭院里的层层平台与垂直绿化，还有屋顶绿化共同构成多视点的立体景观体系。

高层主楼立面细部设有时而转动一定角度的玻璃，在天空的反射下呈现出闪烁的视觉效果，犹如水面层层涟漪、波光闪烁的景象，与东湖水面遥相呼应。

公寓建筑采用流畅的水平阳台和内立面错动的墙体结合，形成统一而有变化的效果。特别设计的绿化阳台节点使建筑成为垂直绿化的载体。

层层叠翠、盘旋生长，从东湖看本建筑群有一种和谐的变化的空间效果，创造出蔡家咀核心地块最新的标志性城市轮廓线。

1

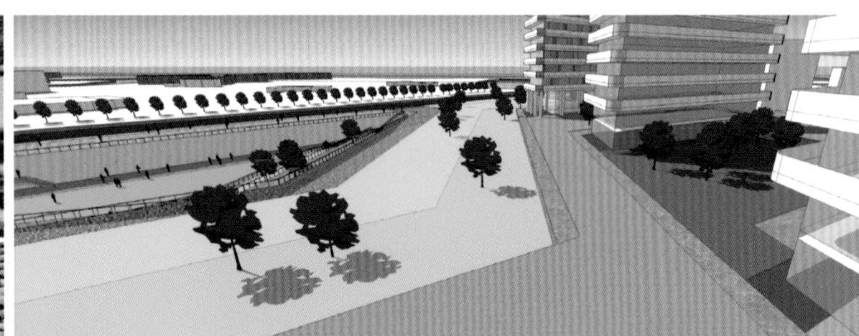

2

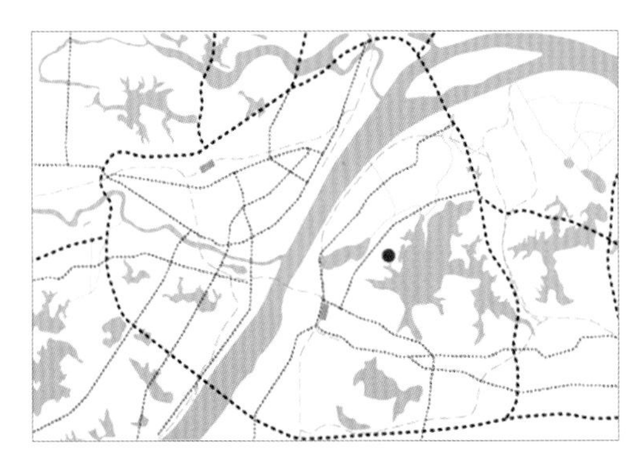

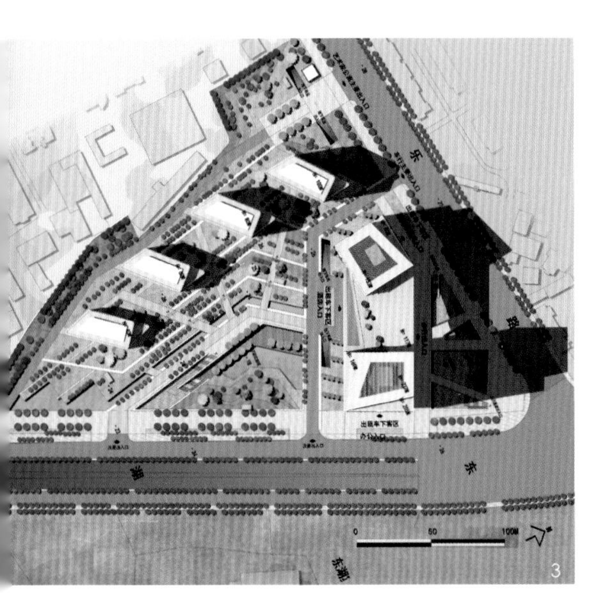

Ce projet se trouve face au lac Donghu, dans un endroit stratégique, sur un changement d'angle de rue. Le terrain est de forme triangulaire, avec du nord au sud un dénivelé de 5 mètres. Les masses montent progressivement en spirale vers l'angle le plus exposé aux vues où culmine une tour de 240 mètres (hôtel et bureaux) reliée à une autre plus petite (résidence hôtelière) par un « sky lobby ».

Les tours se partagent un socle commun aménagé en terrasses plantées. Formant un cadrage en fond de perspective, les deux tours présentent des angles découpés offrants des vues variées sur le lac. Leurs façades sont recouvertes d'un système de vitrages angulaire et aléatoire qui rappelle le scintillement de l'eau.

Sur la pointe la plus publique du terrain une place en décaissé relie le métro à un passage souterrain conduisant au parc. Côté jardin, un grand espace en décaissé en cœur d'îlot relie à la fois tours, commerces et appartements au métro et offre aussi vues, lumière et ventilation naturelles à des restaurants et au club-house des résidences.

Un relief paysagé permet de mieux délimiter les espaces pour mieux contrôler la mixité du programme. Le jeu des terrasses successives relie sous-sol au rez-de-chaussée, sud au nord et se poursuit dans le traitement du socle des tours, offrant des vues panoramiques sur le parc et le lac Donghu.

Derrières les lignes horizontales des balcons, les murs des résidences sont décalés, rappel du jeu aléatoire des façades des tours. Les balcons filants intègrent un espace planté sur toute leur longueur.

Projet « vert » et dense à la fois avec ses jardins en terrasses et sa silhouette dynamique, le complexe de Caijiazui offre un ensemble paysagé et volumétrique cohérent.

The project faces Donghu Lake, and is in a strategic location where the angle of the street changes. Triangular in form, the site slopes five meters from north to south. The building massing ascends progressively in a spiral towards the most visually exposed angle, culminating in a 240 meter tower (hotel and offices) joined to another smaller tower (residential hotel) by a "sky lobby."

The towers share a common base developed in planted terraces. Forming a backdrop perspective, the two towers present cut away angles offering varied views of the lake. Their facades are covered with a system of angled and random glazing which recalls the shimmering of water.

At the most public location on site, a recessed plaza connects the metro to an underground passageway to the park. On the garden side, a great recessed space at the heart of the project links towers, businesses and apartments to the metro and also provides views, light and natural ventilation for restaurants and the residences' club-house.

A landscaped relief permits better definition of the spaces for control of the project's mix of uses. The play between the successive terraces relates basement to main floor, from south to north, and continues through the treatment of the base of the towers, offering panoramic views on the park and Donghu Lake.

Beyong the horizontal lines of the balconies, the walls of the residences are staggered, recalling the random play of the tower facades. The continuous balconies include a planted space along their length.

A "green" project and also dense, with its terraced gardens and its dynamic silhouette, the Caijiazui complex provides a landscaped ensemble and coherent form.

1. 构思意向图 / 2. 自东湖方向效果图 / 3. 总平面图 / 4. 自东湖路交叉口效果图

1. La conception du traitement du site en terrasse / 2. Vue perspective depuis le parc bordant le lac / 3. Plan de masse / 4. Vue perspective depuis l'angle des avenues

1. Project concept: terracing the site in response to its relief / 2. Perspective view from the park along the lake / 3. Master plan / 4. Perspective view from the intersection of the avenues

5

5. 向东湖方向鸟瞰图 / 6. 夜景鸟瞰图

5. Vue perspective aérienne vers le parc du lac / 6. Vue perspective nocturne

5. Bird's eye perspective view towards the lake's park / 6. Night perspective view

北京商务中心区Z－15地块

Beijing 北京 – 2010

TOUR Z-15 DU QUARTIER D'AFFAIRES DE BEIJING

Z-15 Tower in the CBD of Beijing

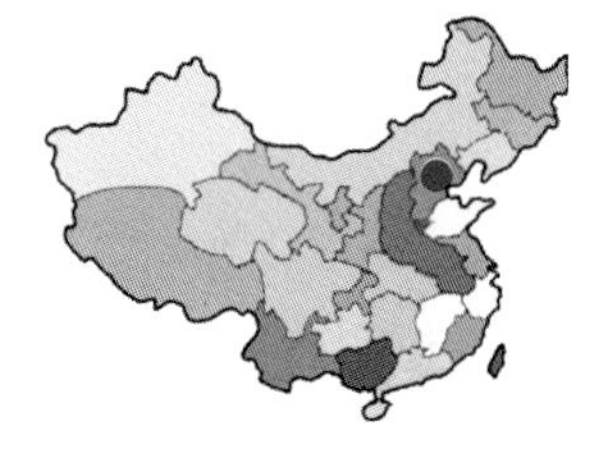

黄金分割的方尖碑

An Obelisk

Un obélisque

该项目位于北京商务中心的核心区中央、南北绿轴北端，规划建筑高度为400米，是整个CBD核心区乃至全市的建筑至高点，也将是北京的一张新城市名片。它与央视新楼隔路相望，与三环西侧的国贸三期共同形成金三角视线关系。从长安街延长线上可看到其高耸的身影，绿轴更加烘托其非凡的气势。

我们运用“方尖碑”构思来表达一种具有升腾动感的强烈视觉透视感。在总高度的黄金分割处立面略微向外切转，幕墙产生反射天光的效果，并且微微向天空展开，体现了东方文化的儒雅风度和天人合一的精神。

由大楼南入口进入高12米的办公大堂，大楼内的办公人员可从夹层通过室外高架步行通道直接到达中央绿轴，北侧设置直接通往顶部观光层的观光出入口。位于顶部的观光层是观赏城市的新景点，局部多层挑空成为空中花园，结合布置餐饮休闲，将成为北京新的时尚活动场所。在此放眼望去，整个商务区一览无余，中央绿轴镶嵌其中。整个建筑具有现代雕塑感，从故宫、景山和长安街可以看到它优雅的侧立面。尤其在夜晚，空中花园通透的灯光，使之成为北京新地标。

地上建筑共有92层，总建筑面积30万平方米。建筑标准层层高4.1米，标准层面积约3300平方米。地下建筑共5层，车位约2014个。地上首层是挑高的12.3米大堂，3层与4层是商务服务设施，以上是商务办公层，顶层设置兼有餐饮的观光大厅。在地下一层设置步行联系通道，行人可以从大厦直接进入绿轴下的地下商业空间和下沉式庭院，并搭乘自动扶梯来到地面景观绿地。

塔楼集中布置电梯井筒、楼梯和设备用房，沿竖向分为4个办公大区域。进入大厦的商务人士可以乘各区的直升电梯抵达各商务楼层。为提高结构抗震性能、楼体的抗风性能和减少自重，做到下部分结构的刚性化和上部分结构的柔性化设计，在避难层、设备层和转换层设置结构转换层。

大楼采用多项生态技术：利用可再生能源和材料、利用回收材料和中水、设置废弃物回收系统、利用大面积的屋面进行雨水收集，雨水经过净化后可以用于绿化景观的灌溉。大型玻璃幕墙采用低辐射中空玻璃以减少热能辐射。此外，大厦也利用光伏遮阳技术来提供使用能量，内部采用节水洁具、感应照明等器具节约资源。南侧中央绿地的下沉式庭院，将阳光和空气引入地下空间，用较少的能源创造有利使用者健康、激发使用者创新能力的室内生态环境。

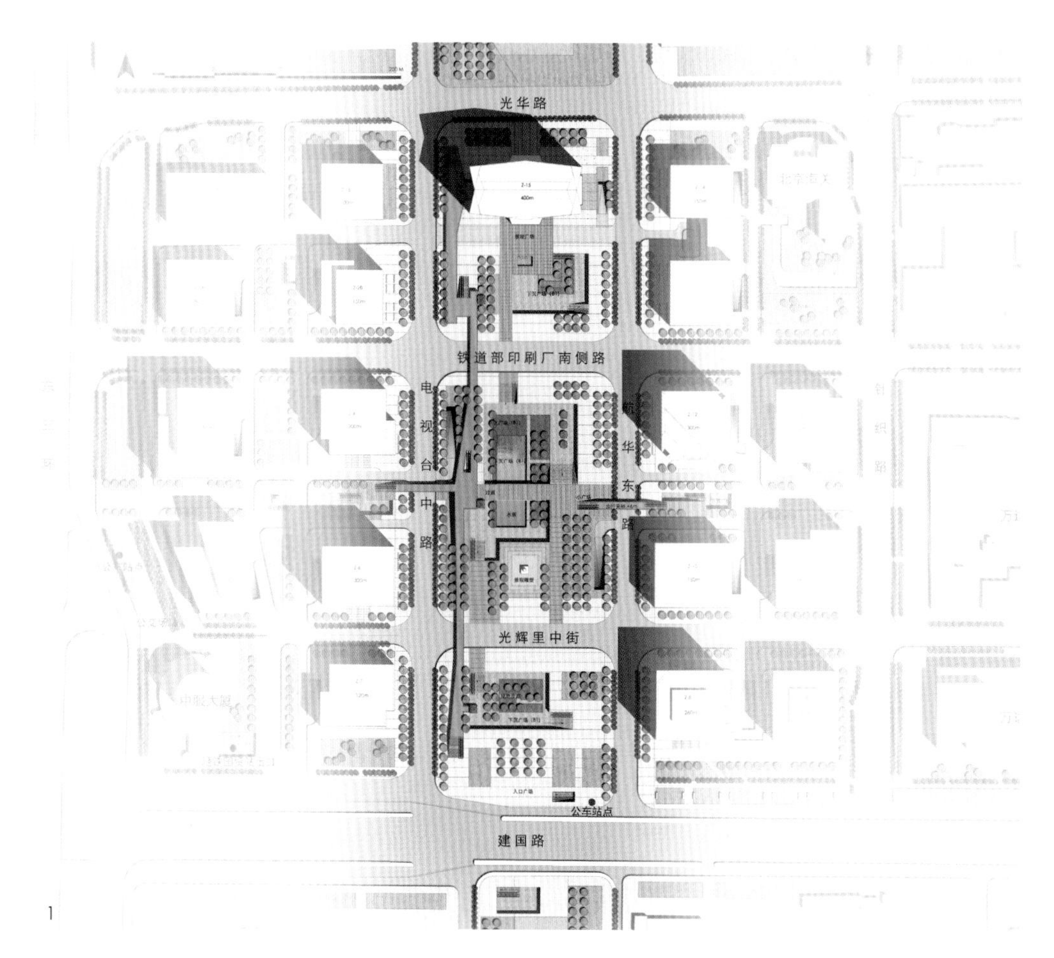

1

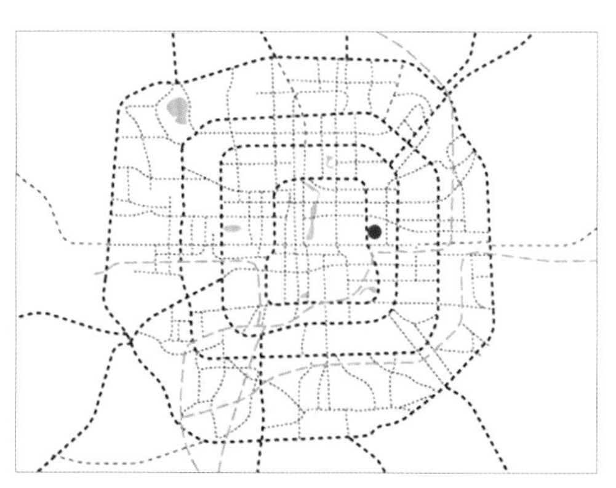

2

3

4

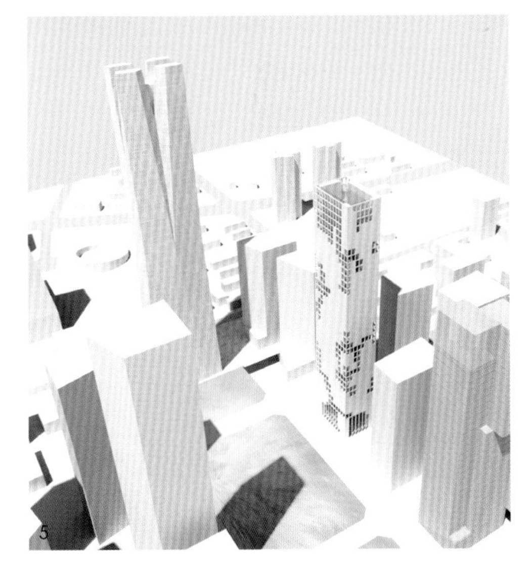

5

Située au centre du quartier d'affaires de Beijing, à l'extrémité d'un axe vert nord-sud, la Tour Z-15, avec ses 400 mètres, est la plus haute de la ville. Elle forme un triangle d'or avec le bâtiment de la CCTV et la tour du World Trade Center. Sa silhouette est bien visible depuis l'avenue Chang'an Jie, l'avenue qui parcout Beijing d'est en ouest.

Obélisque à la forme épurée, sa façade sud, symétrique aux parois inclinées, lui donne à la fois force et dynamisme. La tour offre une image de pérennité. La lumière naturelle s'y réfléchit de façon variée. Un jeu de diagonales et de pans inclinés, composés suivant la proportion dorée, relie la terre au ciel.

L'entrée principale du projet, au sud, donne sur un hall de grande hauteur, dont la mezzanine conduit à un passage piéton surélevé longeant tout le parc en face. Les cinq premiers niveaux sont occupés par des « business centers » et des services. L'accès par le nord, plus touristique, conduit à des ascenseurs montant directement aux 8 niveaux les plus élevés occupés par des « sky lobbies » et des restaurants offrant des vues panoramiques sur la ville. Les façades latérales se divisent en partie haute, amenant la lumière naturelle jusqu'au cœur de la tour et créant une silhouette originale depuis l'avenue Chang'an Jie.

La tour comprend 92 niveaux au dessus du sol pour une surface architecturale de 300 000 m^2. Cinq niveaux de sous-sol regroupent plus de 2000 places de parking. Le premier sous-sol est relié aux commerces et aux jardins en décaissés du parc public.

Le noyau central de la tour est divisé dans la hauteur en quatre zones qui ont chacune ses ascenseurs directs. Entre chaque zone, des halls permettent de passer de l'une à l'autre. L'étude de la structure de l'édifice a pris en particulier en considération les normes antisismiques, la résistance au vent et le poids. Une réponse a été trouvée, utilisant des matériaux lourds et rigides (avec du béton) en partie basse et plus souples et légers (acier) en montant. Des ruptures de charges correspondent aux niveaux de refuge.

Un niveau écologique élevé accompagne la conception du projet des sous-sols au sommet. Recyclage des eaux de pluies, verre performant, lumière et ventilation naturelle grâce aux jardins en décaissé, cellules photovoltaïques en toiture en sont quelques exemples.

Located in the center of the Beijing business district, at the end of the north-south green axis, Tower Z-15 at 400 meters in height is the tallest in the city. It forms a golden triangle with the CCT building and the World Trade Center tower. Its silhouette is very visible from Chang'an Jie, the avenue which crosses Beijing from east to west.

A streamlined obelisque, its south face of inclined facades gives it both strength and dynamism. The tower provides an image of endurance or permanence. The natural light is reflected in it in various ways. A play of diagonals and a composition of inclined walls following the golden mean relate earth to the sky.

The main entrance to the project, on the south, joins a hall of great height whose mezzanine level leads to a raised pedestrian passage along the entire park opposite. The five first levels are occupied by business centers and services. The northern access, more touristic, leads to elevators climbing directly to the eight highest levels occupied by "sky lobbies" and restaurants with panoramic views over the city. The upper sections of the side facades are divided, bringing natural light into the heart of the tower and creating an original silhouette from Chang'an Avenue.

The tower has 92 floors above grade for an architectural surface of 300,000 square meters. Five levels below grade include over 2,000 parking places. The first basement is connected to the stores and recessed gardens of the public park.

The central core of the tower is divided at the upper levels into four zones which each have direct elevators. Between each zone, halls allow passage from one zone to another. Research into the building structure paid particular attention to seismic regulations, wind resistance and loads. The resulting built response uses heavy and rigid (with concrete) materials in the lower section and more flexible and light (steel) in the upper floors. The breaks in the loads correspond to the refuge levels.

A high level of ecological concern accompanied the conception of the project from the basement floors to the summit. Some examples are the use of rainwater recycling, high-performance glazing, natural light and ventilation through the recessed gardens, and photovoltaic panels on the roof.

1. 总平面图 / 2. 从长安街方向看大厦 / 3–5. 造型研究

1. Plan de masse / 2. Montage photographique depuis l'avenue de Chang'an Jie / 3-5. Études volumétriques

1. Master plan / 2. photographic montage from the Chang'an Jie Avenue / 3-5. Volumetric studies

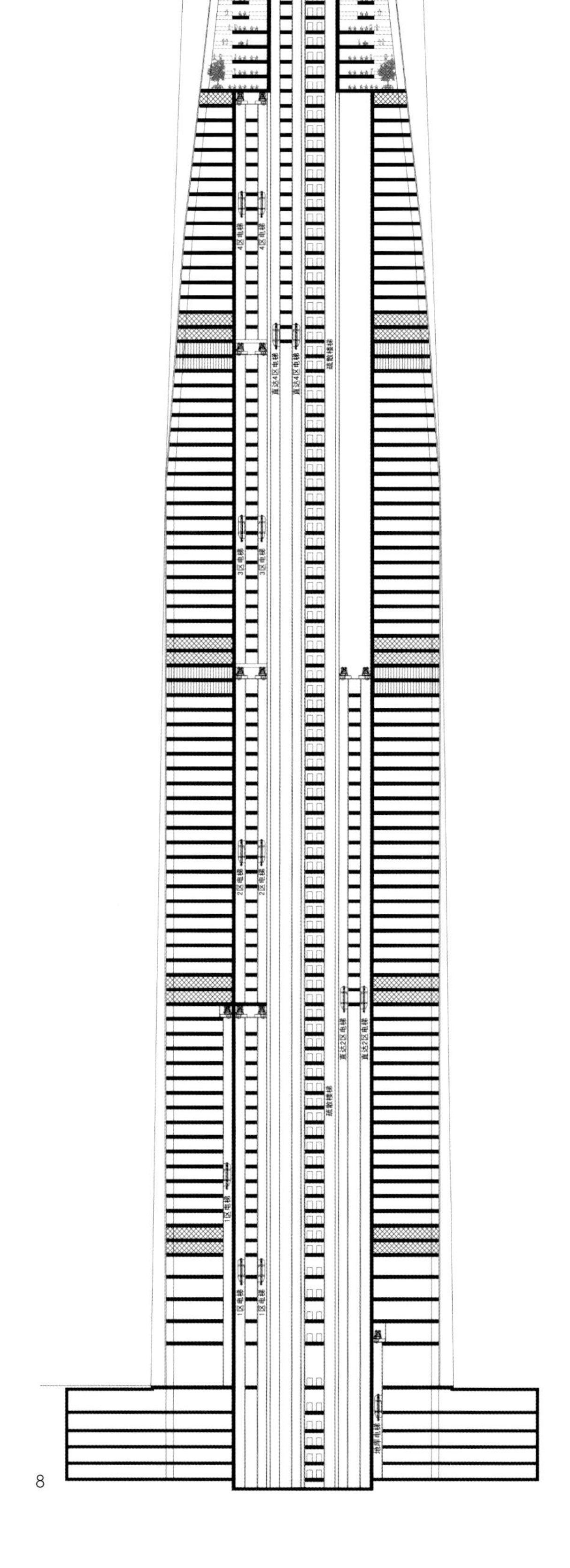

6. 空中客厅内景效果图 / 7. 自中轴线看大厦 / 8. 剖面图

6. Vue perspective de l'intérieur du salon au sommet de la tour / 7. Vue perspective depuis l'axe central / 8. Coupe

6. Interior perspective view of the skylobby / 7. Perspective view from the central axis / 8. Section

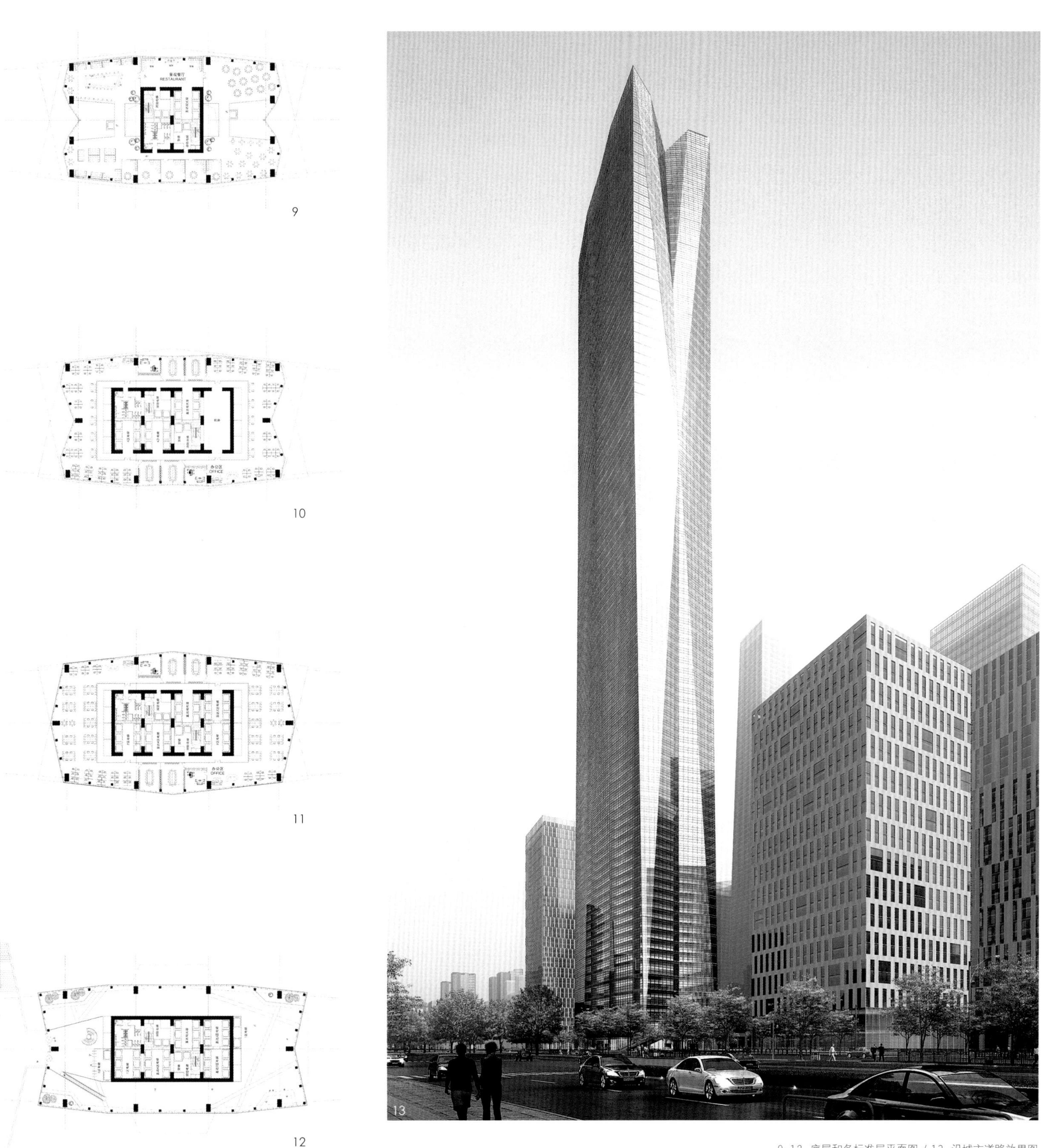

9-12. 底层和各标准层平面图 / 13. 沿城市道路效果图

9-12. Plans du rez-de-chaussée et des étages types / 13. Vue perspective depuis l'avenue

9-12. Ground floor and typical floor plans / 13. Perspective view from the avenue

圣戈班研发中心

Shanghai 上海 – 2007

CENTRE DE RECHERCHE ET DE DÉVELOPPEMENT DE SAINT-GOBAIN

Saint-Gobain
Research and Development Center

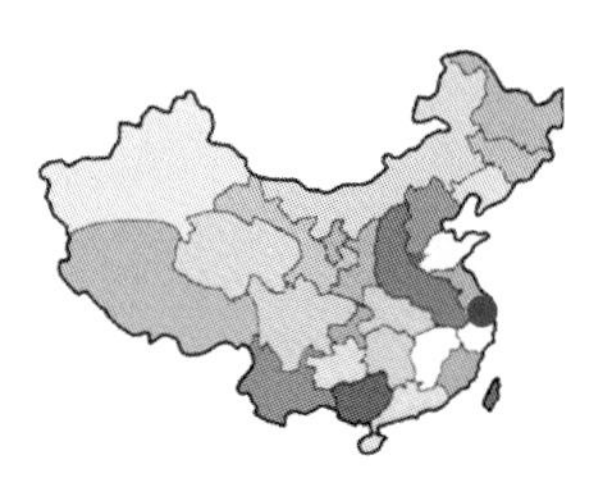

一条内街，一个玻璃体

An Internal Allee, a Glass Pavilion

Une allée intérieure, un pavillon de verre

该研发中心由一条顶光贯穿整栋两层高的建筑体，并引导至一个玲珑剔透的玻璃体，在那里集中布置有会议室、展览和接待空间。此玻璃体漂浮在水面上，其立面倾斜蜿蜒，周围环绕着高直的水杉林。在玻璃体内，二楼的楼板边缘设有玻璃板，从而削弱了混凝土楼板的存在，使光线得以沿着倾斜的玻璃面延续。在这个建筑中，内向型的内街空间和外向型的玻璃体共同筑成动静分明的效果。

1. 鸟瞰图 / 2. 夜景照片 / 3. 内廊实景照片 / 4. 展示厅内景照片

1. Vue perspective aérienne / 2. Vue photographique le soir / 3. Vue photographique de la rue intérieure / 4. Vue photographique de la salle d'exposition

1. Bird's eye perspective view / 2. Photographic view in the evening / 3. Photographic view of the interior street / 4. Photographic view of the exhibition hall

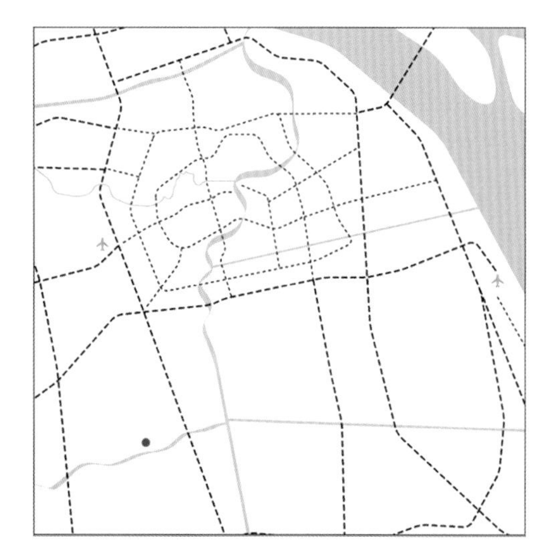

Les espaces du centre sont répartis sur deux niveaux de part et d'autre d'une grande allée centrale éclairée zénithalement et conduisant à son extrémité au pavillon de verre qui regroupe les salles de conférence, d'exposition et d'accueil. La paroi du pavillon est posée sur l'eau, au cœur d'un jardin de métaséquoias. À l'étage, une bordure de plancher en verre efface la présence des dalles de béton. La lumière est continue. Grâce à l'inclinaison de la paroi, elle peut se répandre dans l'espace aussi profondément que possible. C'est la complémentarité entre les espaces introvertis (ouverts sur l'allée intérieure) et extravertis (ouverts sur le jardin) qui confère à ce projet son originalité.

The central spaces are spread out on two levels either side of a sky lit wide central allee. At its end is a glass pavilion containing conference, exposition and reception halls. The wall of the pavilion seems to rest on the water at the heart of a garden of Dawn Redwoods. A slice of glass paneling borders the floor above, concealing its concrete slab. Light fills the space, and because of the angle of the wall, spreads into the space as deeply as possible. The complementarity between the inward-oriented spaces (open to the interior allee) and the outward-oriented spaces (open onto the garden) lend the project its originality.

3

4

欧莱雅研发和创新中心

Shanghai 上海 – 2008

CENTRE DE RECHERCHE ET D'INNOVATION DE L'ORÉAL

L'Oréal
Research and Innovation Center

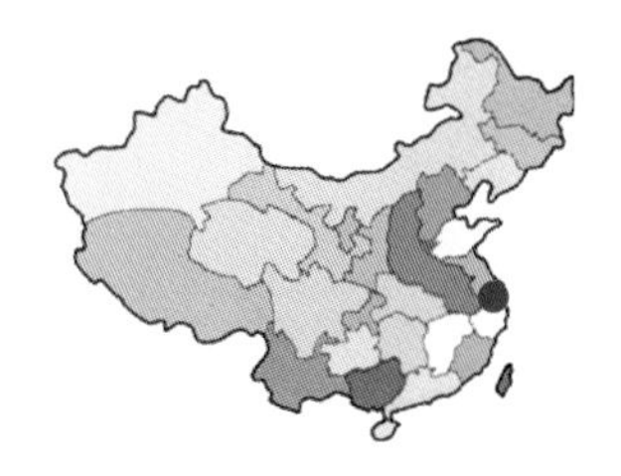

围绕着一个花园
Around a Garden
Autour d'un jardin

该建筑中办公室和实验室围绕着一个长方形的花园设置，犹如神学院般宁静庄重。花园成为建筑的中心，并通过底层的柱廊渗透到建筑空间里，柱廊中的走道联系着不同的功能空间。花园的平面构图采用有机弧线，犹如生态工程中的细胞，与方正严谨的建筑空间形成对比。

该项目的设计依据美国生态认证金奖标准，并在整个施工建设过程中严格遵守节能减排的各方面要求，比如施工期间的减噪处理、减少污染处理、就近取材、以过滤园的生态方式来净化雨水，并注意节水、循环用水、太阳能热水，同时在室内注意采用冷光源。在外立面处理上，设置遮阳设施，并且尽可能地自然采光。

1. 沿街效果图 / 2. 植物化内廊效果图 / 3. 花园实景照片

1. Vue perspective depuis la rue / 2. Vue perspective de la galerie intérieure végétalisée / 3. Vue photographique du jardin

1. Perspective view from the street / 2. Perspective view of the planted indoor gallery / 3. Photographic view of the garden

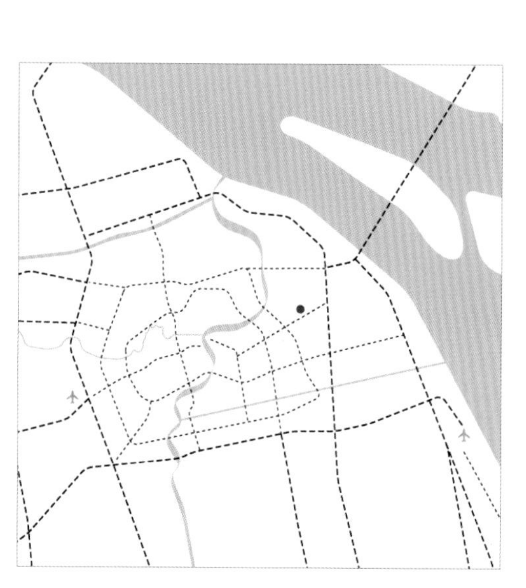

Les masses architecturales des laboratoires et des bureaux s'articulent autour d'un jardin à la manière d'un cloître. Le jardin, cœur du projet, est longé par des galeries au rez-de-chaussée qui permettent de desservir les différentes parties du projet. Organique et courbe, il évoque la recherche biologique, les sciences du vivant et contraste avec le style rectiligne et épuré de l'architecture.

Le projet a été élaboré pour obtenir la certification environnementale Gold Leed, ce qui implique des réductions de dépenses énergétiques dans tous les aspects de la construction. Minimiser les nuisances sur le site durant le chantier, prévenir les pollutions éventuelles, réduire les distances pour l'approvisionnement en matériaux, recueillir, nettoyer et recycler les eaux de pluies grâce aux jardins filtrants, réduire au maximum l'usage de l'eau, réduire le réchauffement solaire du sol, utiliser la chaleur du soleil pour chauffer l'eau, des ampoules à faible ou sans émission de chaleur pour les intérieurs, des matériaux de façades performants avec brise soleil sont quelques exemples d'applications qui intègrent aujourd'hui une architecture généreuse en termes d'espaces et de lumière naturelle.

The architecture of the laboratories and the offices is clustered set around a garden in the manner of a cloister. The garden at the heart of the project, is lined with ground floor galleries, allowing access to the different parts of the project. Organic and curved in form, the garden relates to biological research and the life sciences and contrasts with the streamlined, rectilinear style of the architecture.

The project was designed to obtain the environmental Gold Leed certification, which requires reduction in energy use in all aspects of the construction: Minimize site damage during construction, prevent potential pollution, reduce the distance traveled for material delivery, retain, clean and recycle rainwater with vegetated retention basins, maximum reduction in water use, low energy or low heat emission lighting for the interior, efficient façade materials with sunshades – are some examples of measures that expansive architecture open to light and natural elements should employ in terms of conservation sustainible today.

3

附录

ANNEXE

Annex

Projets principaux 2002-2012

Main projects 2002-2012

2012

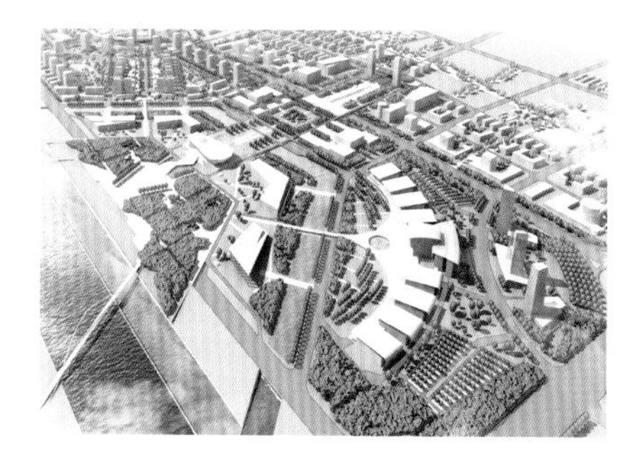

太原长风文化商务区
Quartier Culturel et d'Affaires de Changfeng, Taiyuan
Changfeng Culture and Business Quarter, Taiyuan

业主：太原市规划局 **基地面积：**2.56 km² **建筑面积：**2 300 000 m² **主要设计人员：**周雯怡、皮埃尔·向博荣、孙宏亮、尤安娜·赛恒、陈隆伟、焦阳 **景观设计：**易道景观设计有限公司 **项目进展：**2006年国际竞赛中标、2012年基本完成

Client : Bureau d'Urbanisme de Taiyuan **Terrain:** 2,56 km² **Surface bâtie :** 2 300 000 m² **Équipe projet :** Zhou Wenyi, Pierre Chambron, Sun Hongliang, Yoanne Sarot, Chen Longwei, Jiao Yang **Paysage :** EDAW Inc. **Avancement :** lauréat du concours en 2006, livraison en 2012

Client: Taiyuan Urban Planning Bureau **Site area:** 2.56 km² **Built area:** 2 300 000 m² **Project team:** Zhou Wenyi, Pierre Chambron, Sun Hongliang, Yoanne Sarot, Chen Longwei, Jiao Yang **Landscape design:** EDAW Inc. **Project progress:** international competition winner in 2006, completed in 2012

山西大剧院
Grand Théâtre du Shanxi, Taiyuan
Shanxi Grand Theater, Taiyuan

业主：山西省工务局 **基地面积：**8.57 公顷 **建筑面积：**77 000 m² **主要设计人员：**周雯怡、皮埃尔·向博荣、孙宏亮、安东尼·佛士多、赖祥斌、宋扬、冯一秦、蔡召育 **舞台设计顾问：**雅克·莫亚 **技术配合：**山西省建筑设计研究院 **项目进展：**2008年中标、2012年投入使用

Client : Comité de Construction des Équipements Publics de Shanxi **Terrain :** 8,57 hectares **Surface bâtie :** 77 000 m² **Équipe projet :** Zhou Wenyi, Pierre Chambron, Sun Hongliang, Antonio Frausto, Lai Xiangbin, Song Yang, Feng Yiqin, Cai Zhaoyu **Conseil scénographie :** Jacques Moyal **Bureau d'étude :** Institut d'Architecture de Shanxi **Avancement :** lauréat du concours en 2008, livraison en 2012

Client: Shanxi Public Constructions Committee **Site area:** 8.57 hectares **Built area:** 77 000 m² **Project team:** Zhou Wenyi, Pierre Chambron, Sun Hongliang, Antonio Frausto, Lai Xiangbin, Song Yang, Feng Yiqin, Cai Zhaoyu **Stage:** Jaques Moyal **Technical team:** The Institute of Shanxi Architecture Design and Research **Project progress:** competition winner in 2008, to be completed in 2012

武汉市民之家
Centre d'Administration de Wuhan
Wuhan Administration Center

业主：武汉市国土资源和规划局 **基地面积：**10 公顷 **建筑面积：**80 000 m² **主要设计人员：**周雯怡、皮埃尔·向博荣、孙宏亮、赖祥斌、宋扬、金马克、钱青 **技术配合：**武汉市建筑设计院 **项目进展：**2010年中标、2013年投入使用

Client : Bureau d'Urbanisme de Wuhan **Terrain :** 10 hectares **Surface bâtie :** 80 000 m² **Équipe projet :** Zhou Wenyi, Pierre Chambron, Sun Hongliang, Lai Xiangbin, Song Yang, Marc Ginestet, Qian Qing **Bureau d'étude :** Institut de Wuhan **Avancement :** lauréat du concours en 2010, livraison en 2013

Client: Wuhan Urban Planning Bureau **Site area:** 10 hectares **Built area:** 80 000 m² **Project team:** Zhou Wenyi, Pierre Chambron, Sun Hongliang, Lai Xiangbin, Song Yang, Marc Ginestet, Qian Qing **Technical team:** Wuhan Architecture Design Institute **Project progress:** competition winner in 2010, to be completed in 2013

上海国际时尚中心
Centre de la Mode, Shanghai
Shanghai Fashion Center

业主：上海纺织集团 **基地面积：**12.08 公顷 **建筑面积：**150 000 m² **主要设计人员：**皮埃尔·向博荣、周雯怡、张驰、史智勇、皮拉·艾扎塔、金马克、娜塔莎·尤赛维、彭戌云、谢宁、赖祥斌、蔡召育 **技术配合：**现代集团都市设计院 **项目进展：**2010年中标、2012年投入使用

Client : Groupe Shangtex **Terrain :** 12,08 hectares **Surface bâtie :** 150 000 m² **Équipe projet :** Pierre Chambron, Zhou Wenyi, Zhang Chi, Shi Zhiyong, Pilar Eshezarreta, Marc Ginestet, Natasa Urosevic, Peng Xuyun, Xie Ning, Lai Xiangbin, Cai Zhaoyu **Bureau d'étude :** UD Institute, Xian Dai Groupe **Avancement :** lauréat du concours en 2009, livraison en 2012

Client: Shangtex Holding (Group) Corporation **Site area:** 12.08 hectares **Built area:** 150 000 m² **Project team:** Pierre Chambron, Zhou Wenyi, Zhang Chi, Shi Zhiyong, Pilar Eshezarreta, Marc Ginestet, Natasa Urosevic, Peng Xuyun, Xie Ning, Lai Xiangbin, Cai Zhaoyu **Technical team:** UD Architecture Design Institute, Xian Dai Architecture Design Group **Project progress:** competition winner in 2009, completed in 2012

上海瑞证广场
Plaza Ruizheng, Shanghai
Shanghai Ruizheng Plaza

业主：上海瑞证投资有限公司 **基地面积：**6 300 m² **建筑面积：**45 000 m² **主要设计人员：**皮埃尔·向博荣、严萌、孙宏亮 **技术配合：**中房建筑设计有限公司 **项目进展：**2012年建成

Client : Société d'Investissement de Ruizheng de Shanghai **Terrain :** 6 300 m² **Surface bâtie :** 45 000 m² **Équipe projet :** Pierre Chambron, Yan Meng, Sun Hongliang **Bureau d'étude :** Institut de Zhongfang **Avancement :** livraison en 2012

Client: Shanghai Ruizhen Investment **Site area:** 6 300 m² **Built area:** 45 000 m² **Project team:** Pierre Chambron, Yan Meng, Sun Hongliang **Technical team:** Shanghai Zhongfang Institute **Project progress:** completed in 2012

临港新城办公楼
Bureau de Lingang, Shanghai
Lingang New Town Administration Office, Shanghai

业主：临港集团 **基地面积：**1.14 公顷 **建筑面积：**64 350 m² **主要设计人员：**皮埃尔·向博荣、徐慧怡、冯一秦、蔡召育 **技术配合：**北京市建筑设计研究院 **项目进展：**2009年中标、2012年投入使用

Client : Shanghai Lingang Groupe **Terrain :** 1,14 hectares **Surface bâtie :** 64 350 m² **Équipe projet :** Pierre Chambron, Xu Huiyi, Feng Yiqin, Cai Zhaoyu **Bureau d'étude :** Institut d'Architecture de Beijing **Avancement :** lauréat du concours en 2009, livraison en 2012

Client: Shanghai Lingang Group **Site area:** 1.14 hectares **Built area:** 64 350 m² **Project team:** Pierre Chambron, Xu Huiyi, Feng Yiqin, Cai Zhaoyu **Technical team:** Beijing Institute of Architectural Design **Project progress:** competition winner in 2009, to be completed in 2012

宁杭线 - 瓦屋山站、溧阳站、宜兴站
Trois Gares de TGV sur la Ligne Ninghang – Wawushan, Liyang, Yixing
Ninghang Railway Stations – Wawushan Station, Liyang Station, Yixing Station

业主：宁杭铁路有限责任公司 **建筑面积：**瓦屋山站：3 500 m²、溧阳站：5 000 m²、宜兴站：8 000 m² **主要设计人员：**皮埃尔·向博荣、徐惠怡、周雯怡、宋扬、赖祥斌、彭戌云、金马克 **技术配合：**北京市建筑设计研究院 **项目进展：**2009年中标、2012年底投入使用

Client : Société de TGV de Ninghang **Surface bâtie :** gare Wawushan 3 500 m², gare Liyang 5 000 m² gare Yixing 8 000 m² **Équipe projet :** Pierre Chambron, Xu Huiyi, Zhou Wenyi, Song Yang, Lai Xiangbin, Peng Xuyun, Marc Ginestet **Bureau d'étude :** Institut d' Architecture de Beijing **Avancement :** lauréat du concours en 2009, livraison en 2012

Client: Ninghang Railway **Built area:** Wawushan Station 3 500 m², Liyang Station 5 000 m² and Yixing Station 8 000 m² **Project team:** Pierre Chambron, Xu Huiyi, Zhou Wenyi, Song Yang, Lai Xiangbin, Peng Xuyun, Marc Ginestet **Technical team:** Beijing Institute of Architectural Design **Project progress:** competition winner in 2009, to be completed in 2012

上海书香门第厂区设计
Usine et Bureaux pour Scholar Home Flooring, Shanghai
Scholar Home Flooring Industry Park, Shanghai

业主：上海书香门第实业有限公司 **基地面积：**6.67 公顷 **建筑面积：**63 100 m² **主要设计人员：**皮埃尔·向博荣、孙宏亮、谢宁 **技术配合：**上海新华建筑设计有限公司 **项目进展：**2013年投入使用

Client : Société Industrielle de Scholar Home **Terrain :** 6,67 hectares **Surface bâtie :** 63 100 m² **Équipe projet :** Pierre Chambron, Sun Hongliang, Xie Ning **Bureau d'étude :** Shanghai Xinhua Architectural Design Co., Ltd. **Avancement :** livraison prévue en 2013

Client: Shanghai Scholar Home Industry **Site area:** 6.67 hectares **Built area:** 63 100 m² **Project team:** Pierre Chambron, Sun Hongliang, Xie Ning **Technical team:** Shanghai Xinhua Architectural Design **Project progress:** to be completed in 2013

2011

上海思南公馆
Sinan Mansions, Shanghai
Sinan Mansions, Shanghai

业主：上海城投永业有限公司 **基地面积：**5.1公顷 **建筑面积：**56 000 m² **主要设计人员：**周雯怡、皮埃尔·向博荣、谢宁、尤安娜·赛恒、何诺·巴克、何斌、尼古拉·巴比 **技术配合：**现代集团-江欢成建筑设计有限公司 **项目进展：**2003年中标、2011年初投入使用

Client : Shanghai Chengtou Yongye **Terrain :** 5,1 hectares **Surface bâtie :** 56 000 m² **Équipe projet :** Zhou Wenyi, Pierre Chambron, Xie Ning, Yoanne Sarot, Renaud Paques, He bin, Nicolas Papier **Bureau d'étude :** Agence d'ingénieurs de Jiang **Avancement :** lauréat du concours en 2003, livré en 2011

Client: Shanghai Chengtou Yongye **Site area:** 5.1 hectares **Built area:** 56 000 m² **Project team:** Zhou Wenyi, Pierre Chambron, Xie Ning, Yoanne Sarot, Renaud Paques, He bin, Nicolas Papier **Technical team:** Jiang's Architects & Engineers **Project progress:** competition winner in 2003, completed in 2011

河北廊坊万达广场
Langfang Wanda Plaza, Hebei
Langfang Wanda Plaza, Hebei

业主：万达集团 **建筑面积：**165 000 m² **主要设计人员：**皮埃尔·向博荣、金马克、陈隆伟、张驰、彭戌云 **技术配合：**万达商业规划研究院 **项目进展：**2010年中标、2011年底投入使用

Client : Wanda Groupe **Surface bâtie :** 165 000 m² **Équipe projet :** Pierre Chambron, Marc Ginestet, Chen Longwei, Zhang Chi, Peng Xuyun **Bureau d'étude :** Institut de Wanda **Avancement :** lauréat du concours en 2010, livré en 2011

Client: Wanda Group **Built area:** 165 000 m² **Project team:** Pierre Chambron, Marc Ginestet, Chen Longwei, Zhang Chi, Peng Xuyun **Technical team:** Wanda Commercial Planning & Research Institute **Project progress:** competition winner in 2010, completed in 2011

北京华为接待中心
Centre de Réception pour Huawei, Beijing
Huawei Reception Center, Beijing

业主：华为技术有限公司 **基地面积：**7.45 公顷 **建筑面积：**30 000 m² **主要设计人员：**周雯怡、陈隆伟、彭戌云、柳红光、谢宁、赖祥斌 **技术配合：**中国建筑设计研究院 **项目进展：**预计2012年底投入使用

Client : Huawei Technologies **Terrain :** 7,45 hectares **Surface bâtie :** 30 000 m² **Équipe projet :** Zhou Wenyi, Chen Longwei, Peng Xuyun, Liu Hongguang, Xie Ning, Lai Xiangbin **Bureau d'étude :** Institut d'Architecture de Chine **Avancement :** livraison prévue en 2012

Client: Huawei Technologies **Site area:** 7.45 hectares **Built area:** 30 000 m² **Project team:** Zhou Wenyi, Chen Longwei, Peng Xuyun, Liu Hongguang, Xie Ning, Lai Xiangbin **Technical team:** China Architecture Design and Research Group **Project progress:** to be completed in 2012

阿拉尔文化馆和图书馆
Bibliothèque et Centre Culturel, Ala'er
Library and Culture Center, Ala'er

业主：阿拉尔屯垦纪念馆 **建筑面积：**15 000 m² **主要设计人员：**皮埃尔·向博荣、孙宏亮、宋扬、钱青 **项目进展：**正在设计中、预计2013年底投入使用

Client : Musée de Ala'er **Surface bâtie :** 15 000 m² **Équipe projet :** Pierre Chambron, Sun Hongliang, Song Yang, Qian Qing **Avancement :** livraison prévue en 2013

Client: Ala'er Museum **Built area:** 15 000 m² **Project team:** Pierre Chambron, Sun Hongliang, Song Yang, Qian Qing **Project progress:** to be completed in 2013

上海国际舞蹈中心
Centre International de la Danse, Shanghai
Shanghai International Dancing Center

业主：上海国际舞蹈中心建设工程指挥部 **基地面积：**3.91 公顷 **建筑面积：**87 507 m² **主要设计人员：**周雯怡、皮埃尔·向博荣、孙宏亮、钱青、罗丹希、宋扬、彭戌云、冯一秦、蔡召育

Client : Bureau de Construction du Centre International de la Danse de Shanghai **Terrain :** 3,91 hectares **Surface bâtie :** 87 507 m² **Équipe projet :** Zhou Wenyi, Pierre Chambron, Sun Hongliang, Qian Qing, Luo Danxi, Song Yang, Peng Xuyun, Feng Yiqin, Cai Zhaoyu

Client: Construction Office of Shanghai International Dancing Center **Site area:** 3.91 hectares **Built area:** 87 507 m² **Project team:** Zhou Wenyi, Pierre Chambron, Sun Hongliang, Qian Qing, Luo Danxi, Song Yang, Peng Xuyun, Feng Yiqin, Cai Zhaoyu

山西广播电视中心
Centre Télévision du Shanxi, Taiyuan
Shanxi Television Center, Taiyuan

业主：山西广播电视台 **建筑面积：**194 300 m² **主要设计人员：**周雯怡、孙宏亮、赖祥斌、宋扬、冯一秦、蔡召育

Client : Chaîne de Télévision de Shanghai **Surface bâtie :** 194 300 m² **Équipe projet :** Zhou Wenyi, Sun Hongliang, Lai Xiangbin, Song Yang, Feng Yiqin, Cai Zhaoyu

Client: Shanxi Television Station **Built area:** 194 300 m² **Project team:** Zhou Wenyi, Sun Hongliang, Lai Xiangbin, Song Yang, Feng Yiqin, Cai Zhaoyu

龙华寺广场改造
Quartier du Temple de Longhua, Shanghai
Shanghai Longhua Temple Plaza

业主：上海龙华建设发展有限公司 **基地面积：**2.12 公顷 **建筑面积：**13 221 m² **主要设计人员：**金马克、皮埃尔·向博荣、张驰、钱青

Client : Société de Développement et de Construction de Longhua **Terrain :** 2,12 hectares **Surface bâtie :** 13 221 m² **Équipe projet :** Marc Ginestet, Pierre Chambron, Zhang Chi, Qian Qing

Client: Shanghai Longhua Construction Development **Site Area:** 2.12 hectares **Built Area:** 13 221 m² **Project team:** Marc Ginestet, Pierre Chambron, Zhang Chi, Qian Qing

武汉蔡家嘴规划及建筑设计
Quartier de Caijiazui, Wuhan
Caijiazui Block, Wuhan

业主：武汉市国土资源和规划局 **基地面积：**6.22 公顷 **建筑面积：**260 300 m² **主要设计人员：**周雯怡、皮埃尔·向博荣、张驰、孙宏亮、张仁仁、钱青、罗丹希、蔡召育 **项目进展：**2011年设计竞赛入围、正在深化

Client : Bureau d'Urbanisme de Wuhan **Terrain :** 6,22 hectares **Surface bâtie :** 260 300 m² **Équipe projet :** Zhou Wenyi, Pierre Chambron, Zhang Chi, Sun Hongliang, Zhang Renren, Qian Qing, Luo Danxi, Cai Zhaoyu **Avancement :** final du concours, étude en cours

Client: Wuhan Urban Planning Bureau **Site area:** 6.22 hectares **Built area:** 260 300 m² **Project team:** Zhou Wenyi, Pierre Chambron, Zhang Chi, Sun Hongliang, Zhang Renren, Qian Qing, Luo Danxi, Cai Zhaoyu **Project progress:** enter final competition in 2011, design stage

重庆南岸区滨江城市广场规划设计
Place Berges, Arrondissement du Nan'an, Chongqing
Riverside Square in Nan'an District, Chongqing

业主：重庆市南岸区人民政府、重庆市规划局 **基地面积：**50 381 m² **建筑面积：**59 697 m² **主要设计人员：**皮埃尔·向博荣、孙宏亮、罗丹希、钱青、彭戌云 **项目进展：**设计竞赛入围、正在深化

Client : Municipalité de Nan'an, Bureau d'Urbanisme de Chongqing **Terrain :** 50 381 m² **Surface bâtie :** 59 697 m² **Équipe projet :** Pierre Chambron, Sun Hongliang, Luo Danxi, Qian Qing, Peng Xuyun **Avancement :** final du concours, étude en cours

Client: Chongqing Nan'an District Government, Chongqing Urban Planning Bureau **Site area:** 50 381 m² **Built area:** 59 697 m² **Project team:** Pierre Chambron, Sun Hongliang, Luo Danxi, Qian Qing, Peng Xuyun **Project progress:** enter final competition,design stage

无锡锡东新城中央公园
Quartier du Parc, Ville Nouvelle de Xidong, Wuxi
Central Park of Xidong New Town, Wuxi

业主：无锡高铁站商务区管委会 **基地面积：**52.8 公顷 **建筑面积：**506 145 m² **主要设计人员：**周雯怡、张仁仁、张驰、宋扬、钱青、金马克、罗丹希、徐晓燕、胡宏伟 **项目进展：**2010年设计竞赛第一名、正在深化

Client : Comité de Gestion du Quartier d'Affaires de la Gare TGV de Wuxi **Terrain :** 52,8 hectares **Surface bâtie :** 506 145 m² **Équipe projet :** Zhou Wenyi, Zhang Renren, Zhang Chi, Song Yang, Marc Ginestet, Luo Danxi, Xu Xiaoyan, Hu Hongwei **Avancement :** lauréat du concours en 2010, étude en cours

Client: Wuxi High-speed Railway CBD Administrative Committee **Site area:** 52.8 hectares **Built area:** 506 145 m² **Project team:** Zhou Wenyi, Zhang Renren, Zhang Chi, Song Yang, Marc Ginestet, Luo Danxi, Xu Xiaoyan, Hu Hongwei **Project progress:** 1st prize in the competition in 2010, design stage

重庆唐家坨片区城市设计
Quartier de Tangjiatuo, Chongqing
Tangjiatuo District, Chongqing

业主：重庆市规划局 **基地面积：**24.4 km² **主要设计人员：**周雯怡、张仁仁、张驰、徐晓燕、罗丹希、蔡召育

Client : Bureau d'Urbanisme de Chongqing **Terrain :** 24,4 km² **Équipe projet :** Zhou Wenyi, Zhang Renren, Zhang Chi, Xu Xiaoyan, Luo Danxi, Cai Zhaoyu

Client: Chongqing Urban Planning Bureau **Site area:** 24.4 km² **Project team:** Zhou Wenyi, Zhang Renren, Zhang Chi, Xu Xiaoyan, Luo Danxi, Cai Zhaoyu

重庆小南海片区城市设计
Quartier de Xiaonanhai, Chongqing
Xiaonanhai District, Chongqing

业主：重庆市规划局 **基地面积：**20.4 km² **主要设计人员：**周雯怡、张仁仁、张驰、徐晓燕、宋扬、钱青、罗丹希、彭戌云、谢宁、孙宏亮、胡宏伟、蔡召育

Client : Bureau d'Urbanisme de Chongqing **Terrain :** 20,4 km² **Équipe projet :** Zhou Wenyi, Zhang Renren, Zhang Chi, Xu Xiaoyan, Song Yang, Qian Qing, Luo Danxi, Peng Xuyun, Xie Ning, Sun Hongliang, Hu Hongwei, Cai Zhaoyu

Client: Chongqing Urban Planning Bureau **Site area:** 20.4 km² **Project team:** Zhou Wenyi, Zhang Renren, Zhang Chi, Xu Xiaoyan, Song Yang, Qian Qing, Luo Danxi, Peng Xuyun, Xie Ning, Sun Hongliang, Hu Hongwei, Cai Zhaoyu

北京丽泽万达广场
Wanda Lize Plaza, Beijing
Lize Wanda Plaza, Beijing

业主：万达集团 **基地面积：**4.92 公顷 **建筑面积：**600 000 ㎡ **主要设计人员：**皮埃尔·向博荣、周雯怡、孙宏亮、彭戌云、钱青、罗丹希、宋扬、金马克

Client : Wanda Groupe **Terrain :** 4,92 hectares **Surface bâtie :** 600 000 m² **Équipe projet :** Pierre Chambron, Zhou Wenyi, Sun Hongliang, Peng Xuyun, Qian Qing, Luo Danxi, Song Yang, Marc Ginestet

Client: Wanda Group **Site area:** 4.92 hectares **Built area:** 600 000 m² **Project team:** Pierre Chambron, Zhou Wenyi, Sun Hongliang, Peng Xuyun, Qian Qing, Luo Danxi, Song Yang, Marc Ginestet

成都万达中心
Centre de Wanda, Chengdu
Wanda Center, Chengdu

业主：万达集团 **基地面积：**1.06 公顷 **建筑面积：**111 100 ㎡ **主要设计人员：**周雯怡、皮埃尔·向博荣、宋扬、罗丹希、孙宏亮

Client : Wanda Groupe **Terrain :** 1,06 hectares **Surface bâtie :** 111 100 m² **Équipe projet :** Zhou Wenyi, Pierre Chambron, Song Yang, Luo Danxi, Sun Hongliang

Client: Wanda Group **Site area:** 1.06 hectares **Built area:** 111 100 m² **Project team:** Zhou Wenyi, Pierre Chambron, Song Yang, Luo Danxi, Sun Hongliang

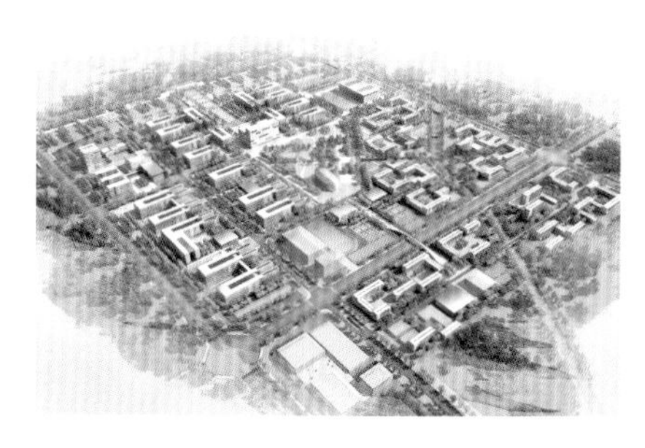

太原理工大学规划和建筑设计
Campus de l'Université de Technologie de Taiyuan, Taiyuan
The Campus of Taiyuan University of Technology, Taiyuan

业主：太原理工大学 **基地面积：**151.6 公顷 **建筑面积：**800 000 ㎡ **主要设计人员：**周雯怡、皮埃尔·向博荣、张仁仁、金马克、宋扬、罗丹希、钱青、张驰

Client : Université Technologie de Taiyuan **Terrain :** 151,6 hectares **Surface bâtie :** 800 000 m² **Équipe projet :** Zhou Wenyi, Pierre Chambron, Zhang Renren, Marc Ginestet, Song Yang, Luo Danxi, Qian Qing, Zhang Chi

Client: Taiyuan University of Technology **Site area:** 151.6 hectares **Built area:** 800 000 m² **Project team:** Zhou Wenyi, Pierre Chambron, Zhang Renren, Marc Ginestet, Song Yang, Luo Danxi, Qian Qing, Zhang Chi

2010

成都都江堰青城山动漫主题公园
Parc d'Attraction de Dujiangyan, Chengdu
Dujiangyan Animation Theme Park, Chengdu

业主：四川蓝光实业集团有限公司 **基地面积：**97.64 公顷 **主要设计人员：**周雯怡、刘祚民、张仁仁、蓝晶

Client : Langguang BRC **Terrain :** 97,64 hectares **Équipe projet :** Zhou Wenyi, Liu Zuomin, Zhang Renren, Lan Jing

Client: Langguang BRC **Site area:** 97.64 hectares **Project team:** Zhou Wenyi, Liu Zuomin, Zhang Renren, Lan Jing

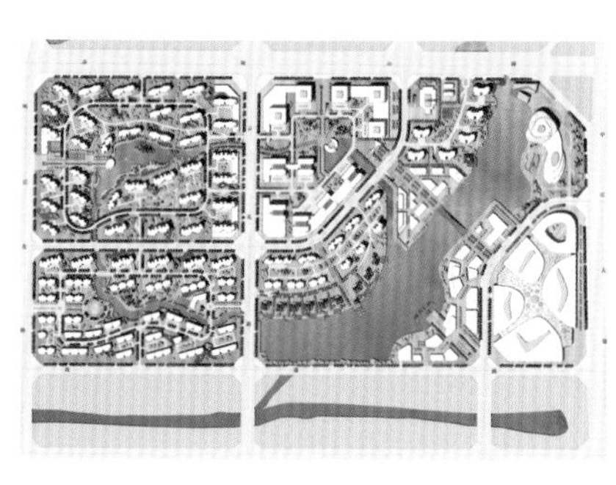

芜湖1006号地块
Terrain 1006, Wuhu
Block 1006, Wuhu

业主：芜湖苏宁环球房地产开发有限公司 **基地面积：**72.41 公顷 **建筑面积：**1 404 250 ㎡ **主要设计人员：**周雯怡、张仁仁、金马克、钱青

Client : Société Immobilière de Suning **Terrain :** 72,41 hectares **Surface bâtie :** 1 404 250 m² **Équipe projet :** Zhou Wenyi, Zhang Renren, Marc Ginestet, Qian Qing

Client: Wuhu Suning Universal Land Estate Development **Site area:** 72.41 hectares **Built area:** 1 404 250 m² **Project team:** Zhou Wenyi, Zhang Renren, Marc Ginestet, Qian Qing

2010上海世博庆典广场设计
Place de la Célébration, Expo2010, Shanghai
EXPO2010 Celebration Plaza, Shanghai

业主：世博土控有限公司 **基地面积：**1.56 公顷 **主要设计人员：**皮埃尔·向博荣、周雯怡、金马克、徐慧怡 **合作者：**布雷诺·福斯德 **项目进展：**2009年中标、2010年投入使用

Client : Shanghai Expo Land **Terrain :** 1,56 hectares **Équipe projet :** Pierre Chambron, Zhou Wenyi, Marc Ginestet, Xu Huiyi **En collaboration avec :** Bruno Fortier **Avancement :** lauréat du concours en 2009, livré en 2010

Client: Shanghai Expo Land **Site area:** 1.56 hectares **Project team:** Pierre Chambron, Zhou Wenyi, Marc Ginestet, Xu Huiyi **Cooperator:** Bruno Fortier **Project progress:** competition winner in 2009, completed in 2010

北京商务中心区核心区12宗土地总体规划
12 Terrains au Centre du Quartier d'Affaires de Beijing, Beijing
12 Blocks in Beijing CBD Core Area, Beijing

业主：万达集团 **基地面积：**28.16 公顷 **主要设计人员：**周雯怡、皮埃尔·向博荣、张仁仁、孙宏亮、宋扬、金马克、蔡召育

Client : Wanda Groupe **Terrain :** 28,16 hectares **Équipe projet :** Zhou Wenyi, Pierre Chambron, Zhang Renren, Sun Hongliang, Song Yang, Marc Ginestet, Cai Zhaoyu

Client: Wanda Group **Site area:** 28.16 hectares **Project team:** Zhou Wenyi, Pierre Chambron, Zhang Renren, Sun Hongliang, Song Yang, Marc Ginestet, Cai Zhaoyu

北京商务中心区（CBD）核心区-Z15 地块
Terrain Z15 du Quartier d'Affaires de Beijing, Beijing
Block Z15 in Beijing CBD Area, Beijing

业主：万达集团 **建筑面积：**353 400 m^2 **主要设计人员：**安东尼·佛士多、费尔南多·卡斯特罗、皮埃尔·向博荣、钱青、金马克 **项目进展：**国际竞赛第二名

Client : Wanda Groupe **Surface bâtie :** 353 400 m^2 **Équipe projet :** Antonio Frausto, Fernando Castro, Pierre Chambron, Qian Qing, Marc Ginestet **Avancement :** deuxième prix du concours international

Client: Wanda Group **Built area:** 353 400 m^2 **Project team:** Antonio Frausto, Fernando Castro, Pierre Chambron, Qian Qing, Marc Ginestet **Project progress:** 2nd prize in the international competition

北京商务中心区（CBD）核心区-Z12 地块
Terrain Z12 du Quartier d'Affaires de Beijing, Beijing
Block Z12 in Beijing CBD Area, Beijing

业主：万达集团 **建筑面积：**207 000 m^2 **主要设计人员：**周雯怡、赖祥斌、宋扬、金马克

Client : Wanda Groupe **Surface bâtie :** 207 000 m^2 **Équipe projet :** Zhou Wenyi, Lai Xiangbin, Song Yang, Marc Ginestet

Client: Wanda Group **Built area:** 207 000 m^2 **Project team:** Zhou Wenyi, Lai Xiangbin, Song Yang, Marc Ginestet

北京商务中心区（CBD）核心区-Z8 Z9 地块
Terrain Z8 et Z9 du Quartier d'Affaires de Beijing, Beijing
Blocks Z8 and Z9 in Beijing CBD Area, Beijing

业主：万达集团 **建筑面积：**206 000 m^2 **主要设计人员：**皮埃尔·向博荣、赖祥斌、谢宁、金马克

Client : Wanda Groupe **Surface bâtie :** 206 000 m^2 **Équipe projet :** Pierre Chambron, Lai Xiangbin, Xie Ning, Marc Ginestet

Client: Wanda Group **Built area:** 206 000 m^2 **Project team:** Pierre Chambron, Lai Xiangbin, Xie Ning, Marc Ginestet

重庆钓鱼嘴片区城市设计
La Péninsule du Pêcheur, Chongqing
Fisherman's Peninsula, Chongqing

业主：重庆市规划局 **基地面积：**792 公顷 **主要设计人员：**周雯怡、皮埃尔·向博荣、刘祚民、钱青、金马克 **项目进展：**2009年国际竞赛一等奖、正在建设

Client : Bureau d'Urbanisme de Chongqing **Terrain :** 792 hectares **Équipe projet :** Zhou Wenyi, Pierre Chambron, Liu Zuomin, Qian Qing, Marc Ginestet **Avancement :** lauréat du concours en 2009, en construction

Client: Chongqing Urban Planning Bureau **Site area:** 792 hectares **Project team:** Zhou Wenyi, Pierre Chambron, Liu Zuomin, Qian Qing, Marc Ginestet **Project progress:** international competition 1st prize in 2009, under construction

重庆悦来生态城概念规划
Quartier Écologique de Yuelai, Chongqing
Yuelai Ecological City, Chongqing

业主：重庆市规划局 **基地面积：**3.46 km^2 **主要设计人员：**周雯怡、张仁仁、钱青、金马克 **项目进展：**国际竞赛第二名

Client : Bureau d'Urbanisme de Chongqing **Terrain :** 3,46 km^2 **Équipe projet :** Zhou Wenyi, Zhang Renren, Qian Qing, Marc Ginestet **Avancement :** deuxième prix du concours international

Client: Chongqing Urban Planning Bureau **Site area:** 3.46 km^2 **Project team:** Zhou Wenyi, Zhang Renren, Qian Qing, Marc Ginestet **Project progress:** 2nd prize in the international competition

2009

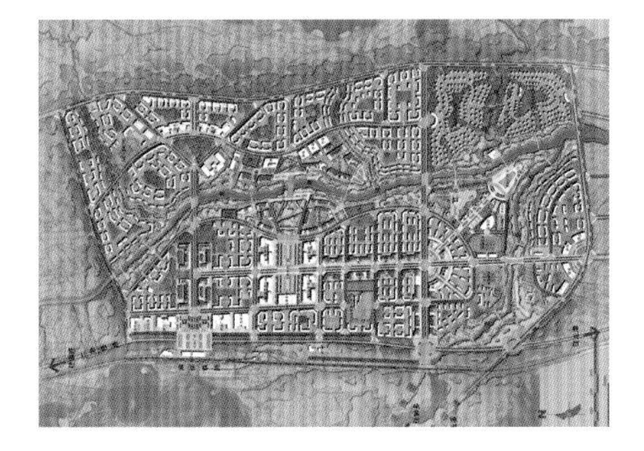

酉阳渤海组团城市设计
Quartier de Bohai, Youyang, Chongqing
Bohai District, Youyang, Chongqing

业主：重庆市规划局 **基地面积：**394.96 公顷 **主要设计人员：**周雯怡、刘祚民、钱青、金马克 **项目进展：**设计中标、正在建设

Client : Bureau d'Urbanisme de Chongqing **Terrain :** 394,96 hectares **Équipe projet :** Zhou Wenyi, Liu Zuomin, Qian Qing, Marc Ginestet **Avancement :** lauréat du concours, en construction

Client: Chongqing Urban Planning Bureau **Site Area:** 394.96 hectares **Project team:** Zhou Wenyi, Liu Zuomin, Qian Qing, Marc Ginestet **Project progress:** winner, under construction

重庆会展中心
Centre d'Exposition, Chongqing
Exhibition Center, Chongqing

业主：重庆市地产集团 **基地面积：**12.400 km^2 **建筑面积：**715 390 m^2 **主要设计人员：**周雯怡、皮埃尔·向博荣、张仁仁、金马克、赖祥斌、宋扬 **项目进展：**国际设计竞赛第一名

Client : Groupe Immobilier de Chongqing **Terrain :** 12,4 km^2 **Surface bâtie :** 715 390 m^2 **Équipe projet :** Zhou Wenyi, Pierre Chambron, Zhang Renren, Marc Ginestet, Lai Xiangbin, Song Yang **Avancement :** lauréat du concours international

Client: Chongqing Real-Estate Group **Site area:** 12.4 km^2 **Built area:** 715 390 m^2 **Project team:** Zhou Wenyi, Pierre Chambron, Zhang Renren, Marc Ginestet, Lai Xiangbin, Song Yang **Project progress:** 1st prize in the international competition

苏州高新区艺术中心
Centre Culturel et Artistique, Suzhou
Culture and Art Center, Suzhou

业主：苏州科技城管委会 **基地面积：**2.47 公顷 **建筑面积：**35 670 m^2 **主要设计人员：**周雯怡、皮埃尔·向博荣、张仁仁、金马克、赖祥斌、蓝晶、蔡召育、娜塔莎·尤赛维

Client : Comité de Gestion de la Ville des Sciences et de la Technologie de Suzhou **Terrain :** 2,47 hectares **Surface bâtie :** 35 670 m^2 **Équipe projet :** Zhou Wenyi, Pierre Chambron, Zhang Renren, Marc Ginestet, Lai Xiangbin, Lan Jing, Cai Zhaoyu, Natasa Urosevic

Client: Administrative Committee of Suzhou Science & Technology Town **Site area:** 2.47 hectares **Built area:** 35 670 m^2 **Project team:** Zhou Wenyi, Pierre Chambron, Zhang Renren, Marc Ginestet, Lai Xiangbin, Lan Jing, Cai Zhaoyu, Natasa Urosevic

阿拉尔屯垦博物馆
Musée d'Ala'er, Xingjiang
Ala'er Museum, Xinjiang

业主：新疆维吾尔自治区阿拉尔市筹建办公室 **建筑面积：**10 000 m^2 **主要设计人员：**皮埃尔·向博荣、严萌 **合作者：**路易斯·桑切斯 **技术配合：**新疆建筑科学研究院 **项目进展：**2003年中标、2009年9月投入使用

Client : Municipalité d'Ala'er **Surface bâtie :** 10 000 m^2 **Équipe projet :** Pierre Chambron, Zhou Wenyi, Yan Meng **En collaboration avec :** Luis Sanchez Renero **Bureau d'étude :** Institut de Recherche d'Architecture de Xingjiang **Avancement :** lauréat du concours en 2003, livré en 2009

Client: Ala'er Municipal Government **Built area:** 10 000 m^2 **Project team:** Pierre Chambron, Zhou Wenyi, Yan Meng **Cooperator:** Luis Sanchez Renero **Technical team:** Xinjiang Research Institute of Built Sciences **Project progress:** winner in the competition in 2003, completed in 2009

大连港国际邮轮中心城市设计
Port de Plaisance, Dalian
International Cruise Center of Dalian Port

业主：大连港集团 **基地面积：**110 公顷 **建筑面积：**1 985 800 m^2 **主要设计人员：**周雯怡、皮埃尔·向博荣、严萌、赖祥斌、徐慧怡、蔡召育 **项目进展：**2009年中标、正在筹备建设

Client : Port de Dalian **Terrain :** 110 hectares **Surface bâtie :** 1 985 800 m^2 **Équipe projet :** Zhou Wenyi, Pierre Chambron, Yan Meng, Lai Xiangbin, Xu Huiyi, Cai Zhaoyu **Avancement :** lauréat du concours en 2009, construction en cours

Client: Dalian Port Corporation **Site area:** 110 hectares **Built area:** 1 985 800 m^2 **Project team:** Zhou Wenyi, Pierre Chambron, Yan Meng, Lai Xiangbin, Xu Huiyi, Cai Zhaoyu **Project progress:** competetion winner in 2009, under construction

盐城区港湖周边地块规划
Quartier du Lac, Yancheng
Quarter around the Lake, Yancheng

业主：盐城市规划局 **基地面积：**62.9 公顷 **建筑面积：**1 316 900 m^2 **主要设计人员：**周雯怡、刘祚民 **项目进展：**2008年中标、正在建设

Client : Bureau d'Urbanisme de YanCheng **Terrain :** 62,9 hectares **Surface bâtie :** 1 316 900 m^2 **Équipe projet :** Zhou Wenyi, Liu Zuomin **Avancement :** lauréat du concours en 2008, construction en cours

Client: Yancheng Urban Planning Bureau **Site area:** 62.9 hectares **Built area:** 1 316 900 m^2 **Project team:** Zhou Wenyi, Liu Zuomin **Project progress:** competition winner in 2008, under construction

大同御东新区城市设计
Quartier de Yudong, Datong
Yudong New District, Datong

业主：大同市规划局 **基地面积：**72.5 km^2 **建筑面积：**66 517 000 m^2 **主要设计人员：**周雯怡、陈隆伟、金马克、彭戌云 **项目进展：**2008年中标、正在筹备建设

Client : Bureau d'Urbanisme de Datong **Terrain :** 72,5 km^2 **Surface bâtie :** 66 517 000 m^2 **Équipe projet :** Zhou Wenyi, Chen Longwei, Marc Ginestet, Peng Xuyun **Avancement :** lauréat du concours en 2008, construction en cours

Client: Datong Urban Planning Bureau **Site area:** 72.5 km^2 **Built area:** 66 517 000 m^2 **Project team:** Zhou Wenyi, Chen Longwei, Marc Ginestet, Peng Xuyun **Project progress:** competition winner in 2008, under construction

太原长风文化商务区服务中心
Centre d'Administration du Quartier de Changfeng, Taiyuan
Administration Center of Changfeng New District, Taiyuan

业主：太原市政府 **建筑面积：**3 000 m^2 **主要设计人员：**皮埃尔·向博荣、陈隆伟 **技术配合：**同济建筑设计研究院 **项目进展：**2008年投入使用

Client : Municipalité de Taiyuan **Surface bâtie :** 3 000 m^2 **Équipe projet :** Pierre Chambron, Chen Longwei **Bureau d'étude :** Institut d'Architecture de Tongji **Avancement :** livré en 2008

Client: Taiyuan Municipal Government **Built area:** 3 000 m^2 **Project team:** Pierre Chambron, Chen Longwei **Technical team:** Tongji Architecture Design and Research Institute **Project progress:** completed in 2008

上海欧莱雅研发和创新中心
Centre de Recherche et d'Innovation de L'Oréal, Shanghai
L'Oréal Research and Innovation Center, Shanghai

业主：欧莱雅（中国）有限公司 **基地面积：**2 公顷 **建筑面积：**6 411 m^2 **主要设计人员：**安东尼·佛士多、皮埃尔·向博荣、陈隆伟、安东尼·艾力克、徐慧怡、谢宁 **项目进展：**2008年投入使用、获得美国LEED金奖

Client : L'Oréal Chine **Terrain :** 2 hectares **Surface bâtie :** 6 411 m^2 **Équipe projet :** Antonio Frausto, Pierre Chambron, Chen Longwei, Antoine Elkik, Xie Ning, Xu Huiyi **Avancement :** livré en 2008, LEED Certification

Client: L'Oréal China **Site area:** 2 hectares **Built area:** 6 411 m^2 **Project team:** Antonio Frausto, Pierre Chambron, Chen Longwei, Antoine Elkik, Xie Ning, Xu Huiyi **Project progress:** completed in 2008, LEED Certification

慈溪文化商务中心城市设计
Quartier Culturel et d'Affaires, Cixi
Business and Culture Center, Cixi

业主：慈溪市规划局 **基地面积：**100 公顷 **建筑面积：**2 046 997 m^2 **主要设计人员：**皮埃尔·向博荣、周雯怡、严萌、金马克

Client : Bureau d'Urbanisme de Cixi **Terrain :** 100 hectares **Surface bâtie :** 2 046 997 m^2 **Équipe projet :** Pierre Chambron, Zhou Wenyi, Yan Meng, Marc Ginestet

Client: Cixi Urban Planning Bureau **Site area:** 100 hectares **Built area:** 2 046 997 m^2 **Project team:** Pierre Chambron, Zhou Wenyi,Yan Meng, Marc Ginestet

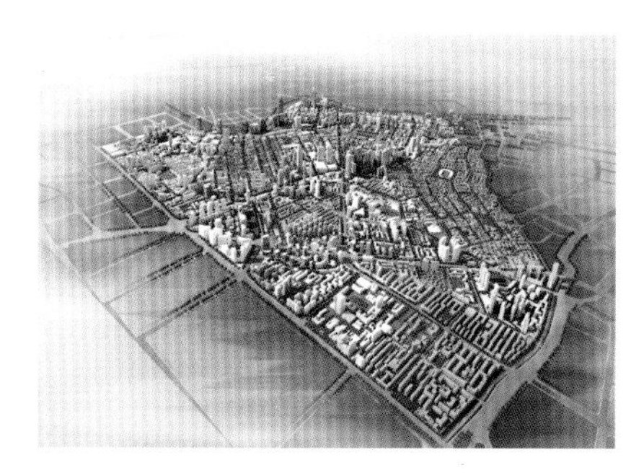

天津和平区总体规划
Arrondissement de Heping, Tianjin
Heping District, Tianjin

业主：和平区政府 **基地面积：**9.98 km^2 **建筑面积：**19 694 200 m^2 **主要设计人员：**周雯怡、刘祚民、蓝晶

Client : Municipalité de Heping **Terrain :** 9,98 km^2 **Surface bâtie :** 19 694 200 m^2 **Équipe projet :** Zhou Wenyi, Liu Zuomin, Lan Jing

Client: Heping District Government **Site area:** 9.98 km^2 **Built area:** 19 694 200 m^2 **Project team:** Zhou Wenyi, Liu Zuomin, Lan Jing

天津金钟河大街地区城市设计
Quartier de Jinzhonghe, Tianjin
Tianjing Jinzhonghe Street Area

业主：天津仁恒开发公司 **基地面积：**146 公顷 **建筑面积：**2 400 000 m^2 **主要设计人员：**周雯怡、蓝晶 **合作者：**布雷诺·福赫贴、曹曙

Client : Société de Développement de Yanlord de Tianjin **Terrain:** 146 hectares **Surface bâtie :** 2 400 000 m^2 **Équipe projet :** Zhou Wenyi, Lan Jing **En collaboration avec :** Bruno Fortier, Cao Shu

Client: Tianjin Yanlord Development **Site area:** 146 hectares **Built area:** 2 400 000 m^2 **Project team:** Zhou Wenyi, Lan Jing **Cooperator:** Bruno Fortier, Cao Shu

2007

圣戈班上海研发中心
Centre de Recherche et de Développement de Saint-Gobain, Shanghai
Saint-Gobain Research and Development Center, Shanghai

业主：圣戈班研发（上海）有限公司 **基地面积：**9 800 m^2 **建筑面积：**6 200 m^2 **主要设计人员：**安东尼·佛士多、亚历山大·马纳瓦、斐南多·卡斯特罗、皮埃尔·向博荣、陈隆伟、安东尼·艾力克 **技术配合：**AOS、上海亚新工程顾问有限公司 **项目进展：**2007年10月投入使用

Client : Saint-Gobain Recherche (Shanghai) **Terrain :** 9 800 m^2 **Surface bâtie :** 6 200 m^2 **Équipe projet :** Antonio Frausto, Alexandre Maneval, Pierre Chambron, Chen Longwei, Antoine Elkik **Bureau d'étude :** AOS, M.A.A. **Avancement :** livré en 2007

Client: Saint-Gobain Research (Shanghai) **Site area:** 9 800 m^2 **Built area:** 6 200 m^2 **Project team:** Antonio Frausto, Alexandre Maneval, Pierre Chambron, Chen Longwei, Antoine Elkik **Technical team:** AOS, M.A.A. **Project progress:** completed in October 2007

2010年上海世博城市实践系列场馆改建
Réhabilitation d'un Complexe d'Usines, Expo2010, Shanghai
Renovation of the Urban Best Practice Area in Expo 2010, Shanghai

业主：上海世博土地控制有限公司 **基地面积：**15.08 公顷 **建筑面积：**28 000 m^2 **主要设计人员：**皮埃尔·向博荣、周雯怡、孙宏亮、宋扬

Client : Shanghai Expo Land **Terrain :** 15,08 hectares **Surface bâtie :** 28 000 m^2 **Équipe projet :** Pierre Chambron, Zhou Wenyi, Sun Hongliang, Song Yang

Client: Shanghai Expo Land **Site area:** 15.08 hectares **Built area:** 28 000 m^2 **Project team:** Pierre Chambron, Zhou Wenyi, Sun Hongliang, Song Yang

杨浦街坊展示中心
Showroom pour des Résidences à Yangpu, Shanghai
Yangpu Residential Showroom, Shanghai

业主：上海集伟房地产发展有限公司 **基地面积：**1 900 m^2 **建筑面积：**1 632 m^2 **主要设计人员：**皮埃尔·向博荣、孙宏亮、严萌 **项目进展：**即将建成

Client : Société de Développement de Jiwei **Terrain :** 1 900 m^2 **Surface bâtie :** 1 632 m^2 **Équipe projet :** Pierre Chambron, Sun Hongliang, Yan Meng **Avancement :** livraison en cours

Client: Shanghai Jiwei Real Estate Development **Site area:** 1 900 m^2 **Built area:** 1 632 m^2 **Project team:** Pierre Chambron, Sun Hongliang, Yan Meng **Project progress:** to be completed

天津城市规划展览馆
Musée d'Urbanisme, Tianjin
Urban Planning Museum, Tianjin

业主：天津市政府 **基地面积：**4.35 公顷 **建筑面积：**30 000 m^2 **主要设计人员：**马克·贝勒、皮埃尔·向博荣

Client : Municipalité de Tianjin **Terrain :** 4,35 hectares **Surface bâtie :** 30 000 m^2 **Équipe projet :** Marc Pele, Pierre Chambron

Client: Tianjin Municipal Government **Site area:** 4.35 hectares **Built area:** 30 000 m^2 **Project team:** Marc Pele, Pierre Chambron

万达海南度假酒店
Wanda Hotel Resort, Hainan
Wanda Resort Hotel, Hainan

业主：宁波万达置业有限公司 **基地面积：**18.5 公顷 **建筑面积：**71 000 m^2 **主要设计人员：**马克·贝勒、皮埃尔·向博荣、陈隆伟

Client : Société d'Immobilier de Ningbo Wanda **Terrain :** 18,5 hectares **Surface bâtie :** 71 000 m^2 **Équipe projet :** Marc Pele, Pierre Chambron, Chen Longwei

Client: Ningbo Wanda Estate **Site area:** 18.5 hectares **Built area:** 71 000 m^2 **Project team:** Marc Pele, Pierre Chambron, Chen Longwei

临港度假酒店
Hotel Resort à Lingang, Shanghai
Resort Hotel in Lingang, Shanghai

业主：上海港城发展（集团）有限公司 **基地面积：**16.43 公顷 **建筑面积：**49 290 m^2 **主要设计人员：**马克·贝勒、皮埃尔·向博荣

Client : Société de Développement de Gangcheng **Terrain :** 16,43 hectares **Surface bâtie :** 49 290 m^2 **Équipe projet :** Marc Pele, Pierre Chambron

Client: Shanghai Harbor City Development (Group) **Site area:** 16.43 hectares **Built area:** 49 290 m^2 **Project team:** Marc Pele, Pierre Chambron

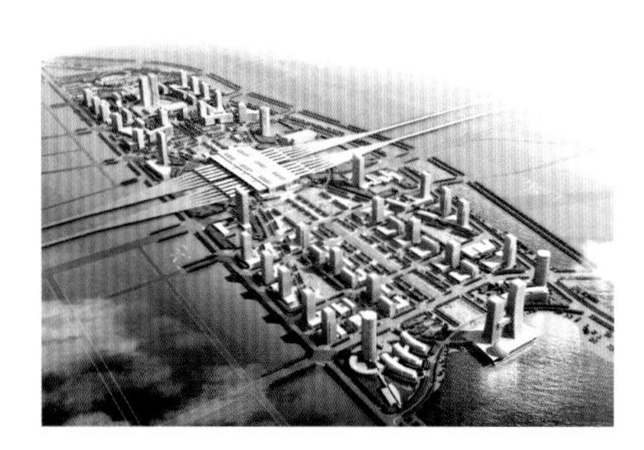

郑州郑东新区新客站地区城市设计
Nouveau Quartier de la Gare de Zhengzhou, Zhengzhou
New Station Area in Zhengdong New District

业主：郑州市规划局 **基地面积：**2.25 km^2 **建筑面积：**4 393 000 m^2 **主要设计人员：**周雯怡、徐惠怡、严萌 **项目进展：**设计竞赛二等奖

Client : Bureau d'Urbanisme de Zhengzhou **Terrain :** 2,25 km^2 **Surface bâtie :** 4 393 000 m^2 **Équipe projet :** Zhou Wenyi, Xu Huiyi, Yan Meng **Avancement :** deuxième prix du concours

Client: Zhengzhou Urban Planning Bureau **Site area:** 2.25 km^2 **Built area:** 4 393 000 m^2 **Project team:** Zhou Wenyi, Xu Huiyi, Yan Meng **Project progress:** 2nd prize in the competition

上海芦潮港分城区中心区深化设计
Quartier de Luchaogang, Shanghai
Central Area of Luchaogang Sub-Town, Shanghai

业主：上海临港芦潮港经济发展有限公司 **基地面积：**3.3 km^2 **建筑面积：**1 825 000 m^2 **主要设计人员：**周雯怡、皮埃尔·向博荣、尤安娜·赛恒、伊萨贝拉·波菲斯 **项目进展：**2006年中标、部分建成

Client : Société de Développement de Luchaogang **Terrain :** 3,3 km^2 **Surface bâtie :** 1 825 000 m^2 **Équipe projet :** Zhou Wenyi, Pierre Chambron, Yoanne Sarot, Isabelle Beaufils **Avancement :** lauréat du concours en 2006, réalisation partielle

Client: Shanghai Luchaogang Economic Development Co., Ltd. **Site area:** 3.3 km^2 **Built area:** 1 825 000 m^2 **Project team:** Zhou Wenyi, Pierre Chambron, Yoanne Sarot, Isabelle Beaufils **Project progress:** competition winner in 2006, partially completed

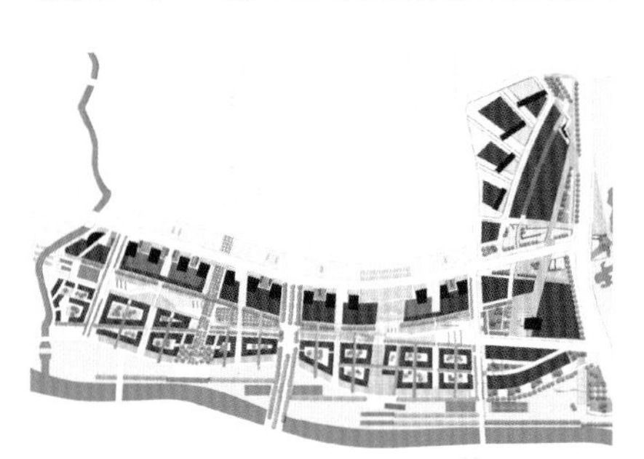

上海长风生态商务区城市景观设计
Quartier d'Affaires Écologique de Changfeng, Shanghai
Changfeng Eco-commercial Area, Shanghai

业主：上海长风地产有限公司 **基地面积：**77 公顷 **建筑面积：**1 690 000 m^2 **主要设计人员：**周雯怡、皮埃尔·向博荣、尤安娜·赛恒、伊萨贝拉·波菲斯 **项目进展：**2006年中标、部分建成

Client : Société d'Immobilier de Changfeng **Terrain :** 77 hectares **Surface bâtie :** 1 690 000 m^2 **Équipe projet :** Zhou Wenyi, Pierre Chambron, Yoanne Sarot, Isabelle Beaufils **Avancement :** lauréat du concours en 2006, réalisation partielle

Client: Shanghai Changfeng Real Estate **Site area:** 77 hectares **Built area:** 1 690 000 m^2 **Project team:** Zhou Wenyi, Pierre Chambron, Yoanne Sarot, Isabelle Beaufils **Project progress:** competition winner in 2006, partially completed

吉林省长春科技文化综合中心
Centre Culturel et Scientifique, Changchun
Culture and science Center, Changchun

业主：长春科技文化中心建设管理办公室 **基地面积：**10 公顷 **建筑面积：**121 550 m^2 **主要设计人员：**周雯怡、皮埃尔·向博荣、严萌、尤安娜·赛恒、塞琳·波尔

Client : Comité de Construction du Centre Culturel de Changchun **Bureau Terrain :** 10 hectares **Surface bâtie :** 121 550 m^2 **Équipe projet :** Zhou Wenyi, Pierre Chambron, Yan Meng, Yoanne Sarot, Céline Bory

Client: Changchun Culture Center Construction Management Bureau **Site Area:** 10 hectares **Built Area:** 121 550 m^2 **Project team:** Zhou Wenyi, Pierre Chambron, Yan Meng, Yoanne Sarot, Céline Bory

2010年上海世博会演艺中心
Centre de Spectacle-Expo2010, Shanghai
Expo 2010 Performance Center, Shanghai

业主：上海世博土地控制有限公司 **基地面积：**7,36 公顷 **建筑面积：**97 400 m^2 **主要设计人员：**安东尼·佛士多、皮埃尔·向博荣、严萌、尤安娜·赛恒

Client : Shanghai Expo Land **Terrain :** 7,36 hectares **Surface bâtie :** 97 400 m^2 **Équipe projet :** Antonio Frausto, Pierre Chambron, Yan Meng, Yoanne Sarot

Client: Shanghai Expo Land **Site area:** 7.36 hectares **Built area:** 97 400 m^2 **Project team:** Antonio Frausto, Pierre Chambron, Yan Meng, Yoanne Sarot

2010年上海世博轴及地下空间规划
Axe Central pour le Parc de l'Expo2010
Expo 2010 Axis & Underground Spaces, Shanghai

业主：上海世博土地控制有限公司 **基地面积：**24.08 公顷 **建筑面积：**103 280 m² **主要设计人员：**皮埃尔·向博荣、周雯怡、尤安娜·赛恒、严萌 **合作者：**布雷诺·福赫贴 **项目进展：**国际竞赛第二名

Client : Shanghai Expo Land **Terrain :** 24,08 hectares **Surface bâtie :** 103 280 m² **Équipe projet :** Pierre Chambron, Zhou Wenyi, Yoanne Sarot, Yan Meng **En collaboration avec :** Bruno Fortier **Avancement :** deuxième prix du concours

Client: Shanghai Expo Land **Site area:** 24.08 hectares **Built area:** 103 280 m² **Project team:** Pierre Chambron, Zhou Wenyi, Yoanne Sarot, Yan Meng **Cooperator:** Bruno Fortier **Project progress:** 2nd prize in the international competition

山东省博物馆新馆
Musée de Shandong, Jinan
Shandong Museum, Jinan

业主：山东省博物馆新馆基建办公室 **基地面积：**15.33 公顷 **建筑面积：**87 630 m² **主要设计人员：**皮埃尔·向博荣、安东尼·佛士多、周雯怡 **合作者：**Shin Yong Hak

Client : Comité de Construction du Musée de Shangdong **Terrain :** 15,33 hectares **Surface bâtie :** 87 630 m² **Équipe projet :** Pierre Chambron, Antonio Frausto, Zhou Wenyi **En collaboration avec :** Shin Yong Hak

Client: Shandong Museum Construction Bureau **Site area:** 15.33 hectares **Built area:** 87 630 m² **Project team:** Pierre Chambron, Antonio Frausto, Zhou Wenyi **Cooperator:** Shin Yong Hak

杨浦联合会所
Club de Yangpu, Shanghai
Yangpu Club House, Shanghai

业主：上海集伟房地产发展有限公司 **建筑面积：**10 000 m² **主要设计人员：**皮埃尔·向博荣、严萌

Client : Société de Développement de Jiwei **Surface bâtie :** 10 000 m² **Équipe projet :** Pierre Chambron,Yan Meng

Client: Shanghai Jiwei Real Estate Development **Built area:** 10 000 m² **Project team:** Pierre Chambron,Yan Meng

上海杨浦商业中心
Centre Commercial de Yangpu, Shanghai
Yangpu Commercial Center, Shanghai

业主：上海集伟房地产有限公司 **基地面积：**2.49 公顷 **建筑面积：**89 440 m² **主要设计人员：**皮埃尔·向博荣、周雯怡、严萌

Client : Société de Développement de Jiwei **Terrain :** 2,49 hectares **Surface bâtie :** 89 440 m² **Équipe projet :** Pierre Chambron, Zhou Wenyi, Yan Meng

Client: Shanghai Jiwei Real Estate Development **Site area:** 2.49 hectares **Building area:** 89 440 m² **Project team:** Pierre Chambron, Zhou Wenyi, Yan Meng

上海保利广场
Baoli Plaza, Shanghai
Baoli Plaza, Shanghai

业主：保利上海集团有限公司 **基地面积：**2.75公顷m² **建筑面积：**116 884 m² **主要设计人员：**皮埃尔·向博荣、尤安娜·赛恒、塞琳·波尔

Client : Baoli Shanghai Groupe **Terrain :** 2,75 hectares **Surface bâtie :** 116 884 m² **Équipe projet :** Pierre Chambron, Yoanne Sarot, Céline Bory

Client: Baoli Shanghai Group **Site area:** 2.75 hectares **Built area:** 116 884 m² **Project team:** Pierre Chambron, Yoanne Sarot, Céline Bory

淮南新城区核心区城市设计
Centre Urbain de la Ville Nouvelle, Huainan
Urbain Centre of New Town, Huainan

业主：淮南市山南新区建设指挥部 **基地面积**：60 km^2 **建筑面积**：8 219 200 m^2 **主要设计人员**：周雯怡、蓝晶

Client : Comité de Construction de la Ville Nouvelle de Shannan **Terrain :** 60 km^2 **Surface bâtie :** 8 219 200 m^2 **Équipe projet :** Zhou Wenyi, Lan Jing

Client: Construction Center of Shannan New Twon of Huainan **Site area:** 60 km^2 **Built area:** 8 219 200 m^2 **Project team:** Zhou Wenyi, Lan Jing

2005

上海公安局出入境管理局签证中心
Centre des Visas de la Comité de Sécurité Publique, Shanghai
Visa Center of Public Security Bureau, Shanghai

业主：上海市公安局 **建筑面积**：25 000 m^2 **主要设计人员**：安德鲁·何伯笙、皮埃尔·向博荣、曹曙 **技术配合**：同济大学建筑设计研究院 **项目进展**：2005年投入使用

Client : Comité de Sécurité Publique de Shanghai **Surface bâtie :** 25 000 m^2 **Équipe projet :** Andrew Hobson, Pierre Chambron, Cao Shu **Bureau d'étude :** Institut d'Architecture de Tongji **Avancement :** livré en 2005

Client: Shanghai Public Security Bureau **Built area:** 25 000 m^2 **Project team:** Andrew Hobson, Pierre Chambron, Cao Shu **Technical team:** Architecture Design & Research Institute of Tongji University **Project progress:** completed in 2005

瑞安集团杨浦创智天地6-5地块设计
Shui On KIC Complexe à Yangpu, Shanghai
Shui On KIC Complex in Yangpu, Shanghai

业主：瑞安集团 **基地面积**：3.3 km^2 **建筑面积**：589 000 m^2 **主要设计人员**：皮埃尔·向博荣、尤安娜·赛恒 **技术配合**：巴马丹拿建筑设计 **项目进展**：2005年投入使用

Client : Shui On Groupe **Terrain :** 3,3 km^2 **Surface bâtie :** 589 000 m^2 **Équipe projet :** Pierre Chambron, Yanne Sarot **Bureau d'étude :** P&T Architecture **Avancement :** livré en 2005

Client: Shui On Group **Site area:** 3.3 km^2 **Built area:** 589 000 m^2 **Project team:** Pierre Chambron, Yanne Sarot **Technical team:** P&T Architecture **Project progress:** completed in 2005

长沙鹅羊山规划设计
Quartier d'Eyangshan, Changsha
Eyangshan Residential Area, Changsha

业主：长沙创远开发公司 **基地面积**：61.53 公顷 **建筑面积**：500 000 m^2 **主要设计人员**：周雯怡、皮埃尔·向博荣、严萌

Client : Société de Développement de Chuangyuan Changsha **Terrain :** 61,53 hectares **Surface bâtie :** 500 000 m^2 **Équipe projet :** Zhou Wenyi, Pierre Chambron, Yan Meng

Client: Changsha Chuangyuan Development **Site area:** 61.53 hectares **Built area:** 500 000 m^2 **Project team:** Zhou Wenyi, Pierre Chambron, Yan Meng

上海电气大楼
Bureaux pour Shanghai Electric, Shanghai
Shanghai Electric Offices, Shanghai

业主：上海电气集团 **基地面积**：6 147 m^2 **建筑面积**：28 885 m^2 **主要设计人员**：皮埃尔·向博荣、尤安娜·赛恒、徐慧怡 **项目进展**：国际竞赛优胜

Client : Shanghai Electric Groupe **Terrain :** 6 147 m^2 **Surface bâtie :** 28 885 m^2 **Équipe projet :** Pierre Chambron, Yoanne Sarot, Xu Huiyi **Avancement :** lauréat du concours international

Client: Shanghai Electric Group **Site area:** 6 147 m^2 **Built area:** 28 885 m^2 **Project team:** Pierre Chambron, Yoanne Sarot, Xu Huiyi **Project progress:** winner of the international competition

成都龙泉驿区概念规划及城市设计
Quartier de Longquanyi, Chengdu
Longquanyi District, Chengdu

业主：成都龙泉驿区人民政府 **研究面积：**558 km^2 **重点设计范围：**166 km^2 **主要设计人员：**周雯怡、简嘉玲、尤安娜·赛恒、伊莎贝拉·波菲斯 **项目进展：**设计竞赛二等奖

Client : Gouvernement de Longquanyi **Terrain d'étude :** 558 km^2 **Terrain de projet :** 166 km^2 **Équipe projet :** Zhou Wenyi, Chien Chialing, Yoanne Sarot, Isabelle Beaufils **Avancement :** deuxième du concours international

Client: Chengdu Longquanyi Government **Research area:** 558 km^2 **Design area:** 166 km^2 **Project team:** Zhou Wenyi, Chian Chialing, Yoanne Sarot, Isabelle Beaufils **Project progress:** 2nd prize in the international competition

2004

郑州景观大道规划
Cing Avenues, Zhengzhou
Five Landscape Avenues, Zhengzhou

业主：郑州市政府 **项目规模：**总长25.7km的5条城市道路 **主要设计人员：**皮埃尔·向博荣、陈隆伟、简嘉玲、严萌、尤安娜·赛恒、尼古拉·巴比

Client : Municipalité de Zhengzhou **Terrain :** 5 avenues de 25,7 km long **Équipe projet :** Pierre Chambron, Chen Longwei, Chien Chialing, Yan Meng, Yoanne Sarot, Nicolas Papier

Client: Zhengzhou Municipal Government **Project scope:** 5 streets of 25.7 km long **Project team:** Pierre Chambron, Chen Longwei, Chien Chialing, Yan Meng, Yoanne Sarot, Nicolas Papier

上海音乐学院校园扩建设计
Extension du Conservatoire de Musique, Shanghai
Extension of Shanghai Conservatory of Music, Shanghai

业主：上海音乐学院 **基地面积：**43 750 m^2 **扩建建筑面积：**75 107 m^2 **主要设计人员：**皮埃尔·向博荣、尤安娜·赛恒 **合作者：**路易斯·桑切斯

Client : Conservatoire de Musique de Shanghai **Terrain :** 43 750 m^2 **Surface bâtie :** 43 107 m^2 **Équipe projet :** Pierre Chambron, Yoanne Sarot **En collaboration avec :** Luis Sanchez Renero

Client: Shanghai Conservatory of Music **Site area:** 43 750 m^2 **New built area:** 43 107 m^2 **Project team:** Pierre Chambron, Yoanne Sarot **Cooperator:** Luis Sanchez Renero

世博园区江南造船厂地块改造
Protection des Chantiers Navals de Jiangnan pour l'Expo2010, Shanghai
Protection of Jiangnan Shipyard in Expo2010, Shanghai

业主：上海世博土地控股有限公司 **基地面积：**743 000 m^2 **建筑面积：**822 250 m^2 **主要设计人员：**周雯怡、何斌

Client : Shanghai Expo Land **Terrain :** 743 000 m^2 **Surface bâtie :** 822 250 m^2 **Équipe projet :** Zhou Wenyi, He Bin

Client: Shanghai Expo Land **Site area:** 743 000 m^2 **Built area:** 822 250 m^2 **Project team:** Zhou Wenyi, He Bin

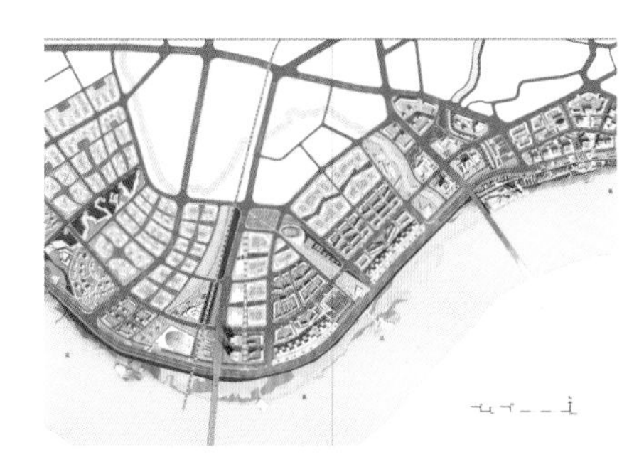

南宁邕江北岸(一桥至二桥)滨水地区城市设计
Quartier Rive Nord de la Rivère de Yong, Nanning
Yongjiang North Riverside Area, Nanning

业主：南宁市规划局 **研究面积：**429.3公顷 **主要设计人员：**周雯怡、简嘉玲、何斌、何诺·巴克 **项目进展：**国际竞赛第二名

Client : Bureau d'Urbanisme de Nanning **Terrain :** 429,3 hectares **Équipe projet :** Zhou Wenyi, Chien Chialing, He Bin, Renaud Paques **Avancement :** deuxième prix du concours

Client: Nanning Urban Planning Bureau **Study area:** 429.3 hectares **Project team:** Zhou Wenyi, Chien Chialing, He Bin, Renaud Paques **Project progress:** 2nd prize in the international competition

苏州兴园
Quartier de Xingyuan, Suzhou
Xingyuan Residential Area, Suzhou

业主：苏州市复兴金鹰房地产有限公司 **基地面积：**4.24 公顷 **建筑面积：**25 425 m² **主要设计人员：**皮埃尔·向博荣、周雯怡、尤安娜·赛恒

Client: Société Immobilière de Fuxing Jinying **Terrain :** 4,24 hectares **Surface bâtie :** 25 425 m² **Équipe projet :** Pierre Chambron, Zhou Wenyi, Yoanne Sarot

Client: Suzhou Fuxing Jinying Real Estate **Site area:** 4.24 hectares **Built area:** 25 425 m² **Project team:** Pierre Chambron, Zhou Wenyi, Yoanne Sarot

2003

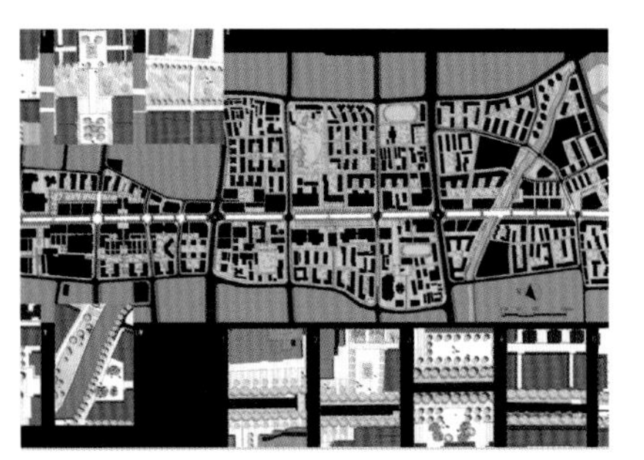

南京太平南路改造
Réaménagement de la Rue de Taiping, Nanjing
Renovation of Taiping Road, Nanjing

业主：南京市规划局 **基地面积：**2 km 长街区 **主要设计人员：**周雯怡、简嘉玲、何斌、何诺·巴克 **项目进展：**国际竞赛第一名

Client : Bureau d'Urbanisme de Nanjing **Terrain :** 2 km de long **Équipe projet :** Zhou Wenyi, Chien Chialing, He Bin, Renaud Paques **Avancement :** lauréat du concours international

Client: Nanjing Urban Planning Bureau **Site area:** 2 km long **Project team:** Zhou Wenyi, Chien Chialing, He Bin, Renaud Paques **Project progress:** 1st prize in the international competition

上海新世界综合消费圈
Centre de Loisir et de Commerce de Xinshijie, Shanghai
Xinshijie Shopping Mall, Shanghai

业主：上海新世界股份有限公司 **建筑面积：**70 000 m² **主要设计人员：**皮埃尔·向博荣、康丹·格利耶

Client : Shanghai Nouveau Monde **Surface bâtie :** 70 000 m² **Équipe projet :** Pierre Chambron, Quentin Groslier

Client: Shanghai New World **Built area:** 70 000 m² **Project team:** Pierre Chambron, Quentin Groslier

上海通用汽车总部
Shanghai General Motors
Shanghai General Motors

业主：美国通用汽车公司 **建筑面积：**13 680 m² **主要设计人员：**吉·提勒康、曹曙 **技术配合：**同济大学建筑设计研究院 **项目进展：**2002年投入使用

Client : General Motors **Surface bâtie :** 13 680 m² **Équipe projet :** Guy Tillequin, Cao Shu **Bureau d'étude :** Institut d'Architecture de Tongji **Avancement :** livré en 2002

Client: General Motors **Built area:** 13 680 m² **Project team:** Guy Tillequin, Cao Shu **Technical team:** Architecture Design & Research Institute of Tongji University **Project progress:** completed in 2002

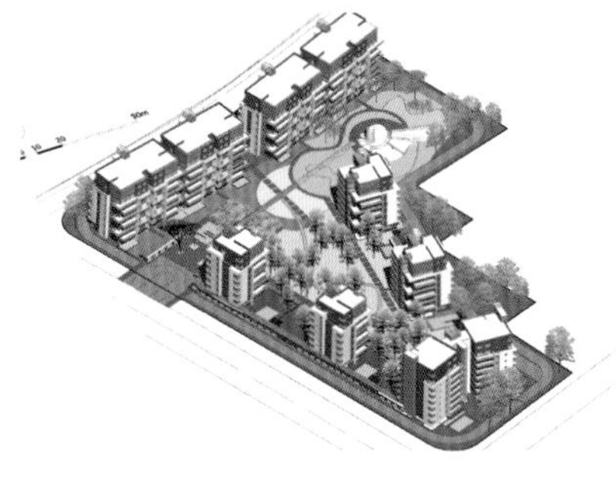

麦其里住宅小区设计
Quartier de Maiqili, Shanghai
Maiqili Residential Area, Shanghai

业主：上海城开（集团）有限公司 **基地面积：**2.02 公顷 **建筑面积：**42 500 m² **主要设计人员：**周雯怡、雷诺·巴克、斐南多·卡斯特罗 **合作者：**多米尼克·艾登白杰

Client : Groupe d'Immobilier de Chengkai **Terrain :** 2,02 hectares **Surface bâtie :** 42 500 m² **Équipe projet :** Zhou Wenyi, Renaud Paques, Fernando Castro **En collaboration avec :** Dominique Hertenberger

Client: Shanghai Chengkai (Group) **Site area:** 2.02 hectares **Built area:** 42 500 m² **Project team:** Zhou Wenyi, Renaud Paques, Fernando Castro **Cooperator:** Dominique Hertenberger

重庆二郎新区城市设计
Quartier d'Erlang, Chongqing
Erlang District, Chongqing

业主：重庆市政府 **基地面积：**110 公顷 **建筑面积：**2 000 000 ㎡ **主要设计人员：**周雯怡、简嘉玲、雷诺·巴克、克里斯托弗·南尼、维建·诺黑 **项目进展：**设计中标、局部建成

Client : Municipalité de Chongqing **Terrain :** 110 hectares **Surface bâtie :** 2 000 000 m² **Équipe projet :** Zhou Wenyi, Chien Chialing, Renaud Paques, Christophe Nani, Wijane Noree **Avancement :** lauréat du concours, réalisation partielle

Client: Chongqing Municipal Government **Site area:** 110 hectares **Built area:** 2 000 000 m² **Project team:** Zhou Wenyi, Chien Chialing, Renaud Paques, Christophe Nani, Wijane Noree **Project progress:** competition winner, partially completed

方正集团苏州制造研发基地
Centre de Fabrication et de Recherche de Found, Suzhou
Found Manufactory and Resarch Center, Suzhou

业主：方正科技集团苏州制造有限公司 **基地面积：**22.6 公顷 **建筑面积：**292 400 ㎡ **主要设计人员：**皮埃尔·向博荣、周雯怡、尤安娜·赛恒

Client : Founder Groupe **Terrain :** 22,6 hectares **Surface bâtie :** 292 400 m² **Équipe projet :** Pierre Chambron, Zhou Wenyi, Yoanne Sarot

Client: Founder Group **Site area:** 22.6 hectares **Built area:** 292 400 m² **Project team:** Pierre Chambron, Zhou Wenyi, Yoanne Sarot

上海法语培训中心
Alliance Française, Shanghai
Alliance Française of Shanghai

业主：上海法语培训中心 **建筑面积：**1 500 ㎡ **主要设计人员：**蒋琼尔、吕永忠 **项目进展：**2004年建成

Client : Alliance Française **Surface bâtie :** 1 500 m² **Équipe projet :** Jiang Qiong'er, Lv Yongzhong **Avancement :** livré en 2004

Client: Alliance Française of Shanghai **Built area:** 1,500 m² **Project team:** Z Jiang Qiong'er, Lv Yongzhong **Project progress:** completed in 2004

中国电信上海总部
Siège Social de China Télécom, Shanghai
Shanghai Headquater of China Telecom, Shanghai

业主：中国电信 **建筑面积：**2 500 ㎡ **主要设计人员：**蒋琼尔、吕永忠 **项目进展：**2004年建成

Client : China Télécom **Surface bâtie :** 2 500 m² **Équipe projet :** Jiang Qiong'er, Lv Yongzhong **Avancement :** livré en 2004

Client: China Telecom **Built area:** 2 500 m² **Project team:** Jiang Qiong'er, Lv Yongzhong **Project progress:** completed in 2004

北京法国文化中心
Centre Culturel Français, Beijing
French Culture Center, Beijing

业主：法国驻中国文化处 **建筑面积：**3 000 ㎡ **主要设计人员：**蒋琼尔、吕永忠 **项目进展：**2005年建成

Client : Institut Français de Chine **Surface bâtie : 3 000** m² **Équipe projet :** Jiang Qiong'er, Lv Yonghong **Avancement :** livré en 2005

Client: French Culture Institute in China **Built area: 3 000** m² **Project team:** Jiang Qiong'er, Lv Yonghong **Avancement:** completed in 2005

2002 以前主要设计作品

Projets principaux avant 2002

Main projects before 2002

上海大剧院 1994-1998
Grand Théâtre de Shanghai
Shanghai Grand Theatre

上海浦东世纪广场 1996-1998
Place du Siècle à Pudong, Shanghai
Pudong Century Plaza, Shanghai

上海浦东世纪大道 1998-2000
Avenue du Siècle à Pudong, Shanghai
Pudong Century Avenue, Shanghai

上海市房地产教育中心 1996-1998
École des Métiers d'immobilier, Shanghai
Real Estate Education Center, Shanghai

高雄2020水岸经贸园区 2000
Front de Mer de Kaohsiung 2020
Kaohsiung 2020 Waterfront

杭州国际会议中心 2001
Centre International de Conférences, Hangzhou
International Conference Center, Hangzhou

郑州郑东新区城市设计 2001
Ville Nouvelle de Zhengdong, Zhengzhou
Zhengdong New Town, Zhengzhou

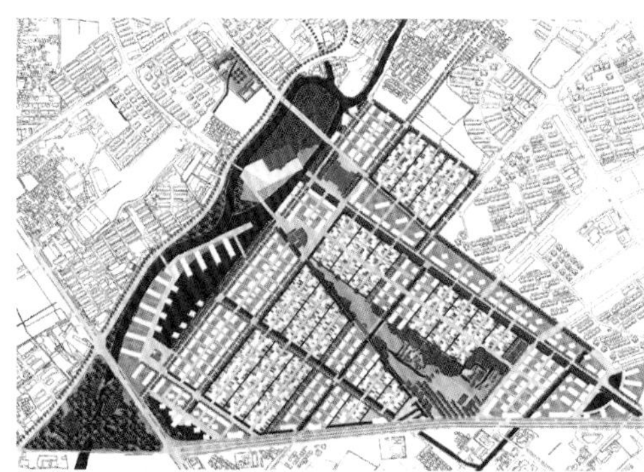

上海高桥新城城市设计 2001
Ville Nouvelle de Gaoqiao, Shanghai
Gaoqiao New Town, Shanghai

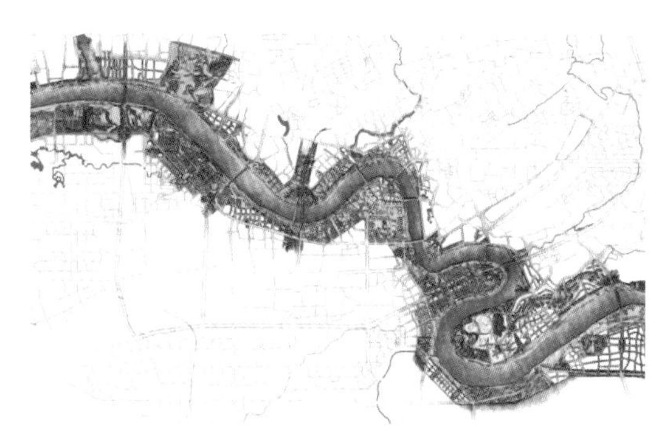

南宁邕江两岸城市设计 2000
Quartier le long du Fleuve Yong, Nanning
Yongjiang Riversides Area, Nanning

南京路步行街改造 1999
Rue de Nankin, Shanghai
Nanjing Pedestrian Street, Shanghai

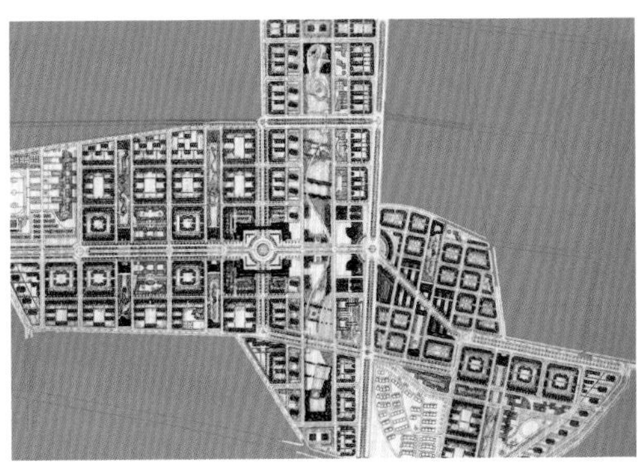

上海万里城 1997
Quartier de Wanli, Shanghai
Wanli Town, Shanghai

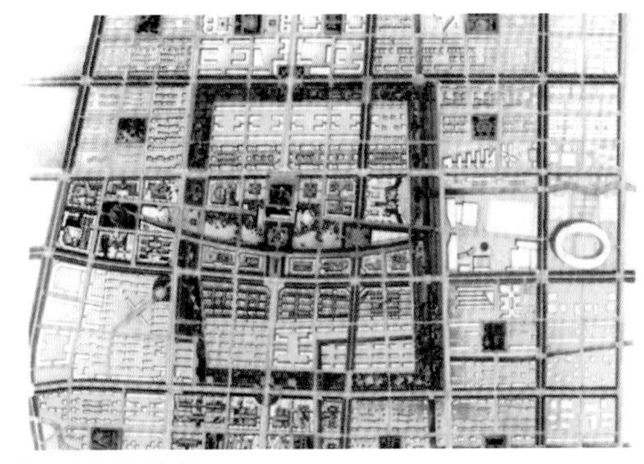

南汇惠南新城规划 1999
Quartier de Nanhui, Shanghai
Huinan New Town of Nanhui District, Shanghai

重庆博物馆 2000
Musée de Chongqing, Chongqing
Chongqing Museum, Chongqing

上海南汇政府大楼 1999
Mairie de Nanhui, Shanghai
Nanhui City Hall, Shanghai

上海南汇文化艺术中心 2000-2004
Centre Culturel de Nanhui, Shanghai
Nanhui Culture Center, Shanghai

上海新国际博览中心 2000
Centre d'Exposition International, Pudong, Shanghai
International Expo Center, Pudong, Shanghai

南京大剧院 1996
Opéra de Nanjing
Nanjing Opera

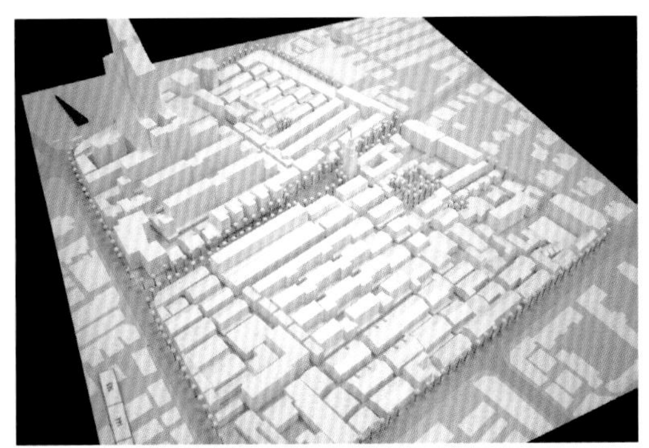

上海钱家塘地块改造 1992
Quartier de Qianjiatang, Shanghai
Qianjiatang Neibourghood, Shanghai

事务所工作团队

Équipe

Work Team

事务所合伙人

Les Associés

The Partners

安德鲁·何伯笙、杰侯慕·乐高尔、阿贝斯·塔逸、史蒂芬尼·席雅克、周雯怡、安东尼奥·佛斯多、克里斯提安·阿竺蕾、皮埃尔·克雷蒙、格里高力·缪沙、皮埃尔·向博荣、艾第特·黑查、依莎贝拉·歇何尔、维为安·曾、娜塔莉·勒华、万圣·郎泊、马丽-弗朗斯·波埃、费尔南多·卡斯特罗、黑各儿·米拉格、米歇尔·墨落、杰侯慕·冯欧浮贝克

Andrew Hobson, Jérôme Le Gall, Abbés Tahir, Stéphanie Siac, Zhou Wenyi, Antonio Frausto, Christiane Azoulay, Pierre Clément, Grégoire Mussat, Pierre Chambron, Edith Richard, Isabelle Scherrer, Vivian Tsang, Nathalie Leroy, Vincent Lempereur, Marie-France Bouet, Fernando Castro, Raquel Milagres, Michel Morlot, Jérôme Van Overbeke.

法国总部领导

Direction du siège en France

France Office Management

皮埃尔·克雷蒙 Pierre Clément
董事会主席 Président President
合伙人/法国国家建筑师 Architecte associé Architect Partner

安德鲁·何伯笙 Andrew Hobson
总经理 Directeur général General Director
合伙人/英国国家建筑师 Architecte associé Architect Partner

杰侯慕·乐高尔 Jérôme Le Gall
副总经理 Directeur général délégué Vice General Director
合伙人/法国国家建筑师 Architecte associé Architect Partner

阿贝斯·塔逸 Abbés Tahir
副总经理 Directeur général délégué Vice General Director
合伙人/法国国家建筑师 Architecte associé Architect Partner

史蒂芬尼·席雅克 Stéphanie Siac
总秘书 Secrétaire générale General secretary
合伙人/法国国家建筑 Architecte associée Architect Partner

克里斯提安·阿竺蕾 Christiane Azoulay
财务经理 Directrice financière Financial Director
合伙人 Associée Partner

安东尼奥·佛斯多 Antonio Frausto
经理 Directeur aossocié Associate Director
合伙人/建筑师 Architecte associé Architect Partner

中国分部领导

Direction de l'agence en Chine

China Office Management

周雯怡 Zhou Wenyi
总经理 Directrice générale General Director
合伙人/法国国家建筑师 Architecte associée Architect Partner

皮埃尔·向博荣 Pierre Chambron
副总经理 Directeur général délégué Vice General Director
合伙人/法国国家建筑师 Architecte associé Architect Partner

刘祚民 Liu Zuomin
副总经理 Directeur général délégué Vice General Director
高级工程师 Ingénieur Engineer

孙宏亮 Sun hongliang
项目总监 Directeur de projet Project Director
中国一级注册建筑师 Architecte Architect

陈隆伟 Chen Longwei
项目总监 Directeur de projet Project Director
比利时工程建筑师 Architecte-Ingénieur Architect Engineer

张驰 Zhang chi
项目总监 Directeur de projet Project Director
高级建筑师 Architecte Architect

全体人员（巴黎、里昂、上海）- 自事务所成立以来所有成员

Total personnel (Paris, Lyon, Shanghai) - depuis la création de l'agence

Team members (Paris, Lyon, Shanghai) - since the creation of the agency

Antonio Albuquerque, jena marc Anastasi, Pierre Andrès, Fabien Ansel, Simone Arici, Marie-Pascale Arnaudet, Valentine Arreguy, Christian Atry, Fancis Aubineau, Cécile Azadian, Christiane Azoulay, Jean-François Bailleux, Jacques-Henri Baju, Guillaume Bardin, Gilles Barrière, Gilles Baudvin, Roland Beaubois, Isabelle Beaufils, Zoé Beaubois-Gielly, Frédérique Beck, Patricia Becker Giovannini, louis Behin, Sébastien Bègue, Caroline Belz, Frédéric Bernard, Anthony Berneau, Guy Bernfeld, Patrick Bertholon, Benoit Bessières, Anne-Cécile Blanc, Klaus Böhmer, Marie-Aude Bonnel, Vincent Borie, Marie-France Bouet, Frederique Bour, Nicolas Bourreau, Cristine Bosteels, Daniel Bouthors, Claude Boutin, Hassan Bouziani, Jacques Jo Brac de la Perrière, Olivier Brière, Wayne Brinkmeyer, Cyril Brulé, Brigittr Bruneau, Christian Butel, Cai Zhaoyu, Celine Bory, Christiane Candillon, Shu Cao, Anne-Marie Cardinale, Rémy Carsault, Anne-Loan Casanave, Marie Cassagne, Fernando Castro, Christophe Cédrin, Véronique Certain, Joseph Chaar, Nicolas Chabanne, Frédéric Chalco, Jean-Michel Chalumeau, Pierre Chambron, Gilles Chardayre, Olivier Charles, Nicolas Charpentier, Zazie Charpentier, Laurence Chauvin, jean Chaussavoine, Longwei Chen, Haihang Cheng, Arthur Chevignard, Chia Ling Chien, Linda Chieng, Pierre Clément, Charles Clément, Béatrice de Clerck, Hélène Coignet, Olivier Combeau, Stéphane Conquet, Gilles Cornevin, Jean Cornil, Sylvie Cornu, Armelle Coudel, Laurent Coulon, Mirabelle Croizier, Frédéric Crozet, Wen Cui, Roselyne Cveltic, Françoise Dahan, Dai Yucheng, Caroline Damery, Bruno Da Silva Marques, Jean-Françaois David, José Deflin, Joëlle Delapierre, Nicolas Delevaux, Etienne De Longvilliers, Dong Yun, Dou Si, Du Zhen, Aurèle Duhart, Henri de Rubercy, Jérémy Delahaie, Juan Carlos De Silva, Stéphane Deumier, Jérémy Devaux, Anne Devaux Brenac, Constance Diefenbacher, Pauline de Divonne, Christophe Douay, Jean-Louis Ducerf, Adrien Dumont, Gonçalo Ducla-Soares, Claude Dupin, Florentin Dupont, Caroline Dupuich, Thierry Durousseau, Pilar Echezarreta, Guillaume Ehrmann, Antonio Elkik, Marianne Estève, Fabrice Fajersztejn, Alain Faure, Dominique Favory, Feng Yiqin, Olivier Festoc, François Filiu, Caroline Fléry, Florence Fontani, Jeun-Louis Fossard, Aly Fouad, Géraldine Fourmon, Pauline Fournier, Martine Fourteau Rondo, Olivier Frager, Pascale François, Valérie Francou, Cédric Frantz, Antonio Frausto, Gilles Freidel, Joël Friant, Laurence Frison, Jasmine Frossard, Laurence Gaby-Cossard, Marie-Noëlle Gaillard, Christine-Anne Gaillard, Nadine Galais, Sabine Gall, Marc Ginestet, Emmanuel Georgin, Marie-Thérèse Glénisson, Pierre Goube, Vincent Gouget, Jean-Pierre de Graeff, Romuald Grall, Christiane Grillet, Quentin Groslier, Emilie Grouard, Nicolas Grouard, Jean-Michel Grouard, Laurence Guiard, Marie-Cécile Lasnier Guilloteau, Patricia Guiliou, Frédérique Guillouet, Gulina'er, Pascal Guyenot, Han Qing, Lovisa Hagdalh, Cécile Haccart, He Bin, Raphaël Hénon, Hesters Hesters, Eric Herzog, Nicole Heuzey, Andrew Hobson, léa Hobson, Hou Jinlei, Hu Hongwei, Bruno Hubert, Astrid Huchet, Alain Jacquet, Nalha Jojo, Elodie Jakab, Eugène Jarno, Isabelle Jarno, Dominique Jauvin, Amélie Jenoudet, Jiao Yang, Luc Jouy, Gilbert Jozon, Marvia Kainama, Charlotte Kalt, Julia Kapp, Michel Katseli, Selim Kenan, Davuthéa Keo, Stéphanie de Kervenoaël Siac, Fatna Kooli, Jean-Daniel Kuhn, Marc Lafagne, Anne-Sophie Lafarge , Thierry Lofant, Alain Lalleman, Vincent Laplante, Manon Lartet, Jean-Albert Latour, Jacques Lavaut, Lan Jing, Lai Xiangbin, Patrick le Besnerais, Erwan Le Bris, Jérôme Le Gall, Yann Lecoanet, Lei Kuang, Henri Lemoine, Vincent Lempereur, Nathalie Leroy, Sylvie Levallois, Christine Lew, Sébastien L'hoste, Frédéric Le Cozier, Elodie Ledru, Liang Jia, Liu Fengping, Liu Hongguang, Liu Lekang, Meiduan Liu, Liu Zuomin, Luo Danxi, Anthony Logothétis, Armando Lopez, Wesley Louisy Daniel, Gladys Louisy Daniel, Leny Louisy Daniel, Marie-Aline Louisy-Tarrieu, Jean-Michel Lozachmeur, Nicolas Lundstrom, Philippe Ma, Jordan Machado, Georges Majer, Guita Farahmand Maleki, Alexandre Maneval, Jean-Pierre Manfredi, Jonathan Manson, Georgina Marquès, Nada de Marliave, Christopher Martin, Pierre Martin Saint Etienne, Florence Martinie, Bertrand Mathieu, Muriel Maufras, Bernadette Maunoury, Denis Maurin, Pierre Mazodier, Jean-François Méchain, Souhil Melizi, Charles Edouard Merguault, Katia Mieze, Paquel Milagres, neil Millet, Sébastien Merle, Olivier Meynard, Gianni Modolo, Mo Lin, Raphael Llorens, Jean-Claude Moreau, Alain Morvan, Laurène Moraglia, Michel Mourlot, Emmanuel Moussinet, Aude Mussat, Grégoire Mussat, Olivier Musset, Vânia Malin, Jean-Christophe Nani, Claire Néron, Stéphanie de Neuville, Jacques N'guyen, François Nicolle, Waren Nicoud, Michel Nicoud, Giulia Nistico, Saïd Njeim, Lise Noël, Marie-Therese Olmos, Anka Olsufiev, Mustapha Omari, Song Or Kim, Stéphanie Pafsides, Camilla Paleari, Nicolas Papier, Renaud Poque, Léathycia Parent, Marie-Christine Pats, Marc Pele, Luc Peltier, Jacques Peneau, Peng Xuyun, José Pereira, François Péron, Corinne Perret, Sophie Petitpré, Jérôme Picarat, Charlotte Picard, Alain Fiel, Pamela Pinna, Elodie Plotton, Sylvain Poilprez, Emmanuel Pouille, Anne-Claire Pourteau, Claire Prinet, Qian Qing, Stéphane Quigna, Fernando Quintana, Catherine Rabal, Pauline Rabin Le Gall, Clémence Rabin Le Gall, Martine Ramat, Jay Raskin, Frédéric Rat, Estelle Régnault, Pierre Reibel, Chrisso Reiff, Valérie Rénié, Laurence Ringenbach, Edith Richard, Jean-Louis Richard, Vanessa Ris, Christel Rolland, Borath Ros, Odile Rose, Robert Rossi, Henda Rossignol, Florence Rouffet, Isabelle Roussillot, Michel Roy, Maryline Roy, Zeina Salarneh, Yves-Laurent Sapoval, Yoanne Sarot, Choupi Sauvage, Dominique Sauzay, Alain Savéan, Isabelle Scherrer-Lartet, Michèle Schneider, Walter Schopp, Christine Sécheresse, Philippe Sécheresse, Anne Sergent, Catherine Seyler, Shi Zhiyong, Shi Jixiang, Song Yang, Sun Hongliang, Muyng Gi Shin, Yong Hak Shin, Yves Simon, Derk Sichtermann, Cyril Simonot, Christian Sion, François Staudre, Hélène St-Laurent, Jean Strohmenger, Abbés Tahir, Marie-Aline Tarrieu, Louisy Daniel, Michel Tenenbaum, Brigitte Tenenbaum, Blaise Tesson, Julien Tinson, ChhengThong Ly, Virak Thong Ly, Catherine Thuillier, Guy Tillequin, Michel Tomisani, Guillermo Torres, Minh Tran, Vivian Tsang, Ka Ling Tsang, Marcio Uehara, Natasa Urosevic, Oan Van Ardenne, Jérôme Van Overbeke, Thérèse Vien, François Vignal, Jacques vitry, Bernard Wagon, Yu Wang, Claude Walchli, Tahirih Walter, Sylvie Waucquier, Claudia Wetzel, Norée Wijane, Wu Yanfang, Xie Ning, Xu Huiyi, Xu Xili, Xu Xiaoyan, Yan Meng, Yang Liu-Zhai, Zhai hailin, Ye Ping, Yi Jia, François Zadjela, Christine Zhang, Liang Zhang, Zhang Chi, Zhang Hua, Zhang Huimin, Zhang Renren, Zhang Zhihua, Stéphanie Zeller, Wenyi Zhou, Zhu Kai.

出版专辑

Monographies publiées

Published monographs

书名 Titre Title : Arte Charpentier

作者 Auteur Author : Pierre Clément (皮埃尔·克雷蒙)

出版社 Maison d'édition Publisher : Éditions du Regard

出版时间 Date de parution Date of publication : 2003

国际标准书号 ISBN : 2-84105-153-6

书名 Titre Title : 夏邦杰–法国arte建筑设计事务所 Arte Charpentier and Partners Architects

作者 Auteur Author : 皮埃尔·克雷蒙 Pierre Clément

出版社 Maison d'édition Publisher : 大连理工出版社 Dalian University of Technology Press

出版时间 Date de parution Date of publication : 2005

国际标准书号 ISBN : 7-5611-3002-3

书名 Titre Title : Arte Charpentier Architectes – Bâtir la ville et créer l'urbanité
(Arte–夏邦杰建筑设计事务所 – 建造城市和创造城市性 /
Arte Charpentier Architects – Building Cities and Creating Urbanity)

作者 Auteur Author : Claire Néron, Antonio Frausto, Pierre Clément
(克莱儿·尼龙、安东尼·佛士多、皮埃尔·克雷蒙)

出版社 Maison d'édition Publisher : Les éditions du mécène

出版时间 Date de parution Date of publication : 2009

国际标准书号 ISBN : 978-2-9079-7087-7

致谢

Remerciements

Acknowledgements

首先我要感谢我的建筑师父母，是他们引导我进入建筑设计这个神奇的世界，并一直默默地给我鼓励和帮助。

我要感谢已经过世的夏邦杰先生，他曾对我赋予极大的信任、提供我广阔的发挥机会，并鼓励我们编辑此书。

我也要感谢法国总公司领导们，尤其是何伯笙先生和克莱蒙先生对此书编辑给予的支持，并拨允撰写序言。

我还要感谢我们的客户和合作单位对于此书资料收集整理工作给以的帮助，特别是山西省工务局、太原汾河管理办公室、上海国际时尚中心和上海思南公馆 。

我要感谢我们上海团队的成员积极参与文字和图片资料的整理工作，他们是梁佳、孙宏亮、蔡召育、张仁仁、宋扬、赖祥斌、胡宏伟、徐晓燕等。同时，我要感谢我们巴黎总部的布朗女士协助提供有关资料。

我要特别感谢的是简嘉玲女士，她在编写的初始阶段就参与探讨和构思，在排版和校对过程中，她以严谨的态度和专业的工作方式使此书得以顺利问世。

当然，我还要特别感谢的是向博荣先生，无论在设计上还是此书的编撰过程中，我们具有默契的完美配合使这些设计作品和此书得以圆满完成。

周雯怡

首先我要感谢夏邦杰先生和巴黎总部的领导给予我们的信任。

同时，我和我同事一道表达对上文中提到的所有参与和支持本书编写的人员的最诚挚的感谢。

感谢周雯怡女士，十年来她出众的设计才华和对建筑的热爱感染了整个中国项目的工作团队。

最后，我要感谢我的父母，他们鼓励我成为建筑师，尽管如今我远在万里他乡，他们仍然充满热情地关注着我的工作。

皮埃尔·向博荣

Je voudrais tout d'abord remercier mes parents, architectes, qui depuis toujours m'ont guidée, encouragée et soutenue dans ce domaine qu'est l'Architecture.

Merci à Monsieur Jean-Marie Charpentier, aujourd'hui décédé, pour les opportunités qu'il m'a offertes dans le domaine créatif et la confiance qu'il m'a témoignée. Il nous a encouragé à éditer ce livre.

Je voudrais aussi remercier la direction d'Arte Charpentier, particulièrement Monsieur Andrew Hobson et Monsieur Pierre Clément, qui nous ont soutenus pour la publication de ce livre ainsi que pour leur avant-propos et préface.

Il me faut remercier également les clients et collaborateurs qui nous ont aidés dans la collecte des documents : le Comité des travaux publics du Shanxi, le Bureau de Gestion du Fleuve Fen à Taiyuan, le Centre de la Mode de Shanghai, sans oublier Sinan Mansions.

Merci aussi à nos collègues à Shanghai qui ont participé à l'élaboration des documents graphiques de ce livre ainsi qu'à l'archivage des projets : Liang Jia, Sun Hongliang, Cai zhaoyu, Zhang Renren, Song yang, Lai Xiangbin, Hu Hongwei et Xu Xiaoyan, ainsi qu'Anne-Cécile Blanc, du siège de Paris, pour son aide documentaire.

Je voudrais remercier particulièrement Chia-Ling Chien dont la rigueur dans la mise en forme et les conseils professionnels précieux ont permis à cet ouvrage d'atteindre cette qualité.

Bien sûr, je remercie Pierre Chambron : que ce soit dans le travail ou pour l'écriture de ce livre, notre parfaite collaboration a permis que ces projets et cet ouvrage se réalisent.

Wenyi Zhou

Je voudrais à mon tour remercier Monsieur Jean-Marie Charpentier pour la confiance qu'il nous a apportée, ainsi que toute la Direction d'Arte-Charpentier à Paris.

Je me joins à ma collègue pour exprimer toute ma reconnaissance envers les personnes citées ci-dessus qui ont, avec leurs qualités distinctes, participé à l'élaboration de ce livre.

Merci à Wenyi Zhou qui, durant ces dix années, a transmis avec talent la passion du métier d'architecte à toute l'équipe chinoise.

Et enfin je voudrais remercier mes parents qui m'ont encouragé à faire ce métier et qui, malgré la distance, montrent aujourd'hui encore le même enthousiasme.

Pierre Chambron

I would first like to thank my architect parents who have always guided, encouraged and supported me in this domaine that is architecture.

Thanks also go to Mr. Jean-Marie Charpentier, now deceased, for the opportunities he offered me in the creative realm and the confiance he showed in me. He encouraged us to publish this book.

I would also like to thank the Arte Charpentier management, especially Mr. Andrew Hobson and Mr. Pierre Clément who supported us in publishing this book and for their foreword and preface.

I must also thank the clients and collaborators who aided us in collecting documents: the Shanxi Public Works Committee, the Fen River Management Bureau in Taiyuan, the Shanghai Fashion Center, not to leave out Sinan Mansions.

Thanks also to our colleagues in Shanghai who participated in putting together the book's graphic documents as well as the archiving of the projects: Liang Jia, Sun Hongliang, Cai Zhaoyu, Zhang Rennen, Song Yang, Lai Xiangbin, Hu Hongwei and Xu Xiaoyan, as well as Anne-Cécile Blanc of the Paris office for her documentary aide.

I would also particularly like to thank Chia-Ling Chien whose rigor in giving shape to this book and whose precious professional advice enabled us to achieve a book of this quality.

Of course, I thank Pierre Chambron: whether it be in our work or for the writing of this book, our excellent collaboration allowed these projects and this book to become reality.

Wenyi Zhou

For my part, I would like to thank Mr. Jean-Marie Charpentier for the confidence he had in us, as well as the whole management team of Arte-Charpentier in Paris.

I join my colleague in expressing all my gratitude towards those mentioned above who, each with their distinct abilities, participated in putting this book together.

Thanks to Wenyi Zhou who, during these ten years, transmitted, with talent, the passion of the architecture profession to the whole Chinese team.

And finally, I would like to thank my parents who encouraged me to go into this field and who, despite the distance, still maintain the same enthousiasm today.

Pierre Chambron

版权说明

Crédits

Credits

本书所有文字与图片：© 法国ARTE-夏邦杰建筑设计公司、夏邦杰建筑设计咨询(上海)有限公司

以下图片除外：
pp.23-24和pp32-33 n° 9 - 太原市汾河景区管理委员会
pp.32-33 - 山西省工务局
p.121 n° 3 - Bruno Fortier (项目合作者)

照片摄影：
周雯怡、向博荣、沈忠海、Didier Boy de la Tour、Vincent Fillon、Eric Leleu、贺子毅

设计效果图制作：
桢品建筑设计咨询、水晶石数字科技、印象空间、力方国际数字科技、卡特琳娜·西蒙纳

Textes et iconographies : © Arte Charpentier Architectes & Charpentier Architecture Design Consulting (Shanghai)

Sauf :
pp.23-24 et pp.32-33 n°9 – Comité de Gestion du Fleuve Fen
pp.32-33 – Comité de Construction de Travail Public du Shanxi
p.121 n°3 – Bruno Fortier (Collaborateur du projet)

Les photographies sont réalisées par :
Zhou Wenyi, Pierre Chambron, Shen Zhonghai, Didier Boy de la Tour, Vincent Fillon, Éric LeLeu, He Ziyi

Les perspectives et images de synthèse sont réalisées par :
Zhenping Architecture Design Consulting, Crystal, Yingxiang, Lifang, Catherine Simonet

Texts and iconographies: © Arte Charpentier Architects & Charpentier Architecture Design Consulting (Shanghai)

expect:
pp.23-24 et pp.32-33 n°9 – Fen River Management Bureau in Taiyuan
pp.32-33 – Shanxi Public Works Committee
p.121 n°3 – Bruno Fortier (Collaborator of the project)

The photographs were taken by:
Zhou Wenyi, Pierre Chambron, Shen Zhonghai, Didier Boy de la Tour, Vincent Fillon, Eric LeLeu, He Ziyi.

The perspectives and 3D models were created by:
Zhenping Architecture Design Consulting, Crystal, Yingxiang, Lifang, Catherine Simonet.

图书在版编目（CIP）数据

从建筑到城市：法国ARTE-夏邦杰建筑设计事务所在中国 / （法）周雯怡，向博荣著. -- 沈阳：辽宁科学技术出版社，2012.8
ISBN 978-7-5381-7551-6

Ⅰ. ①从… Ⅱ. ①周… ②向… ③ Ⅲ. ①建筑设计－作品集－法国－现代 Ⅳ. ①TU206

中国版本图书馆CIP数据核字(2012)第139194号

出版发行：辽宁科学技术出版社
（地址：沈阳市和平区十一纬路29号 邮编：110003）
印 刷 者：利丰雅高印刷（深圳）有限公司
经 销 者：各地新华书店
幅面尺寸：240mm×260mm
印　　张：15.25
插　　页：4
字　　数：100千字
印　　数：1～1500
出版时间：2012年 8 月第 1 版
印刷时间：2012年 8 月第 1 次印刷
责任编辑：陈慈良 隋 敏
封面设计：简嘉玲
版式设计：简嘉玲
责任校对：周 文
书　　号：ISBN 978-7-5381-7551-6
定　　价：228.00元

联系电话：024-23284360
邮购热线：024-23284502
E-mail: lnkjc@126.com
http://www.lnkj.com.cn
本书网址：www.lnkj.cn/uri.sh/7551